上海财经大学富国 ESG 丛书

编 委 会

主 编
刘元春　陈　戈

副主编
范子英

编委会成员
（以姓氏拼音为序）

郭　峰　黄　晟　靳庆鲁　李成军
李笑薇　刘詠贺　孙俊秀　杨金强
张　航　朱晓喆

上海财经大学富国ESG研究院
Fullgoal Institute for ESG Research, SUFE

上海财经大学富国 ESG 丛书

中国ESG发展报告

2023

范子英 等 ◎ 编著

上海财经大学出版社
SHANGHAI UNIVERSITY OF FINANCE & ECONOMICS PRESS

上海学术·经济学出版中心

图书在版编目(CIP)数据

中国 ESG 发展报告. 2023 / 范子英等编著. -- 上海：上海财经大学出版社, 2024. 9. -- (上海财经大学富国ESG 丛书). -- ISBN 978-7-5642-4464-4

Ⅰ. X322.2

中国国家版本馆 CIP 数据核字第 20246V6V51 号

□ 责任编辑　胡　芸
□ 封面设计　李　敏

中国 ESG 发展报告·2023

范子英 等　编著

上海财经大学出版社出版发行

(上海市中山北一路 369 号　邮编 200083)

网　　址：http://www.sufep.com

电子邮箱：webmaster@sufep.com

全国新华书店经销

上海锦佳印刷有限公司印刷装订

2024 年 9 月第 1 版　2024 年 9 月第 1 次印刷

787mm×1092mm　1/16　19 印张(插页:2)　403 千字

定价:92.00 元

中国 ESG 发展报告·2023

主编

范子英

上海财经大学富国 ESG 研究院院长

上海财经大学公共经济与管理学院院长

副主编

郭　峰　孙俊秀　张　航　郭光远

学生团队

池雨乐　费金燕　何　欣　李子荣　陆煜程

任昱昭　谈彬睿　谭伟杰　乔丽丽　王乙番

殷雪成　张　健　郑建东　周小昶　周烨杨

总　序

ESG，即环境（Environmental）、社会（Social）和公司治理（Governance），代表了一种以企业环境、社会、治理绩效为关注重点的投资理念和企业评价标准。ESG 的提出具有革命性意义，它要求企业和资本不仅关注传统盈利性，更需关注环境、社会责任和治理体系。ESG 的里程碑意义在于它通过资本市场的定价功能，描绘了企业在与社会长期友好共存的基础上追求价值的轨迹。

关于 ESG 理念的革命性意义，从经济学说史的角度，它解决了个体道德和宏观向善之间的关系，使得微观个体在"看不见的手"引导下也能够实现宏观的善。因此市场经济的伦理基础与传统中实际整体社会的伦理基础发生了革命性的变化。这种变革引发了"斯密之问"，即市场经济是否需要一个传统意义上的道德基础。马克斯·韦伯在《新教伦理与资本主义精神》中企图解决这一冲突，认为现代市场经济，尤其是资本主义市场经济，它很重要的伦理基础来源于新教。但它依然存在着未解之谜：如何协调整体社会目标与个体经济目标之间的冲突。

ESG 之所以具有如此深刻的影响，关键在于价值体系的重塑。与传统的企业社会责任不同，ESG 将企业的可持续发展与其价值实现有机结合起来，不再是简单呼吁企业履行社会责任，而是充分发挥了企业的价值驱动，从而实现了企业和社会的"双赢"。资本市场在此过程中发挥了核心作用，将 ESG 引入资产定价模型，综合评估企业的长期价值，既对可持续发展的企业给予了合理回报，更引导了其他企业积极践行可持续发展理念。资本市场的"用脚投票"展现长期主义，使资本向善与宏观资源配置最优相一致，彻底解决了伦理、社会与经济价值之间的根本冲突。

然而，推进 ESG 理论需要解决多个问题。在协调长期主义方面，需要从经济学基础原理构建一致的 ESG 理论体系，但目前进展仍不理想。经济的全球化与各种制度、伦理、文化的全球化发生剧烈的碰撞，由此产生了不同市场、不同文化、不同发展阶段，对于 ESG 的标准产生了各自不同的理解。但事实上，资本是最具有全球主义的要素，是所有要素里面流通性最大的一种要素，它所谋求的全球性与文化的区域性、与环境的公共属性之间产生了剧烈的冲突。这种冲突就导致 ESG 在南美、欧洲、亚太产生的一系列差异。与传统经济标准、经济制度中的冲突相比，这种问题还要更深层次一些。

在 2024 年上半年，以中国特色为底蕴构建 ESG 的中国标准取得了长足进步，财政部和三大证券交易所都发布了各自的可持续披露标准，引起了全球各国的重点关注，在政策和实践快速发展和迭代的同时，ESG 的理论研究还相对较为缓慢。我们需要坚持高质量的学术研究，才能从最基本的一些规律中引申出应对和解决全球冲突最为坚实的理论基础。所以，在目前全球 ESG 大行其道之时，研究 ESG 毫无疑问是要推进 ESG 理论的进步，推进我们原来所讲的资本向善与宏观资源配置之间的弥合。当然，从政治经济学的角度讲，我们也确实需要使我们这个市场、我们这样一个文化共同体所倡导的制度体系能够得到世界的承认。

在考虑到 ESG 理念的重要性、实践中的问题以及人才培养需求的基础上，为了更好地推动 ESG 相关领域的学术和政策研究，同时培养更多的 ESG 人才，2022 年 11 月上海财经大学和富国基金联合发起成立了"上海财经大学富国 ESG 研究院"。这是一个跨学科的研究平台，通过汇聚各方研究力量，共同推动 ESG 相关领域的理论研究、规则制定和实践应用，为全球绿色、低碳、可持续发展贡献力量，积极服务于中国的"双碳"战略。我们的目标是成为 ESG 领域"产、学、研"合作的重要基地，通过一流的学科建设和学术研究，产出顶尖成果，促进实践转化，支持一流人才的培养和社会服务。在短短的一年多时间里，研究院在科学研究、人才培养和平台建设等方面都取得了突破进展，开设 ESG 系列课程和新设了 ESG 培养方向，组织了系列课题研究攻关，举办了一系列的学术会议、论坛和讲座，在国内外产生了广泛的影响。

这套"上海财经大学富国 ESG 丛书"则是研究院推出的另一项重要的学术产品，其中的著作主要是由研究院的课题报告和系列讲座内容转化而来。通过这一系列丛书，我们期望为中国 ESG 理论体系的构建做出应有的贡献。在 ESG 发展的道路上，我们迫切需要理论界和实务界的合作。让我们携起手来，共同建设 ESG 研究和人才培养平台，为实现可持续发展目标贡献我们的力量。

刘元春

2024 年 7 月 15 日

目　录

第三篇　ESG 信息披露

第四篇 ESG 评级体系

第五篇 ESG 金融应用

绪论:中国式现代化视域下的 ESG

一、全球趋势

自工业革命以来,全球经济迅速发展,步入了经济发展的"快车道"。在 1800 年之前,全球经济维持在人均 500 美元的低水平均衡,人口增长与经济增长相伴相随,可用于扩大再生产的经济剩余极其有限,城市化、技术进步和生活水平的改善都非常缓慢。然而,工业革命的到来使得人类社会跳出了"马尔萨斯陷阱"。自 1820 年以来的 200 年时间里,虽然人口总量也在快速上升,但远不及经济增长速度,这使得人均 GDP 增长了 60 倍,全球经济呈现一种发展的"加速度"。工业革命得益于化石能源的大量使用,人类通过操控机器,一方面实现了分工和规模化生产,另一方面完成了人力难以完成的任务。然而,煤炭、石油、天然气等化石能源的使用带来了一个全球性的难题:化石能源燃烧过程中产生的温室气体排放导致全球气温持续上升。根据联合国政府间气候变化专门委员会(Intergovernmental Panel on Climate Change,IPCC)的估算,相比工业革命之前,目前的全球平均气温已经上升了 1.1℃。气温的上升带来了极端天气的频发,包括干旱、洪水、极端高温等。面临直接气候冲击的人口超过 10 亿。如果任由这种趋势发展下去,到 21 世纪末,全球气温将持续上升 5℃。这将给新出生的一代人带来严峻挑战,特别是 2020 年出生的人群,他们在 0~70 岁的人生中,将经历恐怖的平均气温上升 3℃。

正是在这样的大背景之下,全球各国开展了一轮又一轮的气候谈判,试图为全球气候问题寻找方案。在历经了《京都议定书》《哥本哈根协议》之后,终于在 2015 年的《巴黎协定》达成了一致的行动框架,将全球的气温上升目标控制在 2℃之内,并努力达成 1.5℃的控制目标。为了达到气温的控制目标,全球必须控制温室气体的排放,并于 2050 年前后实现净零排放,从而将大气中的温室气体维持在一个稳定水平。

二、中国愿景

中国是一个发展中的大国,更是一个负责任的大国。自 1978 年改革开放以来,中国主动融入了全球化的浪潮,经济总量增加了 44 倍,人均 GDP 从 156 美元增长至 12 720 美元,开始迈向中等发达国家行列。中国的经济崛起也是一个快速工业化的过程，同样依赖于化石能源，虽然中国的人均 GDP 还处于中等收入国家阶段，但中国的碳排放总量已经是全球第一，2018 年中国的碳排放总量占全球的 28％，远远超过其他主要经济体。作为一个负责任的大国，中国签署了《巴黎协定》，并对执行《巴黎协定》发挥了关键作用。2020 年 9 月第七十五届联合国大会上，习近平总书记宣布：中国将提高国家自主贡献力度，采取更加有力的政策和措施，二氧化碳排放力争于 2030 年前达到峰值，努力争取 2060 年前实现碳中和。自此，"双碳"战略成为中国产业发展、区域规划等领域的重要指引。

在 2022 年召开的党的二十大，明确了以中国式现代化全面推进中华民族伟大复兴的中心任务。中国式现代化具有以下五个特征：人口规模巨大的现代化、全体人民共同富裕的现代化、物质文明和精神文明相协调的现代化、人与自然和谐共生的现代化以及走和平发展道路的现代化。人与自然和谐共生的发展目标，囊括了《巴黎协定》的全球气候目标，中国将开辟一条绿色、低碳、可持续的高质量发展道路。

全球的气候行动对资本市场提出了更高的要求，同时也赋予资本市场更大的机遇。温室气体的减排需要落实到每个生产企业和消费市场，而资本市场作为引导资源配置的关键核心，可以通过影响力投资的原则反向引导生产企业的绿色投资，降低企业面临的气候风险。与此同时，气候行动既需要大量的资本市场融资，又创造了更多的投资市场。例如，高碳行业的能源转型需要数十万亿元的投资，同时还需要开发大量的负碳产业以对冲正常生产生活的碳排放。资本不仅是逐利的，更是向善的，可以引导全社会构建长期、可持续的发展框架。

中国式现代化的建设需要资本市场的深度参与。在过去这一轮的全球化浪潮之中，跨国企业推动了生产和贸易的国际化，这使得资本的强势地位得到了空前的提升。然而，在追逐利润的同时，也产生了诸多新的社会问题。在最新的一项研究中，经济学家皮凯蒂（Thomas Piketty）和合作者发现，中国的收入差距趋势与美国高度一致：1978 年中国最富裕 10％群体的收入占比为 26％，此后这一比例持续上升至 42％。与此同时，美国最富裕 10％群体的收入占比也由 35％上升至 47％。这一现象背后的根源是中美两国经济的高度互嵌，而跨国资本是主导这一交互的主要力量。中国式现代化提出的共同富裕的发展目标，要求资本市场关注初次分配，确保利润分配过程中充分考虑到员工、供应商和客户的合理诉求，从而形成一种共赢的良好局面。

ESG 是有机融入以上发展目标的唯一框架。2004 年联合国的报告《在乎者赢》（Who Cares Wins）首次将 E、S 和 G 融合在一起。传统资本市场关注的股东利益在这份报告的引导下发展出了内部治理约束，这正好对应了 ESG 的第三个维度——公司治理 G（governance）。关注员工、供应商、社区等利益相关者的诉求则属于 ESG 的第二个维度——社会 S（social）。关注环境、能源和可持续发展则属于 ESG 的第一个维度——环境 E（environmental）。我们也可以用利益相关程度的远近来理解 ESG。其中，公司治理 G 关注的是所有者和经营者的利益,这属于企业最核心的利益相关者;社会 S 关注的是与公司有往来的群体利益,这些群体决定了企业的经营业绩,属于外围的利益相关者;环境 E 则属于传统的外部性领域,对应了全社会的公共风险,可以理解为最广泛的利益相关者。

本报告系统梳理了中国资本市场的 ESG 发展进展,重点研究了 ESG 的政策体系、信息披露、评级体系和市场应用四个方面。资本市场一直都是最灵敏和最迅速的领域,而 ESG 强调的是义利并举,即在追求可持续发展的同时,也能获得相应的投资回报。同时,ESG 还涉及主动投资,能够引导资源配置到可持续领域。因此,我们期待这本 ESG 年度报告能够在一定程度上反映中国"双碳"目标和中国式现代化的发展进展,更加期待报告中揭示的挑战和提出的展望能为下一阶段的改革和发展提供启示。

·第一篇·

ESG 理念演进与应用实践

第一章 ESG 理念演进

本章提要：ESG 作为一种综合考量企业可持续发展的框架，经历了持续而深刻的演进。本章分国外和国内两条时间线，详细整理归纳了从企业社会责任到 ESG 理念所涉及的重要文献、思潮、论辩、共识和公约。国外 ESG 理念演进主要经历了嵌入式社会责任阶段和共享价值式 ESG 理念阶段。在嵌入式社会责任阶段，企业社会责任表现为企业经营的"附属品"，而共享价值式理念则强调义利并举，将企业社会责任融入企业战略和运营中。国内的 ESG 理念演进与中国改革开放、中国特色社会主义市场经济体制密不可分，在借鉴国外 ESG 理念的基础上，融入了中国特色。经过几十年的发展，国内 ESG 研究已与国外 ESG 理念前沿接轨，并逐步形成中国特色的 ESG 体系。2022 年党的二十大报告指出以中国式现代化全面推进中华民族伟大复兴，而 ESG 理念与中国式现代化战略下的"三新一高"发展方向相吻合，构建具有中国特色的 ESG 体系是新时代经济社会高质量发展的必然选择。

第一节 ESG 的定义和内涵

ESG 是环境（environmental）、社会（social）和公司治理（governance）的缩写，是一种关注企业在环境、社会、公司治理三个维度的绩效的价值理念、评价工具和投资策略。ESG 在传统的以财务绩效为主导的评价和投资策略的基础上，引入了企业在环境、社会和公司治理方面的表现，旨在更有效地衡量企业的社会责任，倡导一种在长期能够带来可持续回报的经营方式。

从 ESG 细分维度来看，环境方面（E）包括资源利用、废弃物排放、环境创新等议题。其中，资源利用强调企业通过改善供应链管理来减少对材料、能源或水的使用，以及寻找更具生态效益的解决方案；废弃物排放考虑企业在生产和运营过程中的废弃物排放量和减排量；环境创新主张企业应主动降低环境成本，并通过环境友好型的技术、工艺和产品创造新的市场机会。社会方面（S）包括健康和安全、员工关系、供应链和消费者影响等议题，可以分为内部因素和外部因素两大类。内部因素涵盖员工健康和安全、员工多样性和包容性、薪酬福利、员工培训和发展等议题；外部因素包括产品安全和质量、负责任的采购、对当地社区的影响等议题。公司治理方面(G)主要是指企业在治理结构、透明度、独立性、董事会多样性、管理层薪酬和股东权利等议题,其本质是通过各种制度或机制协调和维护公司所有利益相关者之间的关系,同时也指从主权的决策到公司不同参与者(包括董事会、经理、股东和利益相关者)之间的权利和责任分配。

综合来看,环境、社会、公司治理三个要素由外向内、相互支持,共同影响企业长期可持续发展的绩效和能力。环境和社会强调企业的外部责任,环境绩效是企业经营管理的核心问题之一,在全球绿色低碳转型发展的背景下,企业只有提升资源利用效率、减少污染物排放、注重绿色技术创新,才能为企业的生存和发展奠定物质基础,进而在绿色经济时代保持竞争优势。除了注重环境绩效以外,企业还应当以一种有利于社会的方式进行经营。这需要企业遵守社会道德和促进公共利益,对外确保产品安全性和产品质量,维护供应商和客户权益,以塑造良好的品牌形象和社会认可推动绩效提升;对内企业应保护员工健康,实施完整科学的晋升机制,重视员工培训和良好的企业文化塑造,以吸引更具影响力和专业性的员工,奠定企业发展的人力资本基础。环境和社会两个要素相互促进,一方面,企业在环境保护和污染治理过程中会内生地承担更多的社会责任,比如环境友好型的产品通常具有更高的质量和安全性;另一方面,良好的品牌影响力和人力资本是企业提升环境绩效的重要支撑。公司治理是企业的内部责任,公司应当着眼于企业的制度设计,这种制度可以协调公司与所有利益相关者之间的利益关系,而利益相关者对公司在环境和社会方面的诉求会要求公司进行科学决策,以维护各方面的利益。因此,完善的公司治理是支撑企业更好地承担环境和社会责任的内在基础,而外部责任的履行是公司治理的约束机制。

第二节　国外 ESG 理念演进

国外 ESG 研究可以追溯到企业社会责任思想,其发展历程可以分为三个阶段。第一阶段,企业社会责任的概念初步形成,强调企业应超出经济利益的范畴,基于社会期望和目标做出决策和采取行动。但是,因传统的"股东财富最大化"观点占据主流地位,所以企业社会责任思想备受批评。第二阶段,企业社会责任内涵的明晰界定,在这一阶段,企业社会责任观念被广泛接受,但是具体含义模糊不清,学者在归纳总结的基础上明确了企业社会责任的内涵并提出统一框架。此时,企业社会责任理论与企业经济利益缺乏紧密耦合,企业对社会问题的考虑是出于风险规避,而非对商业机会的追求。第三阶段,承担社会责任被融入企业战略管理,参与社会问题被认为是有利可图的商业机会,可以同时实现经济利益和社会收益,从而形成连接社会关切与市场投资的良性循环。在此基础上,ESG 理念提出,并在企业商业价值探寻、国际组织重视和标准确立三重力量的推动下迅猛发展。在经济绿色转型的背景下,ESG 已成为可持续发展至关重要的制度安排。图 1—1 为三个阶段的时间线。

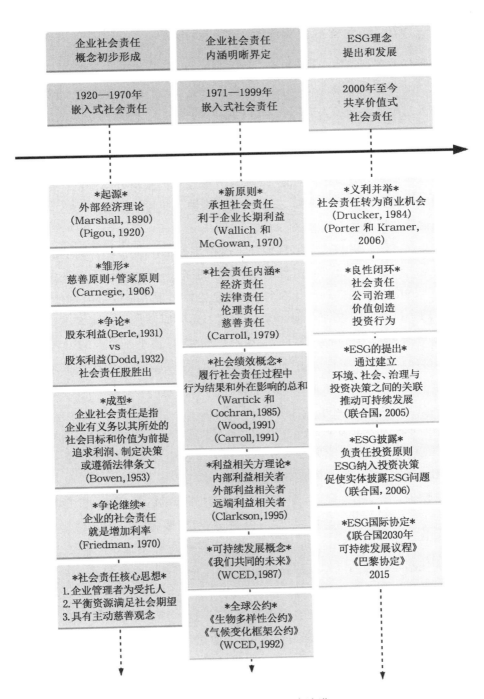

图 1-1 国外 ESG 理念演进

一、1920—1970 年：企业社会责任概念的初步形成

企业社会责任的思想可以追溯到 Marshall（1890）提出的外部经济理论，该理论将生产者和消费者的活动对其他市场主体产生的成本或效益，也就是外部性纳入经济分析范畴。在厂商基于私人边际成本和私人边际收益进行生产的条件下，外部性带来的成本或收益未反映在产量和价格中，由此造成市场机制的"失灵"，导致资源配置效率下降和社会福利的损失。基于该理论，矫正这种市场失灵的关键在于将社会成本或收益内部化，这需要企业承担社会责任以实现对公共成本的补偿，或者政府通过对产生负外部性的生产者征收税收或对产生正外部性的生产者给予补贴，来鼓励企业维护公共利益（Pigou，1920），进而实现市场资源的有效配置和提升社会福利。

西方企业社会责任思想起源于宗教传统下的伦理投资。19 世纪时，酒精、烟草、赌博、军火等行业的企业被宗教、社会团体排除在投资标的以外，这种主动剔除备选标的行业的方式形成了投资的伦理维度。Carnegie（1906）的论述中出现了企业社会责任观念的雏形，这种观念基于两个核心原则：慈善原则和管家原则。慈善原则是指富裕者有帮助和照顾贫穷者的义务；管家原则要求富裕者把自己看成财产的管家，而不是财产的主人。20 世纪初期，所有权与经营权分离推动现代公司制度形成，人们逐渐意识到，公司在追求股东财富最大化的同时，也应该关注社会、环境、文化等方面的责任，为社会发展做出贡献，以促进自身的可持续发展。因此，企业社会责任受到更多的关注。

Clark（1916）最早述及企业社会责任的思想，认为企业应当按照利益相关者的要求承担对社会和环境的责任，但是"大家并没有认识到社会责任中有很大一部分是企业的责任"。在此基础上，Sheldon（1924）首次明确描述企业社会责任的概念，指出企业应对与之相关联的其他社会实体和社会环境负责，有责任满足企业内外部的各种需求，基于有利于公共福利和社会正义的社会标准，多方面参与社会公益事业，如改善员工生活质量、减少环境污染、提供优质产品和服务等。Sheldon 的企业社会责任概念要求企业以整体思维看待社会责任，即社会责任不是单独的规划或独立的项目，而是应当嵌入企业经营和战略管理中，成为企业的一部分，确保企业经济利益与社会责任的动态平衡。

Sheldon 虽然界定了现代企业社会责任概念，但是这一观点在提出时未得到广泛认可。古典经济学的"股东财富最大化"占据主导地位，企业对利益的追求被认为是其经营活动的唯一目标。在企业所有权与经营权逐步分离的背景下，"经营者应对谁负责"成为学者们争论的焦点问题，最为经典的是 Berle 和 Dodd 关于企业社会责任的辩论。Berle（1931）认为，企业股东委托企业管理者进行经营，企业管理者只是企业股东的受托人，他们的权力来源于股东的委托，所以企业经营的唯一目的在于股东利益最大化，所以股东的利益高于其他团体的利益。如果要求管理者对股东之外的其他人负责，那么所有者控制企业、管理者应对所有者承担受托人义务的公司法规则就会被削弱乃至颠覆，在企业承担社会责任的名义

下,各种各样的利益群落都会向企业提出财产要求,市场经济运行的基础就会被动摇,进而导致社会财富再分配。Dodd(1932)提出了与 Berle 截然不同的观点,他认为股东的利益并不是至高无上的,企业不应当仅仅局限于对利润的追求,无论是法律还是公众,都会促使企业在一定程度上顾及其他团体的利益,所以企业管理者除了承担对股东的经济责任之外,还需要负担对雇员、消费者和公众的社会责任,尽管这些社会责任未必见诸法律而为公司的法定义务,但应当成为公司管理人恪守的职业道德。此后,两派观点的支持者进行了广泛争论,在此过程中接受和融入对方的思想。最终,Berle(1954)宣布这场辩论 Dodd 的观点获胜,承认经营者既有经济利益动机,又代表委托人承担社会责任。学者关于"经营者应对谁负责"问题的讨论不仅初步达成了关于企业社会责任的一致意见,而且深化了对企业社会责任概念和内涵的理解,为企业社会责任的概念界定和深入发展奠定了基础。

Bowen(1953)最早系统性地提出企业社会责任的定义。Bowen 提出,企业社会责任是指企业有义务以其所处的社会目标和价值为前提追求利润、制定决策或遵循法律条文。他强调,虽然企业社会责任不是解决社会问题的万能药,但它是引导企业发展方向的重要宗旨。在 Bowen 正式提出企业社会责任之后,学者进一步对其概念加以补充和完善,其中最具有代表性的是 Davis 对企业社会责任的阐述。Davis 认为,企业经营者在做出决策或采取行动时,至少有部分原因超出了企业直接经济或技术利益的范畴,同时一些对社会负责任的商业决策能给企业发展带来长期的经济利益。Davis 进一步分析指出,企业的"权力"与"责任"相互对等,不需要承担责任的特殊权力只在极少数情况下出现。因此,企业的社会责任必须与它们的社会权力相称,企业对社会责任的回避将导致社会赋予权力的逐步丧失。这一原则被称为"责任铁律"(iron law of responsibility),即企业社会责任要与它们的社会权力相匹配。根据"责任铁律"权责一致的要求,企业在发展和扩张的过程中拥有的权力不断扩大,此时企业要承担更多的社会责任,否则就会面临来自社会和法律的压力,导致企业失去社会所赋予的权力。为了促进企业的社会权力与社会责任相匹配,社会和管理者应当在企业履行社会责任的过程中予以监督,以确保企业在生产经营过程中以增加社会福利为主旨,决策和行为能够满足社会公众的期望和促进社会的进步(Frederick,1960)。Eells 和 Walton(1961)进一步发展了企业社会责任的观念,他们认为企业社会责任在于社会领域发生互动时给社会带来的负面影响,以及在处理企业与社会关系时应当遵循的伦理准则。McGuire(1963)将企业社会责任纳入经济义务和法律义务的环境中,并指出,企业不仅具有经济和法律的义务,而且具有超出这些义务之上的对社会的义务。虽然他没有具体明确社会责任的范围,但详细阐述了企业经营中对环境、教育等议题的必要关注,Sethi(1975)将企业社会责任总结为"与社会主流规范价值期望相一致时的企业行为层次"。

企业社会责任理论对企业"利润最大化"原则的批判构成了对传统企业理论的挑战,也动摇了自由主义经济理论的根基,所以企业社会责任引致了来自传统经济自由主义者的严厉批评,其中最具影响力的是诺贝尔经济学奖得主 Friedman。Friedman(1962)认为,企业只是拥有其所有权的股东的私产,并不具有自然人属性,相应地,也不需要承担社会责任。企业管理者只对股东负责,而不应当利用股东的权力委托去做不利于股东获取利益的行为。相反,企业为股东赚取的利润越大,社会资源配置和利用效率就越高,企业对社会的贡献也就越大,即"企业的社会责任就是增加利润"(Friedman,1970)。Friedman 指出,企业管理者不可能成为可靠与高效的社会责任承担者,企业承担社会责任的结果是,无论是股东、员工、消费者利益还是国民财富,都不可能得到最大化,真正得到最大化的只是管理者自身的利益。从这个意义上讲,企业所有者与管理者之间的合同契约,要求管理者为股东追求利润最大化,除此之外任何目标都是违法的,企业承担社会责任构成对社会经济秩序的损害,严重破坏了社会运行的基础。

尽管企业社会责任理论招致诸多批评,但是在 20 世纪 60 年代外部社会运动和企业社会觉醒的推动下(Carroll 和 Shabana,2010),企业承担社会责任的意识逐渐增强,关于企业社会责任的议题日益增多(Murphy,1978)。在这一时期,企业社会责任的观念被广泛接受和认可,其核心思想主要包括以下三个方面(Frederick,2006):第一,企业管理者是企业承担社会责任的公共受托人;第二,企业需要平衡竞争性的资源,以满足社会期望的价值观和目标;第三,企业应具有慈善观念,主动为公共利益做贡献。尽管针对企业社会责任的讨论不断完善,但是社会责任仍然是企业在伦理要求的框架内对社会的义务,并没有与企业的财务绩效和经营效率联系起来(Lee,2008)。也就是说,企业社会责任是在纯粹道德驱动和社会压力驱动下,企业对社会的单方面的义务和付出,并不要求获得相应的财务回报。从这个意义上讲,参与承担社会责任是脱离企业正常经营活动之外的从属甚至独立的业务活动,与企业核心业务缺乏联系(Liel,2016),这种嵌入式的社会责任成为企业经营的"附属品"(Yuan 等,2011),不仅为企业增添了与其核心商业利益独立的、游离于经营活动之外的社会责任惯例,而且容易导致社会责任表现与商业运营的相背离的现象,诱发企业"作秀式"地开展社会责任。

二、1971—1999 年:企业社会责任内涵的明晰界定

随着经济发展的进程加快,贫富差距、生态系统破坏、经济危机等问题成为阻碍未来社会经济发展潜力的重大威胁。因此,既满足当前发展需要又不危及未来增长的可持续发展能力,成为经济发展的关键议题和政策导向。1987 年,联合国世界环境与发展委员会(WCED)发表了题为《我们共同的未来》(Our Common Future)的报告,正式提出并明确定义了可持续发展的概念,其核心观点在于经济发展要与环境保护联系在一起,而不是将两者分离或对立起来。该报告论证了三个基本结论:第一,环境危机、能源危机和发展危机不能分割,这是我们"共同的关切";第二,地球的资源和能源远不能满足人类发展的需要,这是全人类"共同的挑战";第三,必须为当代人和下代人的利益改变发展模式,这是我们"共同的努力"。1992 年,在联合国环境与发展大会上,153 个国家签署了《生物多样性公约》和

《气候变化框架公约》等重要文件,强调无论是在地方、国家、区域还是国际层面,可持续发展是全世界所有人都可以实现的目标,要想实现人类的可持续发展,关键在于满足人类需求的同时,还要全面及平衡地应对经济、社会和环境问题,实现这个目标的前提是改变目前对生产和消费方式、生活和工作方式以及决策方式的认识。可持续发展的思想也得到了理论支持,Grossman 和 Krueger(1991)的"环境库兹涅茨曲线"(Environmental Kuznets Curve,EKC)反映了经济增长与环境质量的变化关系:当国家经济发展水平较低时,环境污染程度较低,但是随着经济增长,环境污染逐渐加剧,而当经济发展达到某个阈值后,环境污染程度逐渐趋缓。该理论指出,经济发展可以实现收入增长与环境治理的供应,而环境库兹涅茨曲线拐点的出现不只是环保政策和技术进步的结果,更需要企业和社会各方的共同努力,这也对企业社会责任提出了更高的要求。

事实上,20 世纪 70 年代,受当时社会发展趋势的影响,社会公众对环境、劳工权利等社会责任议题的意识不断增强,进而对企业行为有了更高的期望。在此背景下,企业社会责任理念的认知出现巨大突破,将可持续发展的原则融入企业经营活动中,提出了企业社会责任的"新原则",即从长期视角来看,企业社会责任与股东的利益一致,企业对社会的贡献与其获取的经济利益是协调统一的关系(Wallich 和 McGowan,1970)。Johnson(1971)将企业的利益区分为短期利益和长期利益,认为企业承担社会责任有利于企业长期利益最大化。企业承担社会责任被认为是联结社会贡献与经济利益的开明自利的行为,由于环境的恶化会导致企业失去关键的要素资源和客户基础,所以企业可以通过改善经营所在地的环境而获得支持企业发展的长期利益。这一理论提出后,关于企业社会责任讨论的重心不再聚焦于企业是否应该承担社会责任,而是承担什么样的社会责任,以及如何承担社会责任(Lee,2008)。

20 世纪 70 年代初期,随着企业社会责任被广泛接受,针对该议题的讨论逐渐流行。Johnson(1971)认为,企业社会责任是企业通过认真遵循社会对其固有的商业角色所提出的规范性要求,从而实现兼顾经济利益和社会目标的目的,对社会负责任的企业管理者应当平衡各种利益,除了考虑为股东赚取利润之外,还应当综合考虑员工、供应商、经销商、社区和国家的多重利益。美国经济发展委员会在 1971 年进一步指出,商业企业不仅要向公众提供大量的产品和服务,而且要为公众的生活品质做出更大的贡献。由于企业是为服务社会而存在的,所以企业的未来取决于企业在管理和发展过程中如何回应公众不断改变的期望。他们在报告中相应提出了人们期望私营部门承担比以前更广泛的社会责任的结论,将企业社会责任总结为内中外三个圈:内圈包含企业的基本责任,如促进经济增长、创造工作机会和提供产品等经济职能;中圈代表经济职能以外的社会价值和优先事项,这些事项随着社会环境不断变化,如环境保护、消费者权益、员工薪酬和人力资本提升等;外圈表示企业改善社会环境的责任,如消除贫困和防止城市衰败等。Ernst 和 Ernst(1971)对财富 500 强企业披露的信息进行了文本分析,归纳总结了企业社会责任的六个主要方面,包括环境、机会平等、员工、社会、产品和其他。虽然针对社会责任的探讨逐渐增多,但是对于企业社会责任的概念界定和具体内涵众说纷纭,对企业的社会责任表现缺乏统一的分析框架。

Sethi(1975)将研究注意力从企业社会责任的概念转移到企业社会责任表现上,在总结企业社会责任内涵的基础上,指出企业社会责任是"将企业行为提升到与当前流行的社会规范、价值和目标相一致的层次"。结合 McGuire(1963)的研究,Sethi 提出了一个企业满足社会需要的三阶段行为模型:第一,社会义务,指企业具有承担经济的和法律的责任的义务,这是企业社会责任的最低限度;第二,社会责任,指企业承担的追求有利于社会长期公共利益的义务,这种义务超越了法律和经济的框架;第三,社会响应,指企业适应社会状况变化,以社会准则为依据,以满足社会普遍需要为目标,做出决策并从事经营活动。Carroll(1979)在前人研究的基础上,指出企业的经济和社会目标属于商业框架的组成部分,而不是相互对立的关系,并提出"企业社会责任金字塔"模型,明确企业应当承担的四个层次的主要社会责任,并说明每个社会责任层次所包含的具体内容:第一,经济责任,由于获得最大化的利润是企业创立并存续的直接目的和根本动力,所以企业的首要责任在于生产满足社会需求的产品和服务来获取利润;第二,法律责任,企业在为股东创造最大化利润的同时,要在法律和法规允许的范围内运作,提供的产品和服务应至少满足最低的法律要求;第三,伦理责任,企业经营活动要与"反映消费者、员工、股东和社区认为是正确的、正义的或者是尊敬或保证利益相关方道德权利的标准、规范和期望"一致,如环境保护、消费者权利方面的社会期望;第四,慈善责任,指企业自愿"成为一个符合社会期望的好企业公民而采取的活动",这些活动由企业根据其拥有的资源自行决定,包括企业对艺术、教育和社区的捐助。Carroll(1979)在模型中提出了企业社会责任的六个维度,包括用户至上主义、环境、种族/性别平等、产品安全、职业安全、股东。虽然企业社会责任的框架基本确定,但是企业社会责任与企业财务绩效之间仍然缺少明确的关联机制(Lee,2008),两者之间相互独立,在逻辑上彼此割裂(Weick,1977)。企业实现社会责任的动力主要基于企业对社会期望的回应(Ackerman,1973),而不是出于对财务绩效的追求与反馈。

企业社会责任概念的统一和社会表现内涵的明晰,为衡量社会绩效奠定了基础。企业社会绩效是指企业在履行社会责任过程中,可以被衡量的各种行为结果和外在影响的总和。20 世纪 80 年代,社会绩效的概念得到迅猛发展(Wartick 和 Cochran,1985;Wood,1991),该理念认为,企业追求经济利益的目标和追求公共利益的社会目标不是相互对立的权衡关系,而是同为构成企业社会责任的基本要素(Carroll,1991)。企业社会绩效的概念着眼于企业履行社会责任的结果和后果,要求企业通过管理与其运营相关的社会议题、积极承担社会责任,以降低企业在经营中可能面对的社会风险,而社会风险的下降可以降低财务风险。在此基础上,关于企业社会责任的商业价值的探讨开始出现并逐渐成熟(Carroll 和 Shabana,2010)。例如,Dumitrescu 和 Zakriya(2021)研究了企业社会责任对股价崩盘风险的影响,他们发现企业社会责任绩效能够显著降低未来股价崩盘风险,进一步分析表明,具有更强的雇员关系、更高的社区主动性和更好的产品绩效的均方显示出明显较低的未来股价崩盘的可能性。虽然企业社会绩效搭建了企业社会责任与企业财务绩效之间的联结,但是企业经济利益与社会利益之间依然表现为回应性关系,企业社会责任更多地从可能引发企业经营风险的社会议题嵌入企业运营过程中,两者没有从战略和组织管理层面更紧密地耦合在一起(Lee,2008)。

20 世纪 90 年代,在社会绩效观念的影响下,利益相关方理论成为企业社会责任分析的主流范式,企业的中心议题转变为企业的生存问题。企业的利益相关方是参与到组织价值创造过程中的群体(Freeman 和 Phillips,2002),利益相关方不只局限于股东,在更为广泛的层面上包含三个层次(Clarkson,1995):一是内部利益相关者,如员工、董事会等;二是外部利益相关者,如股东、供应商、债权人、社区居民等;三是远端利益相关者,如消费者、媒体、政府部门等。利益相关方理论认为,企业的利益相关方不仅影响企业的价值创造,而且是参与到企业价值创造过程的团体该理论的核心思想,企业持续获得良好社会绩效的关键在于综合平衡各个利益相关的利益诉求,而不仅仅专注于股东的收益最大化。因此,股东应将其掌握的一部分企业决策权力和利益移交给利益相关者,以确保企业在自身财务业绩之外还应当了解并尊重所有与企业行为和结果存在密切关联的个体,满足这些利益相关方的要求,通过履行社会责任取得社会效益(Sirgy,2002)。关切利益相关方,既可以看作企业价值创造与赢得生存条件的工具(Jones,1995),也被认为是企业社会责任的商业价值逻辑(Berman 等,1999)。利益相关者的纽带结合了社会议题、财务绩效与组织管理(Wood,1991),企业社会责任和企业财务绩效之间的关联通过利益相关方机制变得更加紧密。但是,企业社会责任的实现主要是出于生存和发展的工具,将利益相关方期望与关注的社会议题转变为企业运营管理的内容,而其内部的商业逻辑没有被充分挖掘,更没有将企业社会责任融入战略管理框架中,仍然属于"嵌入式"的企业社会责任范畴。

三、2000 年至今:ESG 理念的提出和发展

实现商业利益与社会责任相互促进,关键在于转换视角,重新认识商业与社会的链接关系,即改变传统企业社会责任观将社会问题和社会需要同商业利益相互分割的认识模式,重新探寻并建立承担社会责任与获得商业机会的强链接关系。在此基础上,企业参与解决社会问题就不再仅仅是一项成本支出,而是把社会需要和社会问题转化为有利可图的商业机会(Drucker,1984)。Porter 和 Kramer(2006)将社会问题分为三类:一是普通社会问题,这些问题对社会发展具有重要意义,但是与企业经营活动没有明显关联,也不会影响企业的长期竞争力;二是价值链主导型社会问题,受到企业经营活动的显著影响;三是竞争环境主导型社会问题,外部环境中对企业竞争力的基本构成要素造成影响的社会问题。其中,价值链主导型社会问题和竞争环境主导型社会问题均可以成为企业重要的商业机会。因此,无论是从企业战略管理的角度来看,还是基于企业社会责任理论,企业都应将参与解决社会问题和满足社会需要,同自身核心业务活动紧密结合起来,将企业社会责任作为企

业运营活动的核心地位,使之成为企业战略设计的组成部分。一方面,企业不仅能持续创造并增加经济利润,而且可以形成更具持久性的竞争优势;另一方面,在企业履行社会责任的过程中,社会问题得到解决、社会需要得以满足,促进更具可持续性的社会进步,进一步支撑企业经济利益的提升。这种良性循环创造了"共享价值式"企业社会责任范式:企业通过重新设计产品和服务、定位新的市场、重新确定价值链中的生产力、赋能集群产业发展,可以将社会责任蕴含的商业机会转化成经济收益(Porter 和 Kramer,2011),从而在增加经济价值的同时提升社会价值总量。

相比于传统"嵌入式"的企业社会责任观念,"共享价值式"的企业社会责任理念具有三个明显转变:一是从模糊到清晰,企业社会责任有了更为清晰的界定和要求,形成了趋同且规范的衡量企业社会表现的量化评价体系;二是从风险驱动到价值驱动,企业社会责任形成了从社会问题到企业价值创造的闭环,企业承担社会责任不只是出于规避企业运营中的社会问题风险,更是为了创造综合价值;三是从割裂到融合,企业将社会责任融入战略管理过程中,而将参与社会问题与商业模式有机整合,成为一个优秀的企业公民,都需要有效的公司治理的支持。由此可见,"共享价值式"的企业社会责任理论实现了"企业社会责任—公司治理—价值创造—投资行为"的良性闭环。一方面,企业将承担社会责任纳入战略管理框架中,结合有效的公司治理机制,在提升社会绩效的同时创造经济利益,促进股东财富增长;另一方面,市场的投资者基于社会绩效的投资行为能够激励企业履行社会责任。企业社会责任成为搭建投资者和企业之间联动的一座桥梁,也为 ESG 理念的提出奠定了基础。

出于对经济、社会和环境发展不充分、不协调的关切,以联合国为代表的国际组织长期推动经济社会发展和环境问题的解决,这些社会问题与企业的可持续发展密切相关。2004年,联合国契约组织发布报告《在乎者赢》(Who Cares Wins),首次提出 ESG 概念。该报告指出,在一个全球化进程加速、相互联系和充满竞争的世界中,对 ESG 发展相关问题的管理将成为企业获得竞争优势的关键。该报告的目的是通过建立环境、社会和治理与投资决策之间的关联,将这些因素引入投资决策中,从而推动可持续发展全球契约原则在商界的实施。它的核心逻辑是:环境、社会和治理因素表现良好的公司,通过对新出现的环境、社会和治理风险进行较好的控制,并通过高效的检测手段对消费趋势变化进行准确预测,借此进入新产品市场或降低成本,就能够实现股东价值的提升。除此之外,由于环境、社会和治理也能够给信誉和品牌带来重大影响,这些资产通常占企业价值的 2/3,所以很有可能对企业的竞争力塑造和盈利能力产生决定性影响。ESG 理念的推行需要在凝聚促进利益相关者共识的基础上,营造更强、更具有弹性的金融市场。2006 年,联合国责任投资原则组织发布"负责任投资原则"(PRI),推动 ESG 成为一种投资方式。负责任投资原则倡议将 ESG 问题纳入投资分析和决策过程,促使投资实体披露 ESG 问题,同时成为积极的所有者,进一步推动其他投资者对原则的接受和实施。

比较企业社会责任与 ESG 的概念,可以发现两者的目标都是推动社会的可持续发展。

同时,两者存在明显的区别:从核心理念来看,传统的企业社会责任观念主张"尽责行善",注重社会贡献、环境贡献等"向外"的表现,而 ESG 倡导"义利并举",更多"向内"深入企业战略和运营中;从受众来看,企业社会责任实践强调利益相关者导向,ESG 更加偏重投资者导向;从与公司治理的关系来看,企业社会责任与公司治理的关联较为松散,而 ESG 则融入治理机制和治理程序中。

2015 年,在联合国召开的可持续发展峰会上,193 个成员国通过了《联合国 2030 年可持续发展议程》,制定了 17 项可持续发展目标(SDGs)。可持续发展目标旨在从 2015 年到 2030 年间以综合方式彻底解决社会、经济和环境三个维度的发展问题,转向可持续发展道路。17 个可持续发展目标是实现所有人更美好和更可持续未来的蓝图。目标提出了我们面临的全球挑战,包括与贫困、不平等、气候、环境退化、繁荣以及和平与正义有关的挑战。相比 SDGs 而言,ESG 的概念更加聚焦于企业的可持续发展,主要依靠市场投资者推动,而 SDGs 关注全球发展议题,通过国际组织推动实现。同年,第 21 届联合国气候变化大会通过了《巴黎协定》,提出将 21 世纪全球气温上升控制在工业革命前的 2℃以内、力争 1.5℃以内的控温目标,以减缓气候变化,确保人类的可持续发展。《巴黎协定》签订后,经济社会向低碳转型和绿色发展已成为共识,促进社会公众日益意识到 ESG 是确保可持续发展的重要基础和制度安排。在此背景下,企业自身经营和资本市场形成了对 ESG 的强大需求,为 ESG 理念的发展奠定了坚实基础。

在 ESG 理念不断完善的同时,学界还关注企业 ESG 表现的影响因素,多数学者认为,ESG 表现受外部监督压力和内部治理特征两方面的驱动。外部监督压力主要来自制度监管和投资者、媒体等利益相关者的诉求(Filatotchev 和 Nakajima,2014),这些压力会转化为不同形式的 ESG 表现。比如,越来越多的投资者根据 ESG 标准进行投资(Höck 等,2023),并要求被投资公司改善 ESG 实践(Barko 等,2021)。内部治理特征是指管理者的选择、动机和价值观的影响。例如,Ahn(2022)研究了 CEO 注意力广度对可持续性绩效的影响,发现 CEO 注意力越广,企业 ESG 表现越好。Al-Shaer 和 Zaman(2019)指出,公司将 ESG 绩效纳入高管业绩考评体系,可以更好地激发管理层的 ESG 实践积极性,促使企业从事更多有利于环境和社会的行为。

在 ESG 的经济后果方面,既有研究大多聚焦于 ESG 表现对企业财务绩效和企业价值的影响。Friede 等(2015)通过归纳管理、会计、金融和经济学领域的相关研究后发现,大约 90% 的实证研究证实了 ESG 表现对财务绩效具有非负的影响,其中大多数学者认为两者存在正相关关系。基于利益相关者理论,一方面,企业 ESG 实践可以通过改善品牌声誉、文化和人力资本使利益相关者受益,进而通过促进收入增长、降低成本、降低监管压力、提升劳动效率和优化投资结构五种渠道提升财务绩效(Zerbib,2019);另一方面,良好的 ESG 表现意味着企业可以高质量地履行与利益相关者的契约,赢得利益相关者的信任和支持,从而获得利益相关者掌控的关键战略资源,打造自身竞争优势,进而提升企业价值。

第三节 国内 ESG 理念演进

改革开放之后,我国开始引入现代企业社会责任的思想,学者主要立足于社会经济发展的视角对其概念进行解释。科学发展观的提出为企业社会责任赋予更多内涵,也助推了企业社会责任的法制化进程。进入新时代,新发展理念的提出推动 ESG 理念和实践在我国的兴起,促进我国企业向基于共享价值原则的新治理模式转变。图 1-2 为国内 ESG 理念研究进展的时间线。

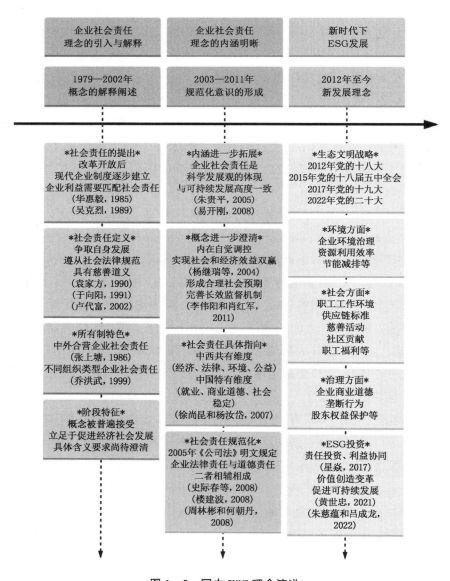

图 1-2 国内 ESG 理念演进

一、1979—2002 年：企业社会责任理念的引入与解释

改革开放后，我国逐步从公有制经济主导的企业制度向与社会主义市场经济体制相匹配的、多种所有制并存的微观结构转变。对国有企业，先后实行了扩大企业自主权，推行承包制、股份制等改革探索，逐步过渡到转换经营机制、建立现代企业制度的阶段。

随着国有企业经营自主权的扩大和多种所有制企业的成长，企业社会责任的话题开始受到关注。我国学者对企业社会责任的阐述先是以西方理念成果和实践经验的介绍为主，进而结合我国经济体制做出解释并构建理念体系。1985 年，华惠毅在《瞭望》杂志发表《企业社会责任——访南华公司催化剂厂》，这是"企业社会责任"一词在我国的首次出现。在这篇文章中，作者通过企业提高产品和服务质量、降本增效的事例，强调"只有把企业的利益同社会利益结合起来，融化在一起，以企业的经济效益促进社会效果的提高，尽到企业的社会责任，企业才会有强大的生命力"。关于企业社会责任的来源，吴克烈（1989）认为这是赋予企业社会权限的产物：放弃中央高度集权的经济体制、归还给企业应有的经营自主权，实质是赋予企业一定的社会权限，也要求企业承担与之相匹配的社会责任，企业在履行社会责任的过程中创造社会效益、产生社会利益。吴克烈（1989）将企业社会责任总结为三个方面：满足社会需要、保护生态环境和缴纳税金。

袁家方（1990）最早提出我国学者对企业社会责任的定义，他认为，"企业社会责任是企业在争取自身生存于发展的同时，面对社会需要和各种社会问题，为维护国家、社会和人类的根本利益，必须承担的义务"。于向阳（1991）进一步将企业社会责任区分为狭义和广义。狭义的社会责任是指企业为了实现社会目标，遵从环境保护、劳动者权益、消费者保护等法律规范而承担的责任；广义的社会责任是在狭义责任的基础上，增加了慈善性或道义性的内容。卢代富（2002）总结了企业社会责任的概念，认为企业社会责任是企业在追求股东财富最大化以外承担的增进社会福利的责任，既包含对劳动者、消费者、债权人的权益保障，又包括在环境保护、促进社区经济发展方面的责任。

除了关于企业社会责任概念的一般解释以外，我国学者还对不同所有制企业社会责任的目标进行了探讨。张上塘（1986）讨论了中外合营企业的社会责任，认为其生存和发展的基础性前提在于按期缴足注册资本、不得减少注册资本，在经营过程中，除了考虑合营各方的利益外，还应当确立良好的经营方式、目标和信誉，遵守我国法律、履行环境义务、承担全民责任，适应我国经济体制改革的要求，为社会做出贡献。乔洪武（1999）提出我国不同组织类型企业的社会责任：国有大中型企业要自觉服从国家经济计划的指导、负担国家宏观经济核心载体的职责，同时要积极为国家创造财富、确保国有资产保值增值，还要提升科技水平、推动社会科技发展；小型国有企业和城市集体企业要优化产品结构、提高产品质量，担负起为大中企业和城乡人民服务的主体作用；乡镇集体企业要大力支持农村发展，提高生态效益，避免资源浪费；"三资"企业和私营企业应自觉接受政府法律的管辖和约束，履行

好对社会的基本责任,如缴足税金、劳动者权益保障等。

在这一时期,学者普遍接受并认可了企业社会责任观念,企业社会责任的解释主要立足于促进经济社会发展,对其具体含义和要求,特别是不同类型所有制企业的社会责任、政府责任与企业责任的关系等问题,需要进一步澄清,同时对企业经济利益与社会责任之间的耦合逻辑亟须深入探讨。

二、2003—2011 年:企业社会责任的内涵明晰

加入世界贸易组织深刻改变了我国与世界经济体系的关系,不仅使我国能够基于自身比较优势深入参与国际分工体系,而且为我国参与全球经济治理提供了更好的条件,更加有力地促进了国内经济体制改革、激发市场主体活动、释放经济发展潜力。世界经济一体化的自由贸易环境,有力地推动了现代企业制度建设进程,为我国企业尤其是民营企业的发展提供了巨大的动力和发展空间,民营经济是国民经济发展、促进市场繁荣和社会稳定的重要力量。但是,企业在创造经济价值、推动社会进步的同时,也带来了不可忽视的负面影响,如环境污染、员工待遇低下、损害消费者权益等。

2003 年,我国提出和确立了科学发展观,要求努力做到"五个统筹"的协调可持续发展,即统筹城乡发展、统筹区域发展、统筹经济社会发展、统筹人与自然和谐发展、统筹国内发展和对外开放。对于企业来说,只有重视长远、关注社会、兼顾利益相关者,才能实现全面、协调、可持续发展。因此,企业社会责任是科学发展观在企业层面的具体体现和实践(易开刚,2008),与"以人为本"和可持续发展思想具有高度一致性(朱贵平,2005)。由此,企业社会责任观念在我国得到广泛接受,其内涵得到进一步拓展和丰富,并形成法律层面的规范化认识。

杨继瑞等(2004)对企业社会责任的概念进行澄清,指出企业承担社会责任不会提升贸易壁垒,不等同于"企业办社会",不意味着降低企业利润,企业社会责任并不是政府社会责任,而是我国企业的自觉需要。他们承认创造利润是企业承担社会责任的基础,企业可以通过把社会问题转化为有利可图的商业契机,实现社会效益和经济效益的双赢,这需要企业形成一种内在的、自觉的道德调控。李伟阳和肖红军(2011)总结归纳了企业社会责任的逻辑起点,提出企业社会责任的"元定义",认为企业社会责任是在特定的制度安排下,企业有效管理自身运营对社会、利益相关方、自然环境的影响,追求在与其存续期内最大限度地增进社会福利的意愿、行为和绩效。立足于企业视角,企业必须以经济绩效为基础,全面提升在经济、社会和环境方面创造综合价值的能力,同时建立自身与社会的利益认同、情感认同和价值认同,构建和谐的利益相关方关系;立足于社会视角,应形成对企业社会责任的合理预期,促使负责任企业的行为与社会需要相匹配,同时需要完善对企业社会责任治理和监督的长效机制。

关于社会利益的具体指向,徐尚昆和杨汝岱(2007)对企业社会责任的概念范围进行了

归纳性分析,发现中西方企业社会责任的共有维度是经济责任、法律责任、环境保护、客户导向、以人为本和公益事业。除此之外,中国企业社会责任概念具有三个独有维度,分别是就业、商业道德、社会稳定和进步,而企业社会责任的实现需要融入战略管理目标,实现企业管理从局部视角到系统视角的转变(许正良和刘娜,2008)。至于企业社会责任的范围,李伟阳(2010)认为,其边界在于最大限度地实现与商品和服务提供过程相联系的经济、社会和环境的综合价值,同时最大限度地实现与内嵌于商品和服务提供过程中人与人的关系相联系的经济、社会和环境的综合价值。其中,前者要求企业履行科学发展责任、卓越管理责任、科技创新责任和沟通合作责任;后者要求企业履行底线责任和共赢责任。

企业社会责任在被付诸实践的同时,还被写进法条,进一步得到规范。2005 年修订的《中华人民共和国公司法》第一次对企业社会责任做了原则性规定,要求“公司从事经营活动,必须遵守法律、行政法规,遵守社会公德、商业道德,接受政府和社会监督,承担社会责任”。该条款规定了企业在法律层面和道德层面的社会责任,使得条款中社会责任的范畴的一部分可以强制依法实施,但是这并不意味着道德层面的社会责任“失效”,相反,道德层面的社会责任规定在一定程度上可以弥补法律层面的不足(史际春等,2008)。与此同时,将道德层面的企业社会责任纳入法规,为股东临时提案等既有的公司治理机制对企业进行监督创造了条件(楼建波,2008)。在法律规定的基础上,周林彬和何朝丹(2008)提出“超越法律”的企业社会责任,他们认为企业具有超出法律框架强制性规定、符合社会价值和供应预期的责任,这种责任可以看作“软法”,它通过社会责任目标融入企业商业活动和治理结构之中,实现企业的“自我管制”。“软法”规定的社会责任在利益相关者行使实质性和程序性权力时得以彰显,可以提高利益相关者的谈判抗衡力量,并以声誉机制和非政府组织的作用作为责任的实施机制的补充。

三、2012 年至今:新时代下的 ESG 发展

2012 年,党的十八大召开,标志着中国特色社会主义进入新时代,首次把生态文明建设纳入中国特色社会主义事业“五位一体”总体布局,系统破解经济发展与生态保护的协调难题。面对资源约束趋紧、环境污染严重、生态系统退化的严峻形势,党的十八大做出“大力推进生态文明建设”的战略决策,要求牢固树立生态红线观念,正确处理经济发展与环境保护关系。2015 年,在党的十八届五中全会上,习近平总书记提出创新、协调、绿色、开放、共享的发展理念。其中,创新是引领发展的第一动力,协调是持续健康发展的内在要求,绿色是永续发展的必要条件和人民对美好生活追求的重要体现,开放是国家繁荣发展的必由之路,共享是中国特色社会主义的本质要求。2017 年,党的十九大首次提出高质量发展的新表述,表明中国经济由高速增长阶段转向高质量发展阶段。以高质量发展促进共同富裕,同样是一个新的命题和新的使命。ESG 包含的诸多维度与新发展理念高度契合。在环境方面,ESG 关注企业环境治理、资源利用效率、节能减排等因素,这些与绿色发展理念不谋

而合；在社会方面，ESG 聚焦职工工作环境、供应链标准、慈善活动、社区贡献、职工福利等因素，与协调、共享理念相一致；在治理方面，ESG 关注企业商业道德、垄断行为、股东权益保护等因素，与创新共享理念相契合。因此，新时代赋予我国 ESG 更加丰富的意义，也为 ESG 发展创造了更加广阔的土壤。2022 年，党的二十大指出以中国式现代化全面推进中华民族伟大复兴。ESG 与中国式现代化战略下"三新一高"的发展方向相吻合，在实现"双碳"目标的过程中，构建具有中国特色的 ESG 体系，不仅是充分发掘企业可持续发展内生动力的需要，而且是新时代经济社会高质量发展的必然选择。

在新时代发展战略的引领下，国内学界对 ESG 的含义和价值有了更加深入的理解。星焱（2017）从责任投资的视角阐述了 ESG 思想，指出责任投资结合伦理投资与绿色投资，它的核心驱动力在于长期投资价值、投资风险管理、客户需求、政府支持和受托责任。在国际上，责任投资的"负面清单"包括环境、社会和公司治理（ESG）三大领域，具体目标以《巴黎协定》为基础。他认为，中国需要积极借鉴国际责任投资理念，构建利益相关者协同框架下的责任投资发展道路。黄世忠（2021）认为，ESG 使企业价值创造经历三大变革：价值创造导向由单一主体向多重主体转变，共享价值最大化将渠道股东价值最大化的原则；价值创造动因由内部向外部延伸，社会和环境在价值创造中扮演的角色愈加凸显；ESG 理念还将推动价值创造的观念变革，要求企业改进投融资、利益分配和评价决策，进一步提升可持续发展能力。朱慈蕴和吕成龙（2022）从法律的角度理解 ESG 的兴起，认为 ESG 与现代公司法都基于可持续发展的目标，ESG 将在"有限责任"和"两权分离"之后，成为促进公司永续发展的新制度工具。原因在于，ESG 契合了现代公司治理的核心，不仅对传统公司经营目的和义务提出了新的要求，而且为公司治理质量提升指引了方向，促使现代公司向"公司公民"跃迁。基于此，公司法应当对 ESG 做出制度化保障，通过上市公司信息披露规则和相应法律规范的架构，推动 ESG 与企业的协调发展。

在 ESG 的经济后果方面。王琳璘等（2022）发现，企业 ESG 表现越好，企业价值就越高。对作用机制的分析表明，良好的 ESG 表现有助于缓解企业融资约束、改善企业经营效率、降低企业财务风险，从而提升企业价值。武鹏等（2023）认为，企业 ESG 表现显著提高了会计盈余的价值相关性，具体地，ESG 表现通过能力转化、信息传导和企业声誉三种机制来提高会计盈余的价值相关性。聂辉华等（2022）从企业层面考察了 ESG 和共同富裕的关系，发现企业参与 ESG 实践显著提高了财务绩效，但是没有明显改善企业内部收入的分配状况。

第二章　ESG 应用实践

本章提要：随着经济和社会的发展，ESG 不再仅仅是一种理念，而是逐渐成为政府、企业和投资者关注的核心议题。其在信息披露、评级和投资领域的应用实践，正推动着社会和经济朝着更可持续的未来迈进。本章首先对 ESG 应用实践在全球的发展进行了梳理，按开始时间和实施范围划分为不同的发展阶段，随后对 ESG 应用实践中的三个重要环节，即 ESG 信息披露、ESG 评级和 ESG 投资分别进行了概述。第一节介绍了 ESG 应用实践在全世界的演进和进展；第二节阐述了 ESG 信息披露的含义、披露政策的演进、影响因素和经济后果；第三节概览了 ESG 评级相关内容，包括 ESG 评级的含义、主体、流程、评级体系、评级市场现状、经济后果；第四节针对 ESG 投资进行了概述，包括 ESG 投资的含义、发展历程、投资主体、国内外现状、投资策略、经济后果。整体来看，第一，ESG 披露已经成为企业展示其社会责任和可持续经营的关键途径；第二，ESG 评级为投资者提供了更全面的信息，有利于他们做出相关投资决策，但市场上众多评级机构存在评级分歧，会给评级的准确性带来不利影响；第三，ESG 已成为许多投资者的核心投资标准之一，有助于推动企业更加注重可持续经营，进而催生积极的社会变革。

第一节　引　言

自 ESG 的概念提出以来，在实践中贯彻 ESG 理念逐步成为推动可持续发展的主要途径，而负责任投资则在 ESG 实践中具有举足轻重的地位。ESG 实践涵盖了一系列与环境、社会和公司治理相关的因素，包括环保政策、员工权益、董事会结构、供应链管理以及社会责任倡议等，是实践主体与 ESG 相关行为的集合。ESG 在全球的实践可分为以下阶段：

一、萌芽阶段（1970—1990 年）

这一阶段，ESG 实践主要集中在环境保护方面，主要由企业和非政府组织推动。1970 年，美国环境会计准则委员会（AICPA）发布了《环境会计准则委员会指南》，这是美国第一份环境会计准则。1973 年，美国证券交易委员会（SEC）要求上市公司披露环境信息，包括排放量、废物处理和能源消耗等。1976 年,经济合作与发展组织(OECD)发布了《跨国公司行为准则》。1982 年,联合国跨国公司委员会发布了《跨国公司行动守则》。这些准则鼓励和要求企业以高标准披露非财务信息,主要在经济发展较好的国家和地区(如美国、英国、澳大利亚等)实施,是 ESG 实践的萌芽。

二、发展阶段(1990—2010 年)

这一阶段,ESG 实践开始扩展到社会责任和治理方面,并得到了投资者和监管机构的关注。1992 年,联合国环境与发展大会发布了《21 世纪议程》,该文件对经济社会、自然资源、人类平等、环境保护等 78 个可持续发展细分领域及具体实施手段进行了细致讨论,为 ESG 相关政策制定提供了参考框架。1997 年,联合国环境规划署(UNEP)发布了《全球报告倡议组织(GRI)准则》,这是第一份全球性的 ESG 报告指引。欧洲在 20 世纪 90 年代也开始了 ESG 实践。1993 年,欧盟发布了《环境指令》,要求企业披露环境信息。1995 年,欧盟发布了《社会指令》,要求企业披露社会信息。日本在 20 世纪 90 年代也开始了 ESG 实践。1997 年,日本金融厅要求上市公司披露环境信息。一些以金融业和旅游业为主的国家也在此时期开始关注环境保护和商业道德。

2000 年以后,ESG 实践发展更加迅速。2000 年,全球契约组织成立,在人权、劳工标准、环境、反腐败四个方面提出了数十项"全球契约原则",以推动全球企业可持续经营发展。2004 年,国际资本市场协会(ICMA)发布了《气候债券原则》,这是第一份针对气候变化相关信息披露的原则。2006 年,全球契约组织联合多个证券交易所共同发起"负责任投资原则"倡议,规定签署方遵守责任投资六项原则,其中两项原则对投资者以及被投资企业的 ESG 信息披露提出了基本要求。2007 年,气候披露准则理事会(CDSB)成立,提出了基于 7 项原则和 12 个要素的气候变化信息披露框架,旨在为企业提供一个与财务信息报告框架同样严谨的环境信息报告框架,以提高企业环境信息的透明度。在欧洲,欧盟国家增加了许多计划,如斯洛伐克、拉脱维亚等,都开始重视企业信息披露和环境保护等问题,并逐步完善了企业 ESG 信息披露制度,要求上市公司披露非财务信息。

三、成熟阶段(2010 年至今)

这一阶段,ESG 实践进入了快速发展阶段,并成为全球资本市场的重要趋势。2015 年,金融稳定委员会(FSB)成立了气候相关财务披露工作组(TCFD),发布了针对气候变化相关信息披露的建议框架。2017 年,美国证券交易委员会要求上市公司披露气候相关信息。国际可持续准则理事会(ISSB)2023 年 6 月 26 日发布的《国际财务报告可持续披露准则第 1 号——可持续相关财务信息披露一般要求》(IFRS S1)和《国际财务报告可持续披露准则第 2 号——气候相关披露》(IFRS S2),标志着首套全球 ESG 披露准则落地。欧盟在 2023 年通过了《欧盟碳边境调节机制》,目的是促进全球碳价的统一,并推动全球经济向低碳转型。

大批国家在国际组织的鼓励下开始重视环境保护和社区发展,签署《巴黎协定》的国家达到200多个,ESG实践几乎覆盖了所有经济体,进入了成熟阶段。

对于中国来说,ESG实践主要是从2000年后开始的。从2003年国家环保总局发布的《关于企业环境信息公开的公告》到2022年国资委发布的《提高央企控股上市公司质量工作方案》,政府部门和监管机构对企业ESG实践的要求逐步完善(见图2—1)。

图2—1　国内ESG实践演进

从负责任投资的角度来看,首先,ESG实践主体有投资者和企业,ESG投资者对企业进行投资,期望引导企业在环境、社会、治理方面的行为,获得长期的可持续的回报。其次,企业需要向投资者传递自身在ESG方面的表现,但由于企业披露信息的差异性,且投资人需要评估企业的披露信息,因此由海量企业向众多投资人直接传递ESG表现是低效的,市场需要一个专业的第三方评级机构。企业披露ESG信息,第三方独立评级机构根据披露信息对企业进行评级,投资人则参考评级机构的评级来实施投资,最终,这些市场主体的行为,即ESG信息披露、ESG评级、ESG投资构成了ESG实践的主要部分。

此外,ESG实践还离不开政府与相关政策制定者的参与和努力,欧洲、美国、日本等发达经济体在ESG实践方面积累了先进的经验,中国作为现今世界第二大经济体,也在推动全球可持续发展目标实现的实践过程中起着越来越重要的作用。

欧洲地区是ESG实践的重要代表,欧盟委员会作为积极响应联合国可持续发展目标和负责任投资原则的区域性组织之一,最早表明了支持态度和行动,并在近年来密集推进了一系列与ESG相关条例法规的修订工作,如《非财务报告指令》《股东权指令》《企业可持续发展报告指令》,为欧洲ESG实践提供了制度保障。

与欧洲ESG"政策法规现行"不同的是,尽管美国ESG实践开始较早,但美国政府在ESG政策引导上较少作为。21世纪初,美国安然公司的造假事件催生了《萨班斯-奥克斯利法案》的颁布,对全世界的公司治理产生了深远影响。在环境和社会议题方面,2010年美国证券交易委员会出台了《SEC关于气候变化相关信息披露的指导意见》,2015年发布了《雇主信息报告》。但总体来说,美国联邦政府的ESG政策受当局政府的倾向影响,在特朗普政府执政期间,甚至出现过退出《巴黎协定》的反 ESG 行为。

日本作为另外一个发达资本市场,其 ESG 投资实践也走在亚洲前列,20 世纪 90 年代,许多日本企业就开始披露环境报告。尽管日本在 20 世纪 90 年代以后开始了"失落的三十年",但其 ESG 实践仍稳步发展,日本在 2014 年开始其 ESG 整合之旅,颁布了《日本尽职管理守则》和《日本公司治理守则》,在 2017 年出台了《协作价值指南》,为企业和投资人履行前两份守则提供基础。日本交易所集团联合东京证券交易所于 2020 年发布了《ESG 披露使用手册》,更是填补了日本上市公司在 ESG 披露指引方面的空白。在实践方面,2015 年日本政府养老投资基金签署了联合国负责任投资原则,引领了日本 ESG 投资风潮,极大地提升了日本市场对 ESG 的关注程度。

对于中国来说,如图 2—1 所示,2003 年以来,国家环保总局、环保部、证监会、国资委、上交所、深交所出台了一系列 ESG 披露指引。同时,为实现"碳达峰"和"碳中和"目标,中国还制定了一系列绿色金融政策,如《绿色信贷指引》和《中国绿色债券原则》。整体来看,中国的 ESG 实践迅速与全球发达经济体的 ESG 实践接轨,并且中国企业的 ESG 表现显著提升。

第二节　ESG 信息披露

一、ESG 信息披露的含义

ESG 信息披露是企业参照一定的标准和指标体系,将过去一段时期内在环境、社会责任、公司治理三个方面的表现和面临的困难,通过单独或综合报告的方式报送给信息使用者的过程。其中,环境维度包括资源综合利用、减少碳排放、降低污染物排放、减弱对气候负面影响等方面;社会维度关注企业在职工劳动权益保护、人力资本培养、产品质量与安全、消费者权益保护、公共关系等方面的情况;治理维度涵盖商业道德、内部控制制度、董事会构成、薪酬制度、反腐败监督等方面。信息披露是 ESG 治理过程中的重要环节。持续规范披露 ESG 相关信息:一方面,可以推动企业践行绿色发展、履行社会责任、提升治理水平,促进企业落实可持续发展战略;另一方面,通过信息的交流,有利于企业以更加公开、透明、持续的方式积极向资本市场沟通与 ESG 相关的潜在价值和风险管理情况,促使投资者更好地将 ESG 因素纳入投资决策,更好地发挥资本市场服务实体经济和支持经济转型的功能。

ESG 信息披露的实践逻辑首先从国际组织制定 ESG 信息披露指导原则或编制指南开始,政府监管部门或行业协会根据指导原则出台相关制度文件引导或强制企业按照指引编制 ESG 信息披露报告,企业根据制度文件要求定期或不定期出具 ESG 信息披露报告,第三方评级机构根据 ESG 报告对企业的 ESG 表现进行评价,投资者依据企业 ESG 表现和评级情况进行投资分析并制定投资策略。同时,资本市场的行为也会对企业 ESG 信息披露起到塑造作用:第一,投资者的投资实践要求国际组织不断丰富完善 ESG 信息披露原则,并推动政府部门规范 ESG 信息披露政策;第二,基于 ESG 信息的投资实践有助于引导企业提升在环境、社会、公司治理方面的表现,并积极做好 ESG 信息披露;第三,投资活动会促使评级机构优化 ESG 评级方法。由此可见,ESG 披露是整个资本市场投资和资源配置的一项基础性工作,是开展 ESG 评价和 ESG 投资的基础。

从发展的视角来看,ESG 所包含的维度从社会责任(S)开始。在经济发展过程中,环境问题日渐凸显,环境保护越发受到政府管理部门和社会公众的重视,环境(E)维度的地位不断提升。随着企业社会责任融入战略管理框架中,以及发达国家财务造假丑闻频发,与公司治理(G)有关的价值和风险受到重视,公司治理作为一个新维度被引入投资分析中。与 ESG 的发展过程相一致,早期 ESG 信息披露的主要形式是企业社会责任报告,是指企业定期或不定期向信息使用者报送企业在过去一段时期内履行社会责任情况的报告,它可以作为一份单独的报告,也可以是财务报告的一部分。企业社会责任报告在全球大多数大中型企业中稳步推行,根据毕马威公司 2017 年发布的《企业社会责任报告调查》,在财富 500 强企业的前 250 强以及 16 个工业国家前 100 强企业中,75%的样本企业发布了企业社会责任报告,到 2020 年该比例提高至 80%。企业社会责任报告的普及为 ESG 信息披露奠定了坚实基础。ESG 信息披露与企业社会责任报告的目的都是向信息使用者披露企业在可持续发展方面的表现、努力和困难,同时两者在内容和目标使用者上存在一定的区别。从内容侧重来看,ESG 报告主要披露 ESG 风险识别、管控和绩效等方面的信息,这些信息大多是可量化的,主要为投资者进行投资分析提供参考;企业社会责任报告的信息披露侧重于综合社会表现,内容更加宽泛,没有明显的风险和绩效导向性。从目标使用者来看,ESG 报告主要针对投资者和监管者,可以为投资人确定投资策略、监管者了解企业 ESG 表现和制定政策提供必要信息;企业社会责任的使用者范围更加广泛,除了投资人以外,还包括企业员工、政府部门、供应商和客户、社会公众等。

从中国企业 ESG 信息披露实践来看,A 股上市公司披露 ESG 的意识越来越强。尽管很多 A 股公司未发布 ESG 报告,但通过年报或其他形式等陆续披露 ESG 信息。如图 2—2 所示,2017—2022 年,A 股上市公司中发布 ESG 相关报告的数量从 871 家增长到 1 755 家,ESG 相关报告披露率从 25.12%提升至 34.32%,未来 A 股上市公司 ESG 报告的信息披露率存在较大的增长空间。

二、国内外 ESG 信息披露的政策演进

ESG 信息披露指引最早由国际组织牵头推动。1976 年,经济合作与发展组织发布了《跨国公司行为准则》,鼓励企业以高标准披露非财务信息,包括就业和劳工、环境、反腐败及消费者权益。1982 年,联合国跨国公司委员会发布《跨国公司行动守则》,要求跨国公司适时、规范、真实地进行信息披露,范围除了业务活动、组织结构、财务状况和业绩之外,还

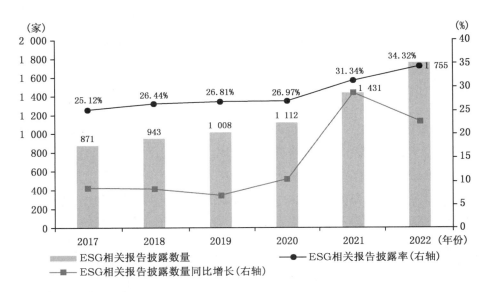

资料来源：巨潮资讯网。

图 2—2　中国 A 股上市公司 ESG 相关报告披露数量和披露率

包括环境问题、消费者权益等非财务信息，以规范跨国公司在国际贸易中的经营行为，保护东道国利益。1992 年，联合国环境与发展大会发布了《21 世纪议程》，该文件对经济社会、自然资源、人类平等、环境保护等 78 个可持续发展细分领域及具体实施手段进行了细致讨论，为 ESG 相关政策制定提供了参考框架。1997 年，全球报告倡议组织（GRI）成立，提出了由四个模块组成的 ESG 报告披露框架，包括通用准则模块、经济议题模块、环境议题模块和社会议题模块。2016 年版的 GRI 可持续性报告标准包括一般标准和详细主题标准，其中一般标准包含基础、一般披露和管理方针，详细主题标准涵盖经济、环境和社会三大议题，共 33 个细分议题。"模块化"是 GRI 披露标准的鲜明特点，不同主题、不同行业既可以独立使用，也可以组合成完整的报告。"模块化"不仅便于企业管理和更新各项指标，而且有助于投资者基于量化方式对企业 ESG 进行分析和评价。2000 年，全球契约组织成立，在人权、劳工标准、环境、反腐败四个方面提出了数十项"全球契约原则"，以推动全球企业可持续经营发展。除此之外，全球契约组织还组织各国政府制定可持续信息披露政策，推动 ESG 信息披露的实践和发展。2006 年，全球契约组织联合多个证券交易所共同发起"负责任投资原则"倡议，规定签署方遵守责任投资六项原则，其中两项原则对投资者以及被投资企业的 ESG 信息披露提出了基本要求。2007 年，气候披露准则理事会（CDSB）成立，提出基于 7 项原则和 12 个要素的气候变化信息披露框架，旨在为企业提供一个与财务信息报告框架同样严谨的环境信息报告框架，提高企业环境信息的透明度。2011 年，可持续发展会计准则委员会基金会（SASB）成立，发布了涵盖 11 个经济部门、77 个行业的 ESG 披露指标，促进企业与投资者交流对财务表现有实质性影响的相关信息。2015 年，金融稳定理事会(FSB)成立了气候相关财务信息披露工作组(TCFD),提出了包括治理、战略、风险管理、指标与目标 4 个核心模块、11 项具体披露要求的 TCFD 框架。至此,GRI、CDSB、SASB、TCFD 发布的报告标准,作为推动 ESG 信息披露发展的重要力量,成为当前全球证券交易所制定 ESG 信息披露指引时引用的主流标准。国际可持续准则理事会(ISSB)于 2023 年 6 月 26 日发布的《国际财务报告可持续披露准则第 1 号——可持续相关财务信息披露一般要求》(IFRS S1)和《国际财务报告可持续披露准则第 2 号——气候相关披露》(IFRS S2),标志着首套全球 ESG 披露准则落地。

从全球范围来看,ESG 信息披露实践最前沿的地区是欧盟。2007 年,欧盟发布首版《股东权指令》,从股东的角度,对公司治理议题进行了规范要求,重点对代理投票行为进行规定,以保证良好的公司治理。2014 年,欧盟修订《非财务报告指令》,首次系统地将 ESG 三要素纳入法规条例,该指令明确了环境信息需要强制披露的内容,而对社会和公司治理方面的信息仅提供了参考性披露范围。2017 年,欧盟对《股东权指令》进行修订,修订后的法令要求股东应当参与上市公司的 ESG 议题,如果股东是机构投资者,还应当对外披露参与被投资公司 ESG 议题的方式、政策、结果与影响。2022 年,欧盟通过《企业可持续发展报告指令》,在 ESG 信息披露的范围、要求和标准方面都做出了更为严格的规定,将成为欧盟范围内 ESG 信息披露的核心法规。该指令规定,符合一定条件且在欧洲运营的公司,需要基于财务重要性(可持续性风险和机会)与影响重要性(企业对人和环境的影响)的双重重要性原则向投资者、客户和政府披露企业在 ESG 方面非财务信息。《企业可持续发展报告指令》的出台意味着欧盟的 ESG 信息披露制度进入了强制披露时代。

美国采取 ESG 信息强制披露的政策。2010 年,美国证券交易委员会出台《SEC 关于气候变化相关信息披露的指导意见》,要求上市公司对气候变化等环境议题进行量化披露,公开遵守环保法的费用和重大资本支出等,开启了美国上市公司环境信息披露的时代。2015 年,加州参议院发布《第 185 号参议院法案》,要求加州公务员养老金和加州教师养老基金停止对煤炭的投资,将投资标的向清洁、无污染能源过渡,以支持加州脱碳。2018 年,加州参议院发布《第 964 号参议院法案》,进一步提升对上述两大退休基金中气候变化和风险管控相关信息披露的强制性,同时将与气候相关的金融风险上升为"重大风险"级别。在社会议题维度,2015 年美国平等就业机会委员会发布《雇主信息报告》,要求雇佣人数超过 100 人的公司向联邦政府提供员工种族、民族、性别、工资数据。在公司治理维度,纽约证券交易所 2002 年发布《303A 公司治理规则》,并在 2009—2018 年进行了四次修订,要求上市公司遵守并披露在独立董事、薪酬委员会、审计委员会等方面的行为。作为 ESG 整合信息披露政策,2019 年纳斯达克证券交易所发布《ESG 数据报告指南 2.0》,从主要利益相关者、重要性考量、ESG 指标度量等方面为上市公司提供 ESG 报告编制详细指引。

中国对 ESG 信息披露采用强制披露与自愿披露相结合的政策。2003 年,国家环保总局发布《关于企业环境信息公开的公告》,要求被列入重污染名单的企业进行环境信息披露,未列入名单的企业可以自愿披露,这是我国第一份关于企业环境信息披露的政策文件。2006 年,深交所制定《深圳证券交易所上市公司社会责任指引》,倡导上市公司积极承担社会责任,同时定期评估社会责任履行情况,将职工保护、环境污染、商品质量、社区相关等方面的社会责任建设和执行情况自愿对外披露。2008 年,上交所发布《关于加强上市公司社会责任承担工作的通知》,要求上市公司充分关注包括员工、债权人、客户、消费者及社区在内的利益相关者的共同利益,促进社会经济可持续发展,并且鼓励上市公司及时披露在承担社会责任方面的特色做法和取得的成绩。2010 年,环保部发布《上市公司环境信息披露指南(征求意见稿)》,要求重污染行业上市公司发布年度环境报告,定期披露污染物排放、遵守环保法规、环境管理等方面的信息,同时要求发生突发环境事件的工作披露临时报告。2016 年,证监会发布《关于发挥资本市场作用服务国家脱贫攻坚战略的意见》,鼓励上市公司在年度报告中披露履行扶贫社会责任的有关情况。2017 年,环保部和证监会签署《关于共同开展上市公司环境信息披露工作的合作协议》,旨在建立强制性环境信息披露制度,形成完整的环境信息披露监管链条。2018 年,证监会修订了《上市公司治理准则》,新增利益相关者、环境保护和社会责任章节,规定上市公司应当根据相关法律法规要求披露环境、社会责任及公司治理等方面的信息。2020 年,上交所发布《上海证券交易所科创板股票上市规则》,规定上市公司应当在年度报告中披露履行社会责任的情况,并视情况编制和披露社会责任报告、可持续发展报告以及环境责任报告等。2022 年,国资委发布《提高央企控股上市公司质量工作方案》,提出贯彻落实新发展理念,探索建立健全 ESG 体系,立足国有企业实际,积极参与构建具有中国特色的 ESG 信息披露规则、ESG 绩效评级和 ESG 投资指引,推动更多央企控股上市公司披露 ESG 专项报告,力争到 2023 年相关专项报告披露"全覆盖"。2023 年 7 月,国资委又发布《关于转发〈央企控股上市公司 ESG 专项报告编制研究〉的通知》,进一步规范央企控股上市公司 ESG 信息披露工作。

三、ESG 信息披露的影响因素和经济后果

企业 ESG 信息披露行为受到外部环境和内部特征的共同影响。外部环境方面,Baldini 等(2018)研究了劳动制度和文化对 ESG 信息披露的影响:在劳动制度较为完善的国家中,企业倾向于通过 ESG 信息披露的方式回应社会公众的劳动保护要求,ESG 信息披露水平较高;在文化制度层面,在社会凝聚力较高、机会公平程度更大的国家中,管理层对利益相关者诉求的关注程度更高,因而带来更加积极和完善的 ESG 信息披露。此外,Kumar (2022)研究发现,当经济环境不确定性上升时,企业会增加 ESG 信息披露以减少信息不对称程度。内部特征方面,与 ESG 实践和表现挂钩的高管薪酬激励制度可以促进高管的个人利益与利益相关者的利益相协调,从而促使企业管理层更加关注 ESG 信息披露(Tamimi 和 Sebastianelli,2017)。如果企业的董事会独立性较高、女性董事比例较高,并且成立了企业社会责任委员会,那么该企业的 ESG 信息披露水平和质量会有显著提升(De Masi 等,

2022)。在企业所有权特征方面,相比于非政府控股企业,政府控股企业对 ESG 信息披露规定的遵从度更高,发布 ESG 报告更加频繁(Weber,2014)。Yu 和 Luu(2021)研究发现,机构投资者形成有力的外部监督治理,有助于完善企业治理机制、督促企业提高 ESG 表现和信息透明度,降低代理冲突,所以机构持股有助于提升企业 ESG 信息披露质量。

在 ESG 信息披露的经济后果方面,多数观点认为 ESG 信息披露对企业价值具有积极正向的作用。首先,高水平的 ESG 信息披露有利于企业与外部利益相关者之间建立长期稳定的信任关系,提升企业竞争力(Rabaya 和 Saleh,2022);从公司内部的角度看,ESG 信息披露体现了企业在改善工作环境方面的努力以及对待环境、社会问题的责任感,因而会吸引更多能力和素质突出的员工,形成公司内部的信任关系(Gjergji 等,2021),保障企业获得良好的经营成果;从公司外部的角度看,ESG 信息披露有助于维护和提高企业在社会公众中的声誉,使得社会公众对企业的价值和经营成效做出更加积极的判断(Xie 等,2019)。其次,ESG 信息披露作为非财务信息披露的关键内容,有助于降低企业与投资者的信息不对称,提高企业信息透明度。企业通过提升 ESG 信息披露的质量,能够更好地将 ESG 方面的努力、绩效和风险反馈给市场,减少投资者面临的信息不对称风险,从而对企业价值产生积极影响(Raimo 等,2021)。除此之外,ESG 信息披露还可以降低企业的债务资本成本和权益资本成本(Dahiya 和 Singh,2020),缓解企业面临的融资约束(李志斌等,2022),提高股息支付水平(Ellili,2022),资本成本的降低进一步促进企业经营效率提升(Xie 等,2019)。

第三节　ESG 评级

一、ESG 评级的含义与流程

ESG 评级是第三方机构根据 ESG 数据,以投资服务为目的,对被评估企业的 ESG 综合表现进行评价的活动。

ESG 评级的主体是专门评估环境、社会和治理绩效的机构,评级机构根据评级目标、评级指标和评级框架设计评级体系,以此为基准开展评级。目前,全球有 600 多家 ESG 评级机构,其中,海外 ESG 评级机构起步较早,MSCI、富时罗素、汤森路透、标普、晨星等评级机构具有较大的国际影响力。从国内来看,随着 ESG 理念日渐成熟和 ESG 投资迅速成长,ESG 在企业评价中的价值越发突出,ESG 评级机构不断涌现,以服务国内 ESG 投资需求。

ESG 评级的对象是企业在环境、社会和公司治理三个主题的综合表现。在环境维度下,评级机构可能调查的情况包括温室气体和废气排放、水资源利用和排放、化石能源消耗、碳足迹、可再生能源利用、生态环境保护等方面;在社会维度下,相关指标包括员工薪酬、人力资本开发、员工安全和福利、社会关系、产品责任等方面;在治理维度下,评级机构关注的情况包括董事会多样性、高管薪酬、内部控制、腐败、税务报告等方面。以 MSCI 为例,其评价体系框架由三大范畴、10 项主题、37 个关键议题和上百项指标组成。这些指标包含数千个数据点,重点关注一个公司的核心业务和行业之间的交叉点。MSCI ESG 评级框架的具体内容如表 2－1 所示。

表 2－1　　　　　　　　　　　　　　　MSCI ESG 评级框架

范　畴	主　题	关键议题	
环境	气候变化	碳排放量	为环境保护提供资金
		产品的碳足迹	是否加剧气候变化的脆弱性
	自然资源	对水资源的压力	原材料的采购
		对生物多样性与土地利用的影响	
	污染和废弃物	有毒的排放物和废弃物	电子垃圾
		包装材料及其废弃物	
	与环境相关的发展机会	清洁技术的发展机会	可再生能源的发展
		绿色建筑的发展机会社会	
社会	人力资本	劳动力管理	人力资本的开发
		健康和安全	供应链的劳动力标准
	产品责任	产品的安全和质量	隐私和数据安全
		化学品的安全性	责任投资
		金融产品的安全性	健康与人口风险
	与利益相关方是否存在冲突	容易引起争议的采购行为	
	与社会责任相关的发展机会	涉足通信行业的机会	涉足医疗保健行业的机会
		涉足金融行业的机会	涉足营养和健康行业的机会
公司治理	公司治理	董事会	所有权
		薪酬	会计准则
	公司行为	商业伦理	腐败与不稳定性
		反垄断的实际行动	金融体系的不稳定性
		税收透明度	

资料来源:MSCI。

　　ESG 评级的依据是能够反映企业在环境、社会和公司治理三个维度上绩效表现的数据,这些数据主要来源于企业自身对 ESG 表现披露、政府和第三方机构发布。ESG 数据具有财务重要性和环境社会重要性双重属性,不仅体现了企业 ESG 实践对环境、社会的影响,而且可能给企业带来重大的风险或机遇。ESG 评级机构基于财务重要性的原则,筛选除对企业发展和价值创造具有重要影响的 ESG 信息,以此评价企业的综合 ESG 表现,帮助投资者从 ESG 的角度对企业可持续发展的风险和价值进行分析和评估。

　　ESG 评级的主要目的是为投资提供依据。第一,ESG 评级可以简化信息分析过程。根据 ESG 相关政策规定,企业、政府和其他机构需要公开丰富的 ESG 数据,这些数据从多个维度反映了企业 ESG 实践和表现。如果投资者自下而上地对 ESG 数据进行筛选、整合、分析,则会耗费大量成本。ESG 评级的作用在于从财务重要性的视角出发,对企业的 ESG 综合表现进行直观、定量的评价,使投资者清楚地了解企业可持续发展的风险和机遇,有助于降低 ESG 投资的分析和决策成本。第二,ESG 评价可以帮助投资者识别并管理被投资企业与可持续发展相关的风险。ESG 评级过程关注 ESG 给企业财务底线带来的风险敞口,以及企业管理这类风险的能力。因为 ESG 评级结果衡量了企业可持续发展能力,所以 ESG 评级下调意味着企业面临潜在的可持续发展风险,如果管理不当可能导致声誉受损,甚至引发经营风险和财务风险。因此,将 ESG 因素纳入风险评估体系,有助于投资者优化资产配置、提升投资回报。第三,ESG 评级可以展现企业可持续发展的机遇。ESG 评级机构将具有财务重要性的 ESG 数据进行整合,而财务重要性特征将企业当前的 ESG 表现与未来财务绩效紧密关联。因此,ESG 评级结果不仅客观地反映了企业的 ESG 实践成效,而且能够对企业的可持续发展空间和投资价值提供前瞻性参考。

　　一般来说,ESG 评级的流程包括以下四个步骤:第一,确定评级目标。ESG 评级的主要服务对象是 ESG 投资者,评级机构根据投资者的投研体系和风险偏好,设定响应的目标函数,确定被评级企业在环境、社会和公司治理方面决定财务表现的基础因素,建立 ESG 各维度通过收入、成本、资产负债对企业价值影响机制,从而形成链接 ESG 信息与企业价值的定制化评级体系。第二,选择参考标准。ESG 评级机构通常引用国际主流 ESG 准则,国际组织和各国交易所是 ESG 相关标准的主要制定方,如可持续会计标准委员会制定的 SASB 标准、国际综合报告委员会制定的国际 IR 框架、气候相关财务信息披露工作组建议等,并参考被评级企业所在地区和行业的 ESG 标准和监管政策。第三,收集数据和构建指标体系。ESG 评级机构可以从多种渠道获得与被评级企业有关的信息,除了企业本身以外,还包括监管文件、专有数据库、媒体报道、研究报告等。ESG 专项数据提供方是 ESG 评级活动的重要参与者,它们专注于提供与特定 ESG 问题相关的特定数据,随着大数据技术的发展,一批基于机器学习或自然语言处理方法的数据提供商陆续出现。原始数据经过集成、清理、变换等预处理环节后,根据含义的关联度整合为指标体系。指标体系一般设置三个层级:一级指标为环境、社会和公司治理三个维度;二级指标设置十个以上议题,包括环境保护、污染物排放、劳动保障、董事会等;三级指标设置数十个细分项目。第四,得出评级结果。ESG 评级机构根据指标权重,将各指标对应的分数加权得出 ESG 总体分数。ESG 评级机构还需要根据 ESG 标准、监管政策、行业环境、用户反馈等因素动态更新和维护 ESG 数据库和评级体系,以确保 ESG 评级的准确性、客观性和可靠性。

二、ESG 评级的分布与比较

从图 2－3 中国企业 ESG 评级的整体情况来看，2019—2022 年，MSCI ESG 中国企业 ESG 评级整体呈现向上迁移的趋势，CCC 级和 B 级的企业比例从 58% 下降到 52%，而 A 级企业比例从 3% 大幅上升到 9%。尽管如此，目前中国 ESG 评级在 A 级以上的企业比例仍然较少。

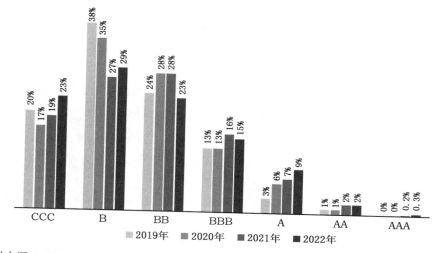

资料来源：MSCI。

图 2－3　中国企业 ESG 评级分布

将中国企业的 ESG 评级与新兴市场和全球企业进行比较，可以发现中国企业的 ESG 评级分布整体落后于新兴市场国家和全球平均水平。如图 2－4 所示，中国企业中 ESG 评级低于行业均值（CCC 级和 B 级）的比例占 52%，相比而言，该比例的全球平均水平仅为 17%。在新兴市场国家中为 35%。中国企业 ESG 评级为 A 级以上的企业仅有 11.3%，而该比例在新兴市场国家和全球的平均水平分别是 25% 和 51.5%。

由于 ESG 评级机构众多，它们根据自身对 ESG 的理解自主设定的指标体系和评级框架不尽相同，加上 ESG 评级方法属于商业机密，对外公布内容有限且缺乏透明度，因此形成了差异化的评级结果。从表 2－2 中国上市公司 ESG 评级来看，不同评级机构得出的评级结果的分歧十分明显，总体关联度较低，评级结果的相关性大多集中在 0.3～0.5 的区间内，最高仅为 0.62。差异化的 ESG 评级产品和服务虽然可以为 ESG 评级使用者提供更加多元化和个性化的选择，但是也造成了 ESG 评级结果可比性较差的情况。ESG 评级结果的分歧不仅削弱了评级机构的权威性，而且增加了投资者分析和判断市场信息的压力，降低了 ESG 投资的效率。

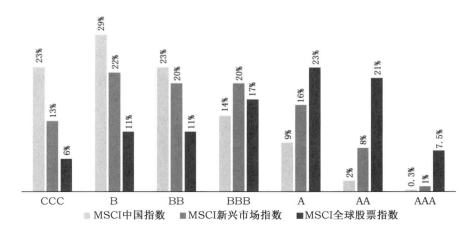

资料来源：MSCI。

图 2—4　2022 年国内外企业 ESG 评级分布比较

表 2—2   中国上市公司 ESG 评级结果相关性

	华证指数	Wind	盟浪	商道融绿	富时罗素
华证指数	1	0.38	0.39	0.40	0.28
Wind	0.38	1	0.39	0.54	0.33
盟浪	0.39	0.33	1	0.45	0.45
商道融绿	0.40	0.54	0.45	1	0.62
富时罗素	0.24	0.33	0.45	0.62	1

资料来源：第一财经研究院。

　　ESG 评级结果存在显著分歧的重要原因是 ESG 评级缺乏统一标准。从全球范围来看，ESG 评级活动尚未受到监管部门的强制性规范约束。虽然 ESG 标准整合趋势日趋明显，但是作为独立商业实体的 ESG 评级机构在没有政策约束的情况下缺少使用同一标准、提高评级方法透明度的动力。因此，ESG 评级结果相关性和一致性较低的情况仍将延续。

　　鉴于 ESG 评级质量和投资需求之间存在差距，近年来部分国际组织、地区监管机构和行业协会开始呼吁建立 ESG 评级机构的监管框架。2021 年，国际证监会组织（IOSCO）发布《ESG 评级和数据产品提供商（最终报告）》，该报告致力于提高 ESG 评级活动的规范性，结合监管机构、ESG 评级机构和被评级实体三个角度，从 ESG 原始数据的可靠性、ESG 评级方法与数据产品透明度、ESG 评级和数据产品可靠性、潜在利益冲突、与被评级实体的沟通等方面提出了提高 ESG 评级质量的建议。同时，欧盟、英国、日本等地的监管机构也根据 IOSCO 对 ESG 评级机构的建议，加强了本国 ESG 评级市场运行情况的研究，在评级机构资质认定、评级流程透明度、评级结果的可靠性等方面，对 ESG 评级活动的规范性进行约束。2018 年，基金业协会正式发布了《中国上市公司 ESG 评价体系研究报告》和《绿色投资指引(试行)》,提出了衡量上市公司 ESG 绩效的核心指标体系,致力于培养长期价值取向的投资行业规范。2021 年,中国绿色债券标准委员会发布了《关于开展绿色债券评估认证机构市场化评议有关事项的通知》和《绿色债券评估认证机构市场化评议操作细则(试行)》,首次以自律规则的形式明确了绿色债券评估认证机构市场化评议的资质、材料、报送方式等。截至目前,大多数国家或地区对 ESG 评级活动的监管措施尚处于调查研究和征求意见阶段,并且多数是建议性政策,未进入强制执行阶段。

三、ESG 评级的经济后果

(一)ESG 评级分歧的负面影响及其来源

ESG 评级为投资者提供了投资分析的必要信息,有助于缓解信息不对称,但是评级分歧可能向市场传递错误信息并误导投资者,进而影响投资决策和回报。由于 ESG 评级反映了市场对企业未来 ESG 表现及其收益的预期,所以当评级出现分歧时,ESG 评级的预测准确性会大打折扣(Serafeim 和 Yoon,2022)。ESG 评级存在分歧,不仅会增加预期投资风险、干扰投资者判断(Avramov 等,2022),而且会降低企业吸引力,从而提升企业外部融资成本(Christensen 等,2021),并对收益和长期发展产生重大影响。因此,ESG 评级标准的统一对投资者和企业来说都至关重要。

关于 ESG 评级分歧产生的原因,Berg 等(2022)对比了 KLD、Sustainalytics、Vigeo Eiris、RobecoSAM、Asset4 和 MSCI IVA 六家 ESG 评级机构的评级结果和数据,将评级结果的差异分解为三个来源:ESG 指标的数量与涵盖范围、ESG 各维度的衡量方式以及 ESG 各维度的权重。研究发现,指标数量与涵盖范围、衡量方式是造成评级分歧的主要原因,而权重对评级分歧的影响较小。Christensen 等(2021)考察了 ESG 信息披露对 ESG 评级分歧的影响,发现企业对 ESG 信息的披露越丰富,各机构的评级结果差异就越大。

(二)ESG 评级对企业价值的影响

ESG 评级能为投资者带来更多参考,进而影响对企业价值的判断。Nguyen 和 Nguyen (2015)认为,ESG 评级反映了投资者对企业可持续发展风险控制能力的评价,ESG 评级较高的企业,其资产回报风险较低,从而提升了企业价值并降低股票价格波动。Cerqueti 等 (2021)认为,ESG 评级较低的公司更容易在未来遭到利益相关者诉讼所产生的风险,即利益相关者风险。Wong 和 Qin(2021)认为,ESG 评级作为企业声誉的重要组成部分,是一项有价值的无形资产,ESG 负面评价会对企业估值产生负面影响,尤其是在食品、钢铁、银行、保险等行业中更为明显。相反,市场往往会对 ESG 评级良好的企业有积极反应。张琳和潘佳英(2021)发现,ESG 表现越好的企业,其债券发生违约或信用评级下调的可能性就越低。Jo 和 Harjoto(2014)基于美国上市公司的研究发现,ESG 评级提升可以减少分析市预测的分散性、股票回报的波动率,进而降低融资约束和资本成本,并提高企业价值。

在投资实践中,投资者直观地关注 ESG 评级带来的收益。Khan(2019)发现,ESG 评级较高的企业可以为投资者带来更高的股票回报。高杰英等(2021)基于中国 A 股上市公司样本,从投资效率的角度探究 ESG 评级对企业价值的影响,ESG 评级通过降低代理成本和缓解融资约束两个渠道缓解投资不足,同时通过规避代理问题减少过度投资,进而提升企业经营和投资效率、提高企业价值。胡豪(2021)发现,投资者通常给予企业一定的 ESG 风险溢价,所以 ESG 评级的提高对企业股票累计超额收益率有显著的正向影响,尤其是当市场处于下行阶段时,ESG 风险溢价和超额收益会有所增加(李瑾,2021)。

当为了塑造良好形象对环境或社会价值做出欺骗性或虚假声明而并无实质性行动时,良好的 ESG 评级非但不能提升企业价值,反而会对企业长期发展造成不利影响。Raghunandan 和 Rajgopal(2022)发现,企业 ESG 得分只与其自愿披露的 ESG 信息有关,而与实际环境和社会责任行为无关,并且与同时期的其他基金相比,ESG 基金的业绩表现较差。这说明 ESG 评级较高的企业可能只是选择性地披露了有利于自身的信息,而并未带来 ESG 表现和财务绩效的改善。Thomas 等(2022)发现,虽然 ESG 评级较高的企业污染较少,但当面临业绩压力时,高 ESG 评级的企业会为了提升盈利而增加污染,并利用 ESG 评级带来的正面声誉抵消增加污染造成的负面影响。

第四节　ESG 投资

一、ESG 投资的含义与发展历程

(一)ESG 投资的含义

ESG 投资是在投资组合的选择和管理中考虑环境、社会和公司治理因素的投资方法。ESG 投资在传统财务指标的基础上,以遵守法律、关注环境保护、保护消费者权益等社会伦理标准为依据,通过考察企业在环境、社会和公司治理三个维度上的综合表现,筛选出兼有股东价值和社会价值,具备可持续发展能力的投资标的。ESG 投资的前提是基于企业对 ESG 的信息披露,对环境、社会和公司治理三个元素相关的指标进行评估,其投资的主要依据是 ESG 评分。

ESG 投资具有在长期风险调整的同时改善投资回报率的效果,不仅被用于投资风险控制,而且是获得长期投资收益的关键参考标准,更是创造社会价值的重要引擎。从投资风险的角度看,在企业长期发展的过程中,无法回避环境、社会和公司治理等因素带来的干扰,如环境破坏、资源短缺、客户投诉、内部控制失效等,以及由此引起的监管和处罚,这些非财务风险会给企业的可持续经营带来很大的不确定性,造成企业声誉受损,并有可能造成重大财务风险。因此,将 ESG 因素纳入投资分析框架,筛选出 ESG 风险管控能力优质的企业,是减少 ESG 风险对资本市场的负面影响以及追求长期投资回报不可或缺的因素。从投资收益的角度来看,可持续发展成为经济社会发展的必然趋势,践行 ESG 是企业高质量

发展的内生动力,只有那些自觉贯彻 ESG 价值观、坚持长期主义、兼顾社会责任的企业,才能形成可持续发展的竞争优势,将社会效益转化为财务回报,创造更多的投资收益。从社会价值的角度看,ESG 投资可以促使金融机构把资源向支持实体经济的 ESG 实践方面倾斜,形成金融资源配置与企业 ESG 表现的良好互动,在可持续发展上聚集更多的资本,既可以加快实体经济和社会全面绿色转型,又有助于实现创新驱动发展战略,还能够协助产业结构升级、激发民间投资活力,从而增强经济社会可持续发展的基础。

(二)ESG 投资的发展历程

ESG 投资的实践可以追溯到 20 世纪 60 年代。第二次世界大战后,发达经济体经历了经济的快速增长时期,但同时面临着环境污染加剧、资源短缺、贫富差距扩大等环境和社会问题。因此,发达经济体逐渐兴起公众运动,宣扬重视环境保护和维护社会利益的生产经营行为。在这些运动的影响下,可持续发展和社会责任成为一种共识,使得消费者愿意为此承担溢价。在此背景下,环境保护和社会责任从公众倡议向消费领域过渡,催生出新的消费理念。企业出于自身利益的考虑,开始提供绿色的产品,并在生产过程中更加注重环境保护、员工权益、社区关系等议题,推动了可持续发展理念向生产领域渗透,并进一步融入企业发展战略和管理机制中。此后,随着越来越多的消费者和企业开始关注可持续发展和环境保护议题,加上与之相关的法律法规和监管政策不断完善,投资者发现环境绩效和社会绩效会影响企业财务绩效和经营风险,于是可持续投资的理念开始进入投资者的分析决策框架中。

1965 年,在"禁酒运动"的推动下,瑞典成立了世界上第一只社会责任投资基金,该基金的核心策略是将从事酒精和烟草业务的企业从资产组合中剔除。1971 年,美国发行了第一只以社会责任为主题的投资基金,该基金最初是规避与战争相关的投资行为,后来将投资理念延伸到重污染、烟草等与社会责任理念不符的行业。1990 年,"多米尼 400"社会指数(现为 MSCI KLD 400 社会指数)发布,该指数由符合环境和社会标准的 400 家美国上市公司组成。它是美国第一个以环境和社会议题为筛选准则的指数,旨在为社会责任型投资者提供一个比较基准,并帮助投资者了解社会责任评选准则与公司财务绩效的关系。"多米尼 400"社会指数的发布为社会责任投资规模的扩大打下了坚实基础。2004 年,联合国环境规划署将各国环境、社会和公司治理议题进行系统的梳理和整合,正式提出了 ESG 原则。2006 年,联合国环境规划署金融倡议组织和联合国全球契约组织联合发起"负责任投资原则"倡议,该倡议首次提出了 ESG 评价体系,旨在为全球投资者提供一个投资原则框架,帮助投资者理解并将环境、社会和公司治理的考虑融入投资分析和决策实践中。同时,该倡议还鼓励成员国将 ESG 因素纳入公司运营中,以降低风险并实现长期收益,最终促进全社会的可持续发展。截至 2023 年第一季度末,全球 PRI 签署机构达到 5 381 家,资产管理规模超过 121 万亿美元。2009 年,联合国提出可持续发展证券交易所倡议,该倡议的宗旨是增强证券交易所之间的相互交流与学习,增进交易所与各类市场主体之间的交流合作,推广交易所在支持可持续发展方面的实践。2017 年,作为中国构建绿色金融体系的有益探索,上海证券交易所加入可持续发展证券交易所倡议。截至 2023 年 5 月,该倡议共拥有全球 122 个伙伴交易所,覆盖 6.2 万家上市公司,总市值达到 127.72 万亿美元。近年来,ESG 资管产品规模呈现明显快速的上升趋势,如图 2—5 所示,截至 2022 年年末,全球 ESG 策略的基金管理总规模接近 1.86 万亿美元,其中股票型基金的占比超过 65%。

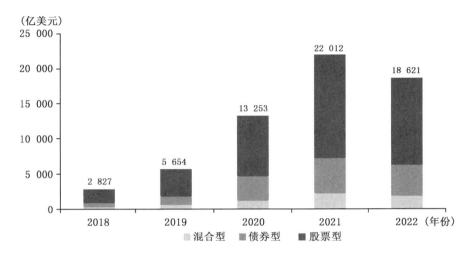

资料来源:GSIA。

图 2—5　全球 ESG 资产管理产品总规模年度变化趋势

中国第一只将 ESG 因素纳入投资策略的公募基金成立于 2005 年,基金规模为 2 亿元人民币。2006 年,深交所发布《深圳证券交易所上市公司社会责任指引》,明确要求上市公司作为社会成员之一,应对职工、股东、债权人、供应商及消费者等利益相关方承担应尽的责任,上市公司在经营活动中应当遵纪守法、遵守商业道德、维护消费者的合法权益、保障劳动者的健康和安全,并积极承担保护环境和节约资源的责任,参与社会捐献、赞助等各种社会公益事业。2008 年,上交所和深交所分别发布《关于做好上市公司 2008 年年度报告工作的通知》,要求纳入“上证公司治理板块”及“深证 100 指数”的上市公司、发行境外上市外资股的公司及金融类公司披露社会责任报告,此举被认为是监管机构强制要求企业披露社会责任报告的开端。2013 年,中国发布第一只以 ESG 为主题的基金。2018 年,中国证监会修订《上市公司治理准则》,要求上市公司在公司治理中贯彻落实创新、协调、绿色、开放、共享的发展理念,强化上市公司在环境保护、社会责任方面的引领作用,确立环境、社会责任和公司治理信息披露的基本框架。2022 年,国务院国资委成立社会责任局,指导推动企业积极践行 ESG 理念,主动适应、引领国际规则标准制定,更好地推动可持续发展。同年,国家发改委发布了《关于进一步完善政策环境加大力度支持民间投资发展的意见》,首次提出探索开展投资项目环境、社会和治理评价,引导民间投资更加注重环境影响优化、社会责任担当、治理机制完善。

在政策的推动下,中国 ESG 投资规模不断扩大。如图 2—6 所示,以基金投资为例,截至 2014 年年底,ESG 公募基金仅 33 只,基金规模 350 亿元。2014—2019 年,ESG 公募基金发行提速,2019 年基金总数超过 100 只。从 2020 年开始,ESG 公募基金进入三年跃升发展期,2020 年 ESG 基金增加 60 只,2021 年和 2022 年 ESG 基金数量持续增长,分别达到 422 只和 606 只。2021 年 ESG 基金规模同比增加 100%,超 6 300 亿元。受市场动荡影响,2022 年 ESG 基金量仍在高速增长,但规模回落至约 5 000 亿元。

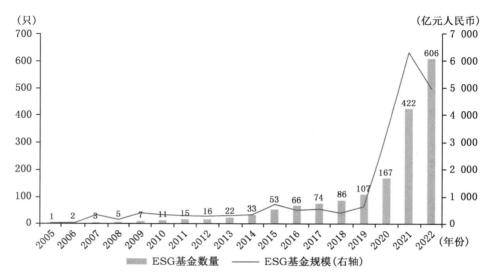

资料来源:中国责任投资论坛。

图 2—6　中国 ESG 基金数量和规模

从总量上看,如图 2—7 所示,截至 2022 年年末,中国 ESG 投资市场总规模达到 24.6 万亿元,同比增加 6.2 万亿元,过去三年的年均复合增速达到 33.8%。从结构上看,绿色信贷是 ESG 投资的主要部分,2022 年的规模为 20.9 万亿元,占 ESG 投资总规模的 85%,ESG 证券投资和股权投资分别占 12.5% 和 2.5%。

二、ESG 投资的策略

全球可持续投资联盟将 ESG 投资策略分为筛选策略、整合策略和影响策略三个大类。筛选策略是指按照一定的标准对投资标的进行排除和选择,包括负面筛选、正面筛选、国际惯例筛选和可持续主题投资;整合策略是将 ESG 理念融入传统投资框架;影响策略是指通过投资推动公司采取行动、实现积极的社会和环境影响,主要包括企业参与及股东行动、影响力和社区投资。下面将对其中 ESG 投资策略进行逐一介绍。

第一,负面筛选,是指在备选池中将不符合 ESG 标准的企业予以剔除,将剩余企业形成

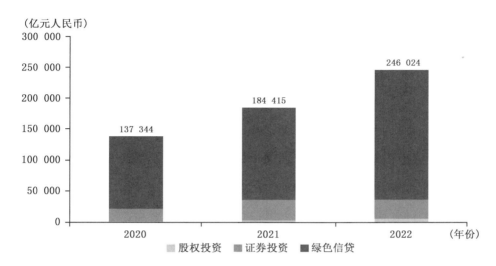

资料来源：中国责任投资论坛。

图 2－7　中国 ESG 投资规模

一个 ESG 投资组合。常见的负面筛选既可以基于产品类别（如烟草、军工、化石燃料等），也可以根据特定行为（如高碳足迹、环境诉讼、产品质量缺陷等），或者将 ESG 得分低于某一阈值的企业排除。

第二，正面筛选，是指基于 ESG 标准，根据企业的 ESG 得分，在同一行业或领域内对比筛选出 ESG 表现最好的企业，或者给企业设置 ESG 得分阈值，将入选企业构建为一个投资组合。

第三，国际惯例筛选，又称标准化筛选，是指筛选出符合最低商业标准的投资标的。国际惯例筛选与负面筛选、正面筛选的区别在于，它依照的标准是既有的政策框架，例如联合国、国际劳工组织等机构发布的关于环境保护、劳动保障方面的契约、倡议等。

第四，可持续主题投资，是指投资于符合可持续发展主题的产业，例如专注于绿色农业、绿色建筑、清洁能源、数字信息等主题，一个主题可能涉及多种业务。这种投资策略注重顺应社会发展的长期趋势，在结构性、变革性的宏观经济趋势中寻找投资机会，不对特定企业行业进行 ESG 评价。

第五，ESG 整合，是指在投资决策中将传统的财务分析和 ESG 理念相融合。ESG 整合策略通常使用量化的方法，在采集 ESG 信息的基础上，找到可能影响投资回报的 ESG 因子，并将 ESG 因子以一定的权重与财务指标共同纳入投资分析框架中，在此基础上进行估值、预测和比较，进而得出是否投资的结论。

第六，企业参与和股东行动，是指投资人利用股东权力影响企业行为。具体方式包括四种：向企业了解更多的 ESG 相关信息；与企业管理层直接沟通，提出明确要求，按照投资人的意愿改变企业行为；在股东大会上行使投票权，单独或联合提交股东提案，支持 ESG 相关决议；如果企业管理者拒不履行 ESG 行为，则向企业提出撤资。

第七，影响力投资和社区投资，是指向具有明确环境和社会目标的企业提供资金，通过投资获得积极的社会和环境成果，减少商业活动造成的负面影响，这种投资策略被认为是回馈社会和慈善事业的延伸。

三、ESG 投资的经济后果

ESG 投资的经济后果可以分为直接绩效和间接影响两方面，其中，直接绩效指的是 ESG 投资的业绩绩效，间接影响则集中在 ESG 投资对企业、环境乃至整个经济社会的影响。

对 ESG 投资直接绩效的研究是一个逐步演化的过程（Abate 等，2020），2000 年左右的早期研究普遍认为社会责任公募基金的表现并没有显著优于传统公募基金。Hamilton 等（1993）使用了 1981—1990 年的美国公募基金数据，发现其中的"社会责任因子"对期望回报没有显著影响。Kreander 等（2005）选取了 60 只欧洲基金，其中，伦理基金和非伦理基金各 30 只，研究了这些基金在 1995—2001 年间的收益，并未找到伦理基金在收益方面优于非伦理基金的证据。

在 2010 年以后，一些研究认为 ESG 投资能够弱化市场下行时期的风险，甚至可能带来更高的收益。Nofsinger 和 Varma（2014）发现，即使社会责任基金可能产生负的超常收益，但在经济衰退时期，社会责任基金能更好地抵御市场下行风险。Henke（2016）研究发现，债券型 ESG 基金的收益率比传统基金更高，这种业绩的差异与 ESG 风险的缓解作用直接相关，并且在经济衰退或者熊市时期 ESG 基金业绩的优越性更加明显。Cerqueti 等（2021）也发现了 ESG 基金风险较低的优势，当存在外部压力时，ESG 基金的市值损失明显低于传统基金。Joliet 和 Titova（2018）进一步考虑了这种业绩差异的来源，他们发现，虽然 ESG 基金和传统基金在投资分析与决策过程中都整合了 ESG 信息，但是 ESG 基金会根据企业的相对 ESG 表现灵活地调整权重，以保持竞争优势。Abate 等（2020）通过比较 634 只欧洲公募基金，发现投资 ESG 高评分证券的基金的综合表现更加出色。针对中国市场，凌爱凡等（2023）也发现了基金 ESG 投资对外生冲击的缓解作用。张戍等（2021）发现，基金社会责任对基金绩效的总体影响为正，且具有规模效应和价值效应，即投资风格倾向于大盘股和价值股的基金社会责任表现更好。

此外，个人投资者对 ESG 投资的态度也是一个逐步演化的过程。Vyvyan 等（2007）对 318 名澳大利亚投资者进行问卷调查，发现其中的环保主义者同非环保主义者相比，并没有更偏好社会责任投资基金。Renneboog 等（2008）认为，个人投资者投资社会责任基金的成本更高，其原因不在于社会责任基金纳入了社会责任因子，而是在于个人投资者无法很好地识别未来收益更高的社会责任基金。Alessi 等（2021）认为，存在负的"绿色溢价"，即环境友好企业的股价更高，投资者愿意接受环境友好企业的高股价和低收益率。与其类似，Pastor 等（2021）通过构造包含 ESG 标准的均衡模型，发现均衡时绿色资产拥有更低的期望收益，其原因在于投资者更喜欢持有绿色资产，并且绿色资产能够对冲气候变化风险。

此外，ESG 投资的经济影响还表现在企业层面。机构投资者作为资本市场的主体，在 ESG 投资领域的实践方兴未艾，对企业 ESG 表现发挥了重要的积极作用。Oh 等（2011）发现，机构和国外投资者的持股比例与企业社会责任评级呈显著正相关，机构投资者和国外投资者的持股比例越高，企业社会责任评级表现往往越好。机构投资者基于自身治理效应具备一定的道德优化提升能力，能够促进企业积极履行社会责任。践行负责任投资的基金投资比重较大、投资周期较长，更加关注企业长期发展战略和价值，因而通过股东大会等渠道参与和监督企业的重大事项决策的动机更强，对公司治理产生长期的积极影响（解维敏，2013）。黄珺等（2021）以社保基金持股作为切入点，发现社保基金持股有助于促进企业积极承担社会责任，社保基金持股越高，企业社会责任表现越好，且该效应在国有企业中更为显著。罗宇和张卫民（2023）发现，ESG 基金出于迎合社会需求和实现自身利益的动机会对持股企业开展尽责管理，以提升企业 ESG 表现，持股比例越高，企业 ESG 表现越好；主动型 ESG 基金相比被动型基金更能提升企业 ESG 表现；在非国有企业中，ESG 基金的尽责管理成效更好。与前述研究不同，Fan 等（2021）探讨了绿色金融政策对企业的影响，基于《绿色信贷指引》的实施，调查了绿色信贷监管如何影响企业的贷款条件以及它们的经济和环境绩效，他们发现，大型和小型企业在贷款以及它们的财务和经济反应方面有不同的影响。在影响企业的环境绩效方面，尽管所有这些企业都减少了总排放量，但减排的方式各不相同；大型企业通过增加减排设施的投资来降低排放强度，而小型企业则选择减少生产。

第五节　本篇结语

百年之前，人类开始了第三次科技革命，经过一百年的曲折前进，现今人类生产力和社会财富都得到了极大幅度的提高，但全球变暖、极端天气频发甚至局部战争仍困扰着当今世界，长期来看，可持续发展的实现仍然需要人类不懈的努力。同样是这一百年，从解决外部性经济问题衍生出来的企业社会责任观念也一步步演进为 ESG 理念。事实上，ESG 所包含的三大支柱，即环境、社会、公司治理不仅仅局限于企业相关的主题，而且涵盖了当今社会的方方面面。正是由于 ESG 所包含内容之大，一方面，尽管已经有了各种各样的理论和思想来诠释 ESG，但从当前来看，对 ESG 的理论研究还不够深刻全面，不少 ESG 议题还存在互相矛盾的现象，需要新的理论和实践进行相应指导；另一方面，出于短期利益的缘故，反 ESG 事件在全球经济发展放缓的当下时有发生。可以相信，未来对 ESG 理念和实践的研究中必然是机遇和挑战共存，研究者需要结合多学科知识，厘清 ESG 概念体系中深层次细化的逻辑，引导人类社会向可持续发展的未来稳步前进。

·第二篇·

ESG 政策

第三章　公司治理政策

本章提要:ESG 理念强调公司的长远可持续发展,这一目标的达成需要公司具备科学有效的治理环境,再将其治理内涵从股东利益延伸至社会责任和环境保护,才能实现"内稳外拓"的 ESG 治理。在上述理念的形成过程中,公司治理的理念经历了由"股东至上"模式到"利益相关者"模式的演变,受到委托代理、股权制衡以及利益相关者等思想理论的影响,并相应衍生出一系列公共政策和行业规范来保证和促进不同治理目标的实现。本章首先分析了影响公司可持续发展的因素;其次梳理公司治理政策的理论框架,并且按照股权制衡、委托代理以及契约型和公众型两种利益相关者共四个模块来梳理公司治理政策;最后针对内部控制信息披露的发展进行了重点剖析。

第一节　政策理论

一、公司治理的目标

最早的公司治理强调股东利益最大化。弗里德曼 1970 年的《企业的社会责任是增加利润》阐述了企业的目标,是在遵守法律和道德规则的情况下,最大限度地为股东赚取利润。然而,过度强调股东利益会放大股东对短期收益和个人利益的追逐,侵害长期的发展。尤其是美国在 20 世纪 80 年代兴起的放松管制后,随之而来的恶意收购浪潮引起了人们对"股东至上"的反思。面对恶意收购,股东选择转让股份就可以获得一笔可观的收入。但是在恶意收购完成后,原有的企业管理层一般遭到解雇或者降低其福利,并通常采取关闭工厂、大规模解雇工人的措施来偿还恶意收购的贷款。致力于投机套利的恶意收购者也不会关注公司的长远经营和产品质量的提高。这些都在很大程度上损害了企业相关利益者如企业的员工、供应商、顾客、社区的利益,造成了一系列社会问题(武丽芳,2005)。同时,股东的短视使得公司不惜一切代价着眼于当期利益的最大化,例如,为了节省污染物的处理费用而直接将污染物排入大气中,忽略了环境污染这些社会环境问题,长期来看会对企业形象、经济收益等带来不利的影响。

有鉴于此,有学者提出需要将与公司存在利益关系的相关方,包括消费者、员工、供应链、所在社区以及受其污染行为牵连的公众,纳入公司治理的目标中,公司治理的理论也从"股东至上"转化为"利益相关者理论"。这一理论从社会全局的角度定位企业,在转换利益计算视角的同时,将企业融入社会网络中,使其与社会经济共同成长、共担风险,因此有助于建立更可持续的发展经营模式。

二、公司治理的实现

在公司将股东利益的最大化作为目标时,会出现股权制衡和委托代理这两个大的问题。首先是股权制衡问题,在很多现代化公司存在着一个或几个具有绝对影响力的大股东,虽然很多研究表明大股东的存在对公司经营是有积极作用的,但是 Shleifer 和 Vishny 认为大股东发挥良好作用的前提是具有一个良好的保护中小投资者的法律环境,以免大股东为了追求自身利益最大化而牺牲多数中小股东利益。所以,当法律环境并不是那么良好,尤其是当资本市场缺乏对中小股东利益的保护机制时,对公司具有控制权的大股东就更加不容易受到约束。针对这一问题,股权制衡理论提出,应设置多元化的股权,在股东之间形成一个制衡机制,防止大股东对小股东的利益侵害。其次是委托代理问题,1976 年詹森和梅克林在《企业理论:管理行为、代理成本和所有权结构》中对委托代理问题进行了详细的阐述。詹森和梅克林把代理关系定义为:假设双方都追求利益最大化,当委托人授予代理人决策权,要求代理人为了委托人提供服务时,代理人不会总是根据委托人的利益采取行动。詹森和梅克林提出可以分别从委托人和代理人的角度来缓解委托代理问题,代理人可以用一定的财产担保不损害委托人的利益,或者即使损害也一定给予补偿;同时,委托人可以通过一些手段激励和监控代理人,以使后者为自己的利益采取行动。

当公司为了实现可持续发展,将治理目标进一步扩大时,引申出公司的利益相关者理论。最早明确指出利益相关者这一概念的是弗里德曼于 1984 年出版的《战略管理:利益相关者管理的分析方法》。利益相关者理论认为,经营管理者在管理企业时,应该追求的是所有利益相关者整体利益的最大化,所以在这一点上与"股东至上主义"明确区分开了。

"利益相关者理论"公司治理观念的具体体现可以按照利益相关者的分类即契约型利益相关者和公众型利益相关者类型(Charkham,1992)大致分为两类。第一类是与企业具有合同关系的利益相关者,如员工、债权人等。对于员工来讲,允许其参与到公司内部决策中,不仅可以有效改善紧张的劳资关系、保护职工的合法权益,而且可以使职工的个人价值最大化,激发职工为公司服务的创造性、积极性,为公司创造更大的社会价值。对于债权人来讲,将其纳入公司治理决策中,可以获得债权人更积极的投资,以缓解借贷关系。通过引入债权人参与机制、允许债权人知悉资金的使用情况、保证债权人顺利实现其债权等方式使债务人公司与债权人之间的融资关系更加和谐,激励双方为公司做出更大贡献。对于第二类公众型利益相关者,如全体消费者、社区、政府部门等。在公司治理中加入对这些群体的考量,可以更有效地践行利益相关者的治理理论。例如,在年报中主动进行 ESG 的信息披露,让公众从更多维的角度了解公司,以此吸引投资使公司创造更多的价值。理论部分框架如图 3—1 所示。

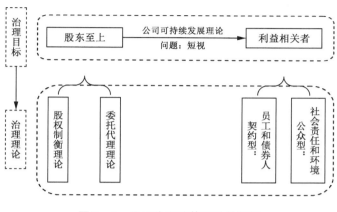

图 3—1　公司治理政策理论的逻辑

第二节　政策发展梳理

为实现"股东至上"和利益相关者两个治理目标,理论界进行了深入的探讨和争论,形成了目前的理论框架,并各自在现实中衍生出一系列公共政策或行业规范。其中,为实现股东至上治理,股权制衡理论发展出保障中小股东利益的累积投票制、股东民事赔偿制度、表决权排除制、小股东的代理投票权以及股东退出机制等政策;委托代理理论发展出内部控制和股权激励税收优惠两种机制,来制约和引导管理层的行为。在利益相关者理论中,国家的政策规定落脚点放在对两类利益相关者的利益保障上,针对契约型利益相关者如员工和债权人,国家有相关的权益保障政策,而对于公众型的利益相关者,主要是从 ESG 整体的角度进行把控。由各理论衍生的政策及其内容见表 3—1。

表 3—1　　　　　　　　　　　　　　公司治理政策

政策类型	政策名称	政策内容
股权制衡政策	累积投票制	在董事、监事选举时,股东可将不同待选位次的票集中投给一名候选人,以此保证至少有一名中小股东的代表可当选
	股东民事赔偿制度	当某些股东滥用职权造成其他股东的损害时,利益被侵犯股东可采取的民事赔偿制度
	表决权排除制	当讨论事项与股东有利害关系时,该股东对此无表决权
	小股东的代理投票权	中小股东可委托他人集中行使投票权,避免因股权分散而受到侵害
	股东退出机制	股东有权转股或者退股,保证其"用脚投票"的权利

续表

政策类型	政策名称	政策内容
委托代理政策	内部控制	包括控制环境、风险评估、控制活动、信息与沟通和监控
	股权激励税收优惠	赋予代理人一部分股权来激励其治理公司,并对这部分股权的收益纳税进行优惠
契约型利益相关者治理政策	职工代表大会	职工通过民主选举,组成代表大会,行使民主管理权力
	职工董事	在公司董事会中要有一定比例的职工董事
	职工监事	职工代表在监事会中代表职工利益、实行监事责任
	人格否认	当公司存在滥用股东的有限责任、侵害债权人利益时,否认其法人资格,让股东承担连带债务
公众型利益相关者治理政策	ESG 信息披露	通过 ESG 信息披露,引导资本市场投资,实现对环境保护、社会责任和企业可持续发展的市场化治理

一、股权制衡政策

在以股东利益最大化为目标的公司治理中,核心的问题是股东之间的利益冲突,如何进行股权制衡,防止大股东侵害小股东利益是学界、政府和资本市场关注的热点。累积投票制、股东民事赔偿制度、表决权排除制度、小股东的代理投票权以及股东退出机制等都是在此趋势下,为保障中小股东利益而成形的。

(一)累积投票制

累积投票制是指在董事选举时,每个股份持有者拥有的可投票数量为其拥有表决权的股份数乘以总的选举人数。累积投票制是一种对中小股东的表决救济制度,中小股东可以将票数集中在他们偏好的候选人上以防止董事会全部被大股东控制。累积投票制在世界各国的立法实践中有两种制度设计:强制主义和许可主义。许可主义分为选出式和选入式:选出式是指通过法律或者上市规则进行强制性规定但允许章程排除;而选入式是指原则上排除但允许章程特别采用。

累积投票制最早应用于英国的政治选举,并于 1870 年被引入美国伊利诺伊州宪法,规定累积投票制还可应用于非公众公司董事的选举。其后,诸多国家将累积投票制纳入公司法中。2002 年,我国的累积投票制最早被写入《上市公司治理准则》,该准则第三十一条规定:"股东大会在董事选举中应积极推行累积投票制度。控股股东控股比例在 30%以上的上市公司,应当采用累积投票制。采用累积投票制度的上市公司应在公司章程里规定该制度的实施细则。"2005 年《公司法》在法律层面引入累积投票制,作为选入式条款,将累积投票制的适用对象扩大到上市公司和非上市公司。2018 年修订版的《上市公司治理准则》统一了累积投票制的适用范围为董事和监事选举,并且扩大了强制性累积投票制的适用对象,即"单一股东及其一致行动人拥有权益的股份比例在 30%及以上的上市公司"。

除法律规范层面外,作为自律性组织的证券交易所也是积极推进累积投票制的一股力量。2006 年,深圳证券交易所发布《中小企业板投资者权益保护指引》,要求上市公司应当在选举两名及以上董事或监事时实行累积投票制,属于强制主义立法例。此后,深圳证券交易所陆续出台规则,明确主板、中小企业板、创业板上市公司在董事、监事选举中应当实行累积投票制。2020 年,深圳证券交易所细化关于累积投票制的适用规则,要求对单一股东及其一致行动人拥有权益的股份比例在 30% 及以上的上市公司采用强制性累积投票制,与最新《上市公司治理准则》保持统一。上海证券交易所于 2013 年修订了《上市公司董事选任与行为指引》,鼓励上市公司在董事选举中实行累积投票制,采取许可主义立法例。

(二)股东民事赔偿制度

为了规范股东权利的行使和保护中小股东的利益,我国也出台了相应的法律政策,当某些股东滥用职权造成其他股东的损害时,被侵犯股东可要求民事赔偿,包括股东代表诉讼制度和股东直接诉讼制度。两种制度都是股东以自己的名义起诉,但区别在于前者的起诉目的是公司利益,并且通过诉讼所得的利益归属于公司,后者则是为了维护股东自身的利益,且所得利益属于股东自己。

股东的民事赔偿制度起源于 19 世纪的英美法系国家,大陆法系国家如法国也在 1893 年准许股东行使代表诉讼提起权,日本于 1950 年修改《商法典》时规定了股东的代表诉讼制度。虽然我国公司发展与公司立法的起步相对较晚,但我国 1994 年的《公司法》仍然未针对股东权利保护的诉讼提出明确救济途径,使这些权利形同虚设。对于这一问题,我国在 2005 年对《公司法》进行修正之时,更进一步地完善了股东民事赔偿制度。2005 年公司法修正案对其进行了细致的构建:公司股东应当遵守法律、行政法规和公司章程,依法行使股东权利,不得滥用股东权利损害公司或者其他股东的利益;不得滥用公司法人独立地位和股东有限责任损害公司债权人的利益;公司股东滥用股东权利给公司或者其他股东造成损失的,应当依法承担赔偿责任;公司股东滥用公司法人独立地位和股东有限责任,逃避债务,严重损害公司债权人利益的,应当对公司债务承担连带责任。

(三)表决权排除制度

表决权排除制度是指当某一股东与股东大会讨论的决议事项有特别的利害关系时,该股东或其代理人均不得就其持有的股份行使表决权的制度。建立表决权排除制度实际上是对利害关系和控股股东表决权的限制,因为有机会进行关联交易或者在关联交易中有利害关系的往往都是终极股东。有利害关系的终极股东不参与表决使得表决更能体现公司整体利益,从而保护了中小股东的权益。特别是在我国上市公司中,关联交易情况比较频繁,更加应该实施表决权排除制度。

表决权排除制度的法律规定最早见于德国在 1961 年出台的《普通德意志商法》,该法第一百九十条第三款明确指出:针对那些希望可以用表决的形式减轻负担或者因为法律行为而被免责的人不具备表决权,因此也不允许经他人行使表决权。德国随后再次修改:只要是被免责或者被决议免除债务的股东、被公司提起或终止诉讼的股东、与公司缔结合同的股东,该股东不具备不能自己或通过他人行使表决权。我国初次在立法上规定股东表决权排除制度,是于 2006 年 1 月 1 日起实施的新《公司法》第十六条,规定"公司向其他企业投资或者为他人提供担保,依照公司章程的规定,由董事会或者股东会、股东大会决议;公司章程对投资或者担保的总额及单项投资或者担保的数额有限额规定的,不得超过规定的限额。公司为公司股东或者实际控制人提供担保的,必须经股东会或者股东大会决议。前款规定的股东或者受前款规定的实际控制人支配的股东,不得参与前款规定事项的表决。该项表决由出席会议的其他股东所持表决权的过半数通过"。这标志着我国已经开始关注股东表决权排除的相关事项,是具有重大历史意义的规定。美中不足的是,虽然有了规定,但并没有明确股东平等的原则,对该制度的适用范围、适格主体以及救济措施的规定也不完善,导致其在司法适用性和操作性上还有很大的改善空间。

(四)小股东的代理投票权

随着股份制公司规模逐渐扩大,股权分散程度上升,且股东散布各地,中小股东亲自赴会的成本很高,因而放弃投票权的情况频繁出现,这隐性地增加了大股东的权力。为避免其中隐患,表决投票代理制度被提出,中小股东可以委托他人行使投票权,以此提高股东参与公司决策的积极性。

经历了 20 世纪 30 年代的经济"大萧条"后,美国公司的股权分散化程度上升,为投票代理权制度的产生奠定了基础。1934 年,美国《证券交易法》第十四条对投票代理权首次做出规定。在德国,银行的很多客户将其拥有的股票存放在银行,并允许银行行使代理投票权。在我国,根据《公司法》第一百零六条的规定,股东可以任命代表其出席股东大会的代表,代理人应当向公司提交股东授权委托书,并在授权范围内行使表决权。中国证监会发布的《上市公司治理准则》第十五条规定:"股东可以本人投票或者依法委托他人投票,两者具有同等法律效力。"以上两条规定说明代理投票是受法律允许和保护的。如果公司股东或董事无法出席股东周年大会,可以委托他人代为投票。

以上这两条规定是征集代理投票权的基础,征集投票代理权可以有效地集合小股东的力量,进而保护小股东的权益。虽然对小股东的代理投票权有法律保护,但是投票权代理在我国证券市场发挥的作用和期望相差甚远;更进一步地,在征集投票代理权这个方面,小股东显然很难对征集投票代理权树立信心,应当再进一步规定征集主体、征集费用、信息披露和征集数量等问题。

(五)股东退出机制

当股东出于自身或者客观原因不想继续参与公司治理时,可以通过以下两种方式退出:转股和退股。转股是指股东将股份转让给他人从而退出公司,又称为"用脚投票";退股是指在特定条件下股东要求公司以公平合理的价格回购其股份从而退出公司,这种机制来源于异议股东股份回购请求权制度。

我国 2023 年版《公司法》第八十四条至第九十条对股权转让和退股分别进行了规定:在股权内部转让问题上,我国实行相对自由主义而没有多加限制,仅规定可以在公司章程中另有约定;但是,对于股权的外部转让有较大限制,主要表现为需经其他股东半数以上同意和少数异议股东行使优先购买权。

此外,在股权回购方面还存在一些问题。我国《公司法》中对公司回购股权的情形做了具体的规定,即必须是股东对公司的决议持反对意见时才能适用,并且对异议类型做了规定,这虽然为异议股东退出提供支撑,但其规定的情形较为严格。例如,连续五年盈利不分配利润等情况,使得公司回购异议股东的股权制度在实践中缺乏可操作性。这些不合理的设计,结合股价评估等问题,使得股权回购制度尚需完善,首当其冲的是异议股权回购的适用范围。对于公司而言,法律规定的回购条件是很容易避免的。例如,连续五年不分红的情形,公司可通过财务手段来规避。因此,这对于股东尤其是中小股东而言,要实现股权回购极其困难。其次,回购股权程序的问题。股东相较于公司而言,通常处于弱势地位,因此公司有义务告知股东享有股权回购权;同时,关于股权回购的具体流程是否应当告知公司债务人,以及对购回的股权如何进行处理等方面,缺乏相关执行程序。

二、委托代理政策

除了股东之间的利益冲突问题之外,股东与代理人之间的利益冲突也十分重要。根据委托代理理论,可以分别从代理人和委托人的角度来予以缓解。相应地,我国主要政策也有从代理人角度出发的内部控制和从委托人角度出发的对经理人的股权激励税收优惠政策。

(一)内部控制

良好的内部控制能够确保委托人的利益不会受到损害,同时还能增强企业自身的竞争力、提高工作效率和产品质量。内部控制的含义在国际上经过了几个阶段的发展。首先,美国会计师协会 1936 年发布的《独立注册会计师对财务报表的审查》公告中,第一次把内部控制界定为"为了保护公司现金及其他资产、审查簿记事务的准确性,而在公司内部使用的工具和方法",可以发现这仅仅是一种单一的会计控制。随后,1958 年 10 月该协会颁布了《审计程序公告第 29 号》对内部控制进行重新界定,将其划分为内部会计控制和内部管理控制。1988 年,美国 AICPA《审计准则公告第 55 号》,用"内部控制结构"取代"内部控制",提出了内部结构的三要素:控制环境、会计系统和控制程序。1992 年,由美国国会的"反对虚假财务报告委员会"(NCFR)下属若干专业团体组织参加的发起组织委员会(COSO)公布了一份报告,其中提出内部控制概念为由企业董事会、经理层和其他员工实施的,为运营的效率、财务报告的可靠性、相关法令的遵循性等目标的达成而提供合理保证的过程,并将其分为控制环境、风险评估、控制活动、信息与沟通和监控五个部分,这也是后来国际上内部控制通用的定义。

我国政府从 20 世纪末才开始加大对企业内部控制的推动作用。最早的内部控制见于 1996 年 12 月财政部发布的《独立审计具体准则第 9 号——内部控制和审计风险》,其中规定了内部控制的概念,即被审计单位制定和实施的政策与程序以确保业务活动的有效进行,保护资产的安全和完整,防止、发现、纠正错误与舞弊,保证会计资料的真实、合法、完整,并且该准则还提出内部控制的内容:控制环境、会计系统和控制程序。其间经过了一系列发展历程,例如,2001 年财政部发布的《内部会计控制规范——基本规范(试行)》把控制目标确定为"规范单位会计行为、保证会计资料真实、完整;堵塞漏洞、消除隐患,防止并及时发现、纠正错误及舞弊行为;保护单位资产的安全、完整;确保国家有关法律法规和单位内部规章制度的贯彻执行",以及 2004 年银监会发布的《商业银行内部控制评价试行办法》更进一步的具体到银行这一类公司的内部控制要求后,于 2008 年财政部、证监会、审计署、银监会、保监会五部委联合发布的《企业内部控制基本规范》将内控的目标制定为"合理保证企业经营管理合法合规、资产安全、财务报告及相关信息真实完整,提高经营效率和效果,促进企业实现发展战略",基本实现了与国际内部控制的实质性趋同。

(二)股权激励税收优惠

为了激励代理人治理公司,股东们会给代理人一部分股权。在 20 世纪 50 年代,美国首次引入股权激励制度。1950 年 9 月 23 日,在美国总统杜鲁门签署的《1950 年收入法案》中,首次确立了企业向员工发放股票期权的权利,从而使得股票期权获得了合法身份。随后,股票期权被广泛使用。1952 年,美国辉瑞制药公司推出了全球首个股票期权计划,以规避公司经理人的高额所得税的缴纳。

在 20 世纪 80 年代末期,中国开始实施股份制改革,随之而来的是内部员工股、公司职工股等多种持股方式的出现。2005 年 12 月 31 日,中国证监会发布了《上市公司股权激励管理办法(试行)》,其中规定了一套适用于已完成股权分置改革的上市公司的股权激励制度,为我国股权激励的规范化和发展开启了新篇章。在此基础上,为了更好地促进股权激励政策的发展,国家税务总局于 2006 年 9 月 30 日发布了《关于个人股票期权所得缴纳个人所得税有关问题的补充通知》。根据文件的新规定,在授予日内,股权激励一般不需要缴纳个人所得税,只有在行权时,才会根据购买股票的实际收益进行纳税。更重要的是,根据新的税收政策规定,除了个人在转让境外上市公司股票时需要缴纳税款外,对于在行权后再次转让境内上市公司股票所得的个人,暂不需要缴纳个人所得税,也不需要像以前那样进行二次缴税。这就使我国股权激励企业的税收负担有所减轻。因此,新的文件在一定程度上缓解了税收负担过重的问题,从而促进了股权激励的进一步发展。

三、契约型利益相关者治理政策

正如第一节中所分析的,"股东至上"治理不足以实现公司的可持续发展,还需要考虑到股东与非股东的利益问题。非股东的利益相关者可以分为员工、债权人这一类的契约型利益相关者和公众型利益相关者。针对员工，在这里提出了职工代表大会制度、职工董事制度以及职工监事制度；针对债权人，国家规定了人格否认制度来保障债权人的利益。

(一)职工代表大会制度

职工通过民主选举，组成职工代表大会，在企业内部行使民主管理权力的制度就是职工代表大会制度。德国是职工代表大会制度的发源地，也是职工代表权利落实得最充分的国家。1952 年，德国联邦议院通过了《企业组织法》规定：5 名职工以上的企业都要设立"企业职工委员会"，实行职工参与决定。经过全国大讨论后，德国联邦议院于 1972 年对《企业组织法》进行了重新修改，加强了企业职工委员会参与企业内部民主管理的权利。

根据我国现行《公司法》第十七条第 1、2 款规定，职工可以通过职工代表大会这一民主形式参与公司治理，并通过工会来维护其合法权益。而第 3 款则规定，职工可以通过职工代表大会表达对公司重大事项问题的意见，从而为职工正当行使民主管理权提供了合法指导。公司在立法方面采取了职工代表大会等民主参与形式，为职工提供了参与公司治理的选择途径，从而摆脱了以往仅仅在决策时象征性地考虑职工权益的做法。

(二)职工董事制度

通过民主选举在公司董事会中设立一定比例的职工董事，并遵守相关规定、履行董事职责。这种职工董事制度仍然是在德国最早被实施的。1951 年，《煤炭、钢铁企业共同决定法》规定，煤钢企业必须委派一位员工代表担任董事会成员，并与其他董事会成员享有同等权利，此后的法律也是扩大了规定的企业范围。在我国现行的《公司法》中，针对不同所有制形式的公司，相关法条进行了明确区分，其中对于国有性质的有限责任公司或者国有独资公司，规定董事会成员必须有职工代表存在，这是一种强制性规定；而对于非国有性质的企业董事会，其职工代表要求则是"可以有"，采取的是非强制性规定。在我国的法律中，由于不同公司所有制的差异，适用的制度也各不相同。从职工董事的角度来看，肯定了他们在公司治理中扮演的利益相关者角色，为推进职工董事制度提供了法律依据。

(三)职工监事制度

职工监事制度是职工通过民主选举在公司的监事会中代表职工利益、实行监事责任的制度。在全球范围内，德国共决制下的职工监事制度产生了最为深远的影响。1922 年德国颁布的《有关派遣企业参决委员会成员作为公司监事会代表法》确立了职工监事的完整参与权。由于历史原因，职工监事制度经过了几轮废除又恢复，最终于 1976 年通过的《参与决定法》确定职工监事制度在德国得以建立。在我国，根据现行《公司法》第一百三十条的相关规定，监事会作为公司的监事机关，其组成人员应当由股东一方的代表和职工群体一方的代表共同组成，而且劳方的代表数量应当保持适当的比例。公司自治章程规定，职工代表人数的比例不得低于三分之一，而具体需要的人数则由公司根据自身情况在章程中明确规定。从立法角度来看，职工监事的适用范围并不像职工董事制度那样区分公司的所有制形式,采取了强制性的态度规定,要求所有公司都必须设立至少三分之一的职工监事比例。

(四)人格否认制度

为了防止股东滥用公司法人地位和股东有限责任来逃避债务,损害债权人利益,我国《公司法》第二十条公司法人人格否认制度规定:"不得滥用公司法人独立地位和股东有限责任损害公司债权人的利益。公司股东滥用公司法人独立地位和股东有限责任,逃避债务,严重损害公司债权人利益的,应当对公司债务承担连带责任。"

在企业合并过程中,许多投资者利用公司的人格独立制度来规避法律侵害债权人和社会公共利益,因此美国首先制定了"揭开公司面纱"原则以应对这一问题。随着公司实践的不断变化,该原则被各国引入其他领域。随着时间的推移,这一原则在其他国家得到了广泛的推广和应用,并进行了适应本国国情的改革,最终形成了德国的"责任落实理论"和日本的"透视理论"。随着各国对公司人格否认制度的不断研究,该原则也逐渐得到完善与充实。至此,该原则已被两大法系广泛认可,从理论上讲,它被归为"公司人格否认"。然而,由于该条文的表述过于泛泛而谈,因此在我国的实践中难以准确把握。

四、公众型利益相关者治理政策

公众型利益相关者的范围较大,包括全体消费者、社区、环境、政府以及媒体等,这些主体与企业在多数情况下不存在直接的契约,无法通过硬性的制度来约束企业行为,因此在2004年前,这方面的治理模式尚处于理论阶段,未见可行的实现路径。2004年之后,ESG的理念被提出,认为通过信息披露引导资本流动的方式,可以倒逼企业优化和调整治理模式,向社会公众和环境友好的方向倾斜。ESG 经过十余年的理论迭代和实践探索,目前已经深入人心,相关制度建设也在诸多国家铺开,成为公司向公众型利益相关者治理转轨的主要手段。

早在2006年,联合国责任投资原则组织成立之初,倡导参与的成员机构将 ESG 相关议题纳入投资决策过程。在美国,证券交易委员会于2010年发布《关于气候变化相关问题的披露指导意见》,要求上市公司披露环境问题对公司财务状况的影响。自此,美国上市公司 ESG 信息披露飞快发展。欧盟则实行半强制政策,于2014年推出《非财务报告指令》,对员工人数超过500人的大型企业披露 ESG 信息。港股市场在 ESG 信息披露方面也布局多年,2012年港交所发布的《环境、社会及管治报告指引》中首次提及在港上市公司 ESG 信息披露,只是当时并不强制执行,直至2015年加入"不遵守就解释"的条文,港股上市公司 ESG 信息披露数量才迎来大幅增长。如今,所有在港上市公司已被强制要求披露 ESG 信息。

对比之下,国内长时间以来对 ESG 信息披露并未做强制要求。2018年9月,证监会修订的《上市公司治理准则》确立了 ESG 信息披露框架。2020年上交所发布的《科创板股票上市规则》要求企业报告其履行社会责任的情况,并视情况编制和披露社会责任报告、可持续发展报告、环境责任报告等,这是我国第一次明确规定上市公司需要披露 ESG 相关报告。

2022 年,中国证监会发布了《上市公司投资者关系管理工作指引(2022)》,在投资者关系管理的沟通内容中首次纳入 ESG 相关信息。更进一步地,2023 年 7 月 25 日国务院国资委办公厅发布《关于转发〈央企控股上市公司 ESG 专项报告编制研究〉的通知》,规范央企控股上市公司 ESG 信息披露工作,为央企控股上市公司编制 ESG 报告提供建议与参考。

可以看出,我国在 ESG 整合型政策方面的起步较晚,发展还不成熟,并且最近的政策也只是对央企这一少部分企业提出了要求,在 ESG 信息披露的强制性、披露标准以及配套的服务体系方面还有待进一步发展。

第三节　重点政策解析:内控信息披露制度

公司治理的最终目的是实现公司的可持续发展,这离不开投资者的支持,在公司治理中,内部控制信息披露制度对投资者来说是很重要的。投资者、社会公众以及其他一些利益相关者能够以此获得有关公司内部控制制度及其运行状况的信息,以及合理保证财务报告的可靠性帮助其做出理性的投资决策和对公司的评价。因此,内部控制信息披露可以被形象地理解为沟通公司与外部的桥梁,而如何设计和搭建这座桥梁,已经受到了越来越多的关注。

一、内控信息披露制度

国际上关于内部控制的定义为:由企业董事会、经理层和其他员工实施的,为运营的效率、财务报告的可靠性、相关法令的遵循性等目标的达成而提供合理保证的过程,并将其分为控制环境、风险评估、控制活动、信息与沟通和监控五个部分。而内部控制的信息披露就是披露公司的内部控制情况以及管理层对内部控制的自我评价和报告,让投资者了解公司的风险管理能力,让外部审计师对财务报告中的内部控制部分进行审计。该制度的流程如图 3-2 所示。

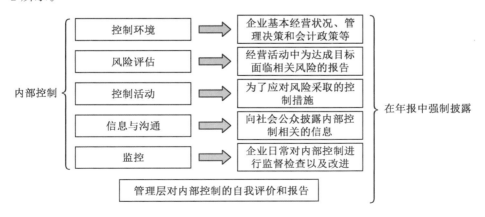

图 3-2　内控信息披露制度

二、国外先行发展

(一)美国

1.《萨班斯-奥克斯利法案》之前

20 世纪 70 年代,美国公司频频爆出财务丑闻,为了明确公司管理层与注册会计师之间的责任,1978 年,美国注册会计师协会的审计师责任委员会(科恩委员会)提交了一份研究报告,建议公司管理层在提供财务报告的同时,对公司内部控制系统进行评估并公开披露其情况,由注册会计师对管理层的内部控制报告进行评估并向外界报告。然而,该报告一经提出,就由于实施成本过高而遭到上市公司、注册会计师和律师的反对。

20 世纪 90 年代初,随着商业银行破产事件的不断发生,美国国会于 1991 年通过了《联邦储蓄保险公司改善法案》来应对这一问题。在这一法案中,要求所有银行建立内部控制系统:要求银行管理层必须评估并报告其内部控制的有效性,并要求外部审计师对管理层有关内部控制有效性的声明进行鉴证。尽管该法案规定银行管理层必须向银行业监管机构报告,但实际上其对上市公司的直接影响微乎其微。

20 世纪 90 年代之后,美国环境会计准则委员会(AICPA)在内部控制研究中的主导地位逐渐被美国反虚假财务报告委员会(COSO 委员会)所取代,从而开启了以 COSO 委员会为核心的内部控制研究时代。COSO 委员在 1992 年会发布的《内部控制:整合框架》报告中建议,企业管理层或其指定人员(如内部审计人员)应定期对企业内部控制的设计和执行情况进行评估,并提供评估报告,注册会计师则应对管理层的内部控制评估报告提供审核意见,同时管理层的评价报告和注册会计师的审核报告应一并公开披露。

2002 年之前,虽然 SEC、美国注册会计师协会、COSO 委员会都曾建议要求管理层对外披露内部控制报告,但由于高昂的执行成本和缺乏一致的内部控制评价标准等原因,政策建议一直未能得到实施。在此期间,尽管部分企业陆续披露了其管理层内部控制评价报告,但这些均属于自愿公开。

2. 安然事件

引发全球内部控制浪潮的是震惊世界的安然公司破产事件。安然曾是 21 世纪初世界最大的天然气公司,连续 6 年获得"美国最具创新精神公司"称号,然而却在短短 3 个月内从市值 600 亿美元跌到破产,成为全世界最臭名昭著的财务造假公司。从 1992 年开始,安然公司的高管通过说服美国证券交易委员会成功采用按市值记账的方式并且设立许多特殊目的实体,前者可以直接虚增公司的利润,后者则是通过将安然公司的负债和亏损转嫁给其他特殊实体来间接地增加公司的利润。随着安然公司在印度、欧洲等几个地区大型投资的失败,公司利润大幅亏损。为了填补漏洞,安然选择在加州操纵电力价格,这一举措虽然获得了暂时回报,但很快被媒体发现,并诱发了外界强烈的质疑,安然股价开始暴跌。2001 年 8 月,安然 CEO 辞职,两个月后,其创始人对外宣布由于"记账的失误"导致 6 亿美元的损失,宣告破产。分析研究安然案例的报告普遍认为,其快速衰落的根源就在于内部控制的失效,导致隐患无法被股东们发现。为此,美国在 2002 年颁布了《萨班斯-奥克斯利法案》,在全球范围内的国家都受到影响并相继颁布了内控信息披露相关法案。

3.《萨班斯-奥克斯利法案》的颁布

2002 年 7 月 25 日,美国国会通过《萨班斯-奥克斯利法案》(以下简称《SOX 法案》),强制要求上市公司披露其内部控制报告,以响应安然事件的影响。根据该法案第 302 条和第 404 条款规定,公司管理层有责任以书面形式声明其对内部控制的建立和执行的有效性承担责任,并公开披露其对内部控制有效性的评估报告,以及外部审计师对财务报告中的内部控制进行审计。这就意味着,内部控制信息披露将成为上市公司重要的自我保护机制。随着《SOX 法案》的颁布,美国上市公司内部控制报告的披露方式从自愿性向强制性转变,从而进入了一个全新的时代。

为确保《SOX 法案》第 404 条款的有效执行,SEC 在 2002 年 10 月发布了第 33 - 8138 号提案,并于 2003 年 6 月发布了《最终规则——管理层对财务报告内部控制的报告及其对交易法案中定期报告披露的验证》,规定了披露以下内容:(1)声明管理当局在财务报告内部控制方面的责任;(2)揭示内部控制有效性的评估标准;(3)在管理当局的评估报告中,必须详细阐述财务报告内部控制的有效性;(4)在评估报告中,必须详细描述管理当局对财务报告内部控制的重大缺陷(假如存在);(5)外部审计师已对财务报告内部控制的评价报告进行了审核,并提供了相应的意见。

《SOX 法案》的另一项重要变革在于设立了一个独立的监管机构——公众公司会计监管委员会(PCAOB),其职责是对注册会计师和会计师事务所进行审计、检查、调查和惩罚,以确保公共公司的财务管理得到有效监督。SEC 对其活动进行了全面的监管和限制,以确保其合法性和规范性。因此,必须建立起与之相适应的法律制度予以保障。PCAOB 的创立标志着美国会计职业监管体制的深刻变革,意味着一种全新的监管范式,即由会计职业自律监管模式向政府监管下的独立监管模式转型。

(二)日本

2006 年 6 月,日本借鉴了美国等国家的实际经验,并结合本国经济发展的具体特点,最终通过了《金融商品交易法》。根据该法规定,公司管理层需对其财务报告的内部控制设计和运营效能进行评估,并在其归档文件中详细报告评估结果;而独立审计师则需要提供一份鉴证报告,以评估管理层的评估效能。

随后,日本金融服务局商业会计理事会(类似于证监会)发布了《与财务报告相关的内部控制评价以及审计标准》和《财务报告内部控制管理层评估与审计的准则实施指引》,要求公认会计师对经营者内部控制评价结果进行审计,并进一步探讨经营者所确定的评价范围适当性以及经营者基于公司层面以及具体业务层面的内部控制评价。日本现有的内部控制评价与审计准则由内部控制结构、与财务报告相关的内部控制评价及报告以及与财务报告相关的内部控制的审计三个基础部分构成,形成了一个相互关联、相互协作的整体体系结构。

在此基础上,管理层还需要记录评估流程,明确内部控制存在重大缺陷的判断准则,特别关注可能导致财务报告出现重大虚假信息的相关内部控制的缺陷。同时,可以将内部控制报告作为一种外部监督手段,通过撰写并发布一份《内部控制报告书》,呈现与财务报告相关的内部控制有效性评估成果。《金融商品交易法》要求企业披露内部控制自我评估报告,并将其作为公司治理结构完善程度以及风险防范水平高低的一个标志。根据《金融商品交易法》,对于那些在报告书中虚假记录了一些重要事项的人,将会被判处不超过 5 年的徒刑,或者不超过 500 万日元的罚款。

三、国内的发展

(一)开始关注时期

在 20 世纪末,我国的金融行业率先开始实施内部控制信息披露问题。在此期间,证监会陆续颁布了多项法规,规定了公司在招股说明书、增发申请材料和年度报告中披露内部控制信息的具体实施细则,随着经济环境的变化进行了修订。此时的主要规范及其修订涵盖了多个方面,主要包括:

2000 年证监会发布了《公开发行证券的公司信息披露编报规则》中第 7 号《商业银行年度报告内容与格式特别规定》和第 8 号《证券公司年度报告内容与格式特别规定》,要求:(1)商业银行及证券公司在年度报告中说明其内部控制制度三性,即内部控制的完整性、合理性和有效性;(2)要求证券公司和商业银行委托会计师事务所对其内部控制的三方面进行评价,并提出改进建议,随后出具一份评价报告,该报告需要随同年度报告一并提交给证监会和证交所;(3)若会计师事务所认为内控存在严重缺陷时,董事会必须进行相应说明,监事会则针对董事会的说明表示意见,并公开披露。

证监会在 2001 年 4 月颁布了《公开发行证券的公司信息披露内容与格式准则第 11 号——上市公司发行新股招股说明书》,加强公司管理层在内部控制信息披露方面的职责,不仅要求他们对内部控制制度的三性进行自我评估,而且经过注册会计师的验证,出具结论性意见并公开披露。

证监会在 2001 年 12 月制定《公开发行证券的公司信息披露内容与格式准则第 2 号——年度报告的内容和格式》,其中规定了监事会在内部控制信息披露中的职责,利用监事会进一步保证公司内部控制制度的完善以及有效运行。例如,监事会必须对公司是否建立完善的内部控制制度、公司董事有无进行损害股东、公司利益的行为等发表独立意见。

在 2006 年 5 月证监会发布的《首次公开发行股票并上市管理办法》中,首次对上市公司内部控制提出了具体的要求:规定上市公司必须在提交年度报告的同时提交内部控制制度检查核对表,并对表中的异常事项进行专项说明,以确保发行人的内部控制制度健全并得到有效执行。此外,规定发行人的内部控制在所有重大方面是有效的,并由注册会计师出具无保留意见的内部控制鉴证报告。

在 2000 年至 2006 年这段时间内,除了前述几项主要准则和管理办法外,还有大量相关规范得以颁布实施。其间,我国对内部控制信息披露的规范实现了从无到有、重点明确、快速响应的目标。从整体来说,我国的内部审计信息披露的规范体系还不够完善,仍然有许多问题需要改进。每一项规范及其修订都具有独特的业务情况或环境变化,因此政策制定的目的十分明确;同时,也有一些规范与具体实务相结合时出现脱节现象,或者规定过于原则化,没有起到很好的指导作用。当我们将这些规范串联起来时,不难发现,每一次新政策的出台或修订都在一定程度上明确了相关主体的披露义务,加重了相关管理层和组织机构的披露责任,并从立法的角度不断强化内部控制信息披露的地位,这使得我国的内部控制信息披露规范工作得以快速健康地发展,大大促进了相关主体的规范运作,保护了广大投资者的合法权益。当然,随着社会经济的不断进步以及内部控制制度的不断完善,企业的经营管理方式越来越复杂,内部控制信息披露也面临着更大的挑战。在这个时候,各种规范的颁布和修订都是零散的,虽然这些规范可以及时完善以适应新环境的要求,但是缺乏一个系统、全面的指导,这不仅不利于相关主体的理解和执行,而且不利于树立内部控制信息披露规范的权威性。

(二)指导实践时期

自 21 世纪初以来,我国市场一直处于蓬勃发展的时期,许多公司通过股票或证券的发行,成为各类规范所明确的披露主体。在这种情况下,上海、深圳两大证券交易所于 2006 年相继颁布了相应的内部控制指引,以确保信息的透明度和合规性。

上海证券交易所在 2006 年 6 月出台《上海证券交易所上市公司内部控制指引》,该指引于同年 7 月开始正式实施。该指引规定:上市公司的董事会必须在披露年度报告的同时,披露其年度内部控制自我评估报告,并公开会计师事务所对该报告的核实评价意见,以确保信息披露的强制性。

2006 年 9 月,深圳证券交易所发布了《深圳证券交易所上市公司内部控制指引》,该指引详细规定了公司应根据自身经营特点和实际状况,制定内部控制自查制度和年度内部控制自查计划,并要求注册会计师在年度审计时参照有关主管部门规定,对公司财务报告的内部控制情况进行评价。

这两份交易所制定的内部控制指引均明确规定,上市公司必须提供自我评估报告,并将其与外部审核相结合,形成结论性意见,与年度报告一起对外披露。这两份指引旨在引导上市公司建立完善的内部控制制度,以确保相关信息披露规范得到有效执行,同时让上市公司在感官上直接面对内部控制信息披露的各项规定,从而加强对相关规范的重视和理解。

(三)系统起步时期

在 2000 年至 2006 年这段时间内,我国内部控制信息披露制度得以启动并初步发展。

当时,由于受到我国社会环境及监管条件的影响,我国政府对上市公司内部控制信息披露问题并未给予足够重视。随着我国经济的持续快速发展、相关法律的修订以及内部控制地位的不断提高等因素的变化,内部控制信息披露的要求也需要相应地进行调节和进一步明确。因此,证监会于 2007 年 2 月 1 日正式颁布并实施了《上市公司信息披露管理办法》。

在我国上市公司信息披露规范的演进历程中,《上市公司信息披露管理办法》扮演了一个至关重要的总结和提升角色。(1)该管理办法规定了上市公司必须建立内部信息披露管理制度,以确保公司对所有应披露的事项进行合理详尽的说明,从而避免公司做出含糊不清的答复,真正提升上市公司信息披露的质量。(2)根据该管理办法规定,信息披露义务人应当以真实、准确、完整、及时、公平的方式公开信息,这进一步强化了上市公司大股东、管理层等相关人员的责任担当。(3)该管理办法规定,对于重大事件,必须在临时报告中进行详细披露,并明确了相关事件的种类和标准。同时,公司的高级管理人员,如经理和财务负责人,有责任及时向董事长报告公司经营或财务方面出现的重大事件。(4)该管理办法规定,信息披露的质量必须符合真实、准确、完整、及时的标准,以确保公平披露,并强调重大事件的分阶段披露原则。(5)该管理办法规定了信息披露的主要内容,明确了其他相关各方的行为准则,并规定了各种违规行为的法律责任。

在此期间,除了前述《上市公司信息披露管理办法》外,还有其他相关法规的颁布,例如 2007 年 3 月 2 日企业内部控制标准委员会发布的《企业内部控制规范——基本规范》以及 17 项具体规范的征求意见稿等。在这一时期,我国内部控制信息披露规范逐步体系化、整体提升,每一项规范的出台都更加注重与其他法律规范的协同作用,不仅仅是为了弥补某些缺陷,而是全面考虑经济发展形势、即将面临的突出问题以及相关领域的实际发展特点等,这些因素共同推动了内部控制信息披露规范体系的质的飞跃,同时也为后续整体系统规范的建立奠定了坚实的基础。

(四)系统规范时期

2008 年 6 月 28 日,我国财政部、证监会、审计署、银监会、保监会五部委联合发布了《企业内部控制基本规范》,随后于 2010 年 4 月 26 日联合发布了《企业内部控制配套指引》,这两部法规共同构建了我国内部控制规范体系,对于我国内部控制标准的体系建设具有极其重要的意义。配套指引详细规定了其内容、程序、报告披露内容、审计程序、方法以及报告类型等方面的细节。上述指引为企业提供了建立完善的内部控制体系和自我评估内部控制有效性的指导,同时为注册会计师执行内部控制审计业务提供了可操作的基础。

2012 年 8 月 14 日起,财政部办公厅和证监会办公厅联合发布《关于 2012 年主板上市公司分类分批实施企业内部控制规范体系的通知》,决定对主板上市公司进行分类分批推进企业内部控制规范体系实施。针对不同的产权性质、市值规模和盈利能力,规定了相应的披露董事会内部控制评价报告和注册会计师的财务报告内部控制审计报告的时间限制。建议有条件的企业在自愿的前提下,提前履行企业董事会内部控制自我评估报告和注册会计师财务报告内部控制审计报告的披露要求,以促进透明度。从目前来看,我国已经初步建立起适合中小企业自身特点的企业内部控制信息披露制度。内控信息披露制度的发展的具体政策文件和历程分别如表3-2和图3-3所示。

表 3-2　　　　　　　　　　我国内控信息披露制度的发展

发展时期	政策文件	具体内容
开始关注时期	2000 年证监会颁布《公开发行证券的公司信息披露编报规则》	要求商业银行及证券公司在年度报告中说明其内部控制制度三性,并要求会计师事务所进行评价
	2001 年证监会颁布《公开发行证券的公司信息披露内容与格式准则第 11 号——上市公司发行新股招股说明书》	规定了首次公开发行股票上市的公司管理层对其内控信息披露的责任
	2001 年证监会颁布《公开发行证券的公司信息披露内容与格式准则第 2 号——年度报告的内容和格式》	规定了监事会在内部控制信息披露中的职责,利用监事会进一步保证公司内部控制制度的完善以及有效运行
	2006 年证监会颁布《首次公开发行股票并上市管理办法》	首次对上市公司内部控制提出了具体的要求,如披露时间、对异常事项的说明等
指导实践时期	2006 年上海证券交易所颁布《上海证券交易所上市公司内部控制指引》 2006 年深圳证券交易所颁布《深圳证券交易所上市公司内部控制指引》	规定在其交易所上市的公司必须提供对其内部控制的自评报告,并将自我评价与外部审核结合起来形成结论性意见,与年度报告同时对外披露
系统起步时期	2007 年证监会颁布《上市公司信息披露管理办法》	要求公司对所有应披露事项必须做出合理详尽的说明,加大了上市公司大股东、管理层等相关人员的责任,明确了应披露信息的主要内容,明确了其他相关各方的行为规范,明确了各种违规行为的法律责任
系统规范时期	2008 年五部委颁布《企业内部控制基本规范》 2010 年五部委颁布《企业内部控制配套指引》	共同构建了我国内部控制规范体系,详细规定了内部控制评价的内容、内部控制评价的程序、内部控制评价报告应披露的内容、内部控制审计程序、方法和内部控制审计报告的出具类型等

四、内控信息披露制度的国际比较

(一)明确内部控制及其信息披露的意义

对比美国和日本对内部控制有着清楚明晰的定义,我国不同层级之间的法规或者相同层级之间的不同法规,在定义内部控制概念时参照的规定或者侧重点不完全相同。因此,需要建立一套全面系统的内部控制信息披露标准。

(二)缺乏严格的惩治法规

美国《萨班斯-奥克斯利法案》明确规定了若管理层蓄意造假签字会处以 500 万美元以

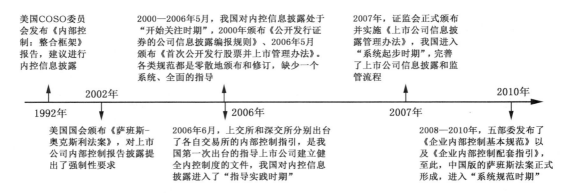

图 3—3　内控信息披露制度的发展

及 20 年监禁的惩罚，日本《金融商品交易法》也规定对一些重要事项做出虚假记录者，处 5 年以下徒刑或 500 万日元以下的罚款。我国在这方面相对比较缺乏，应当明确制定主体以及高层管理人员承担的法律责任，同时制定相应的惩治法规，降低管理人员滥用职权、非法操作的可能，提高内部控制的有效性。

(三)政府管制与自律管制逐步融合

美国 2002 年颁布《萨班斯-奥克斯利法案》后，成立了独立监管机构——公众公司会计监管委员会，增加了政府对行业自律的协调。日本正在积极推进行业组织和民间自律的发展，逐步从政府管制模式向政府引导下的自律模式转型。在我国，尽管证券交易所和证券业协会在监管方面发挥重要作用，但内部控制信息披露管制的自律管制仍未完善，因此政府应该引导其发挥作用并协助其发展，以使其成为现行模式的有益补充。目前，我国内部控制信息披露的政府管制主要存在着法律体系不完善、监管主体缺位以及缺乏有效的监督机制等问题。通过政府对行业自律的引导和扶持，不仅可以优化未来内部控制信息政府管制的实现手段，而且能够降低政府直接监管的成本，从而确保我国会计管制朝着正确的方向不断发展。

第四章　社会责任政策

本章提要:企业是现代社会运行的基本单元,通过生产、雇佣、投资等行为辐射社会的各个方面,对经济增长和全民福利产生不可估量的影响。因此,有理论提出,由企业承担更多的社会责任,既是社会契约对企业义务的基本要求,也是实现共同富裕的占优路径,同时能够提高企业声誉、反馈企业发展。在此基础上,企业公民理论将企业社会责任细分为法律责任和道德责任,认为应分别利用管制型政策和激励型政策予以促进;企业社会表现理论则提出,只要破除信息壁垒,让公众了解企业的社会贡献,并给予相应反馈,即可市场化地驱动企业承担社会责任。本章在梳理企业社会责任相关理论的基础上,整理了命令管制、经济激励、信息公开三类政策的发展脉络和政策框架,并重点剖析了其中最具代表性的最长劳动时间标准制度。

第一节　政策理论

一、企业承担社会责任的根源理论

企业社会责任的首要问题是企业为何要承担社会责任,对此最早的回答来自社会契约理论,该理论认为所有社会关系都存在契约性基础,这些显性或隐性的契约为社会结构的稳固提供了骨架。以此为基础,一些学者创造性地将社会契约理论引入企业经济学理论研究中,提出了企业社会契约理论,认为企业社会责任由一系列契约所规定,企业通过与社会建立契约而获得合法性。企业社会契约的对象包括消费者、供应商、政府、公众等利益相关者,企业与这些利益相关者之间不仅有经济契约,而且存在社会契约。因此,企业除了需要履行经济契约外,还有义务履行社会契约,企业的行为必须符合社会的期望,为经济和社会发展尽相应的义务。如果企业忽视社会责任,不慎重考虑并尽量满足其利益相关者的合理利益要求的话,那么企业就难以实现长期生存与发展。社会契约理论涉及内部相关者和外部相关者等多个群体,要求企业应对此承担相应的社会责任,才能保障自身的可持续发展。

企业公民理论源于企业与社会的关系,企业与自然人一样,在社会中都是公民,都享有特定的权利和义务,企业公民是企业在社会上的公民形象。其核心观点是:企业公民是指按照法律和道德的要求享有经营谋利的权利,同时履行对利益相关者的责任的企业。它应当遵守法律和企业管理伦理,并认真、忠实地承担社会责任。企业的成功与否同社会是否健康发展密切相关,企业在获取经济利益的同时,还需要通过各种方式来回报社会(张永奇,2014)。同时,企业在履行相应的社会责任义务后,会彰显自身健康的企业形象,提升自身在行业内的竞争力,实现企业的可持续发展。

二、企业承担社会责任的实施理论

企业公民理论表明企业责任要素构成有社会责任和道德责任两大类。其中,社会责任是指法律规定必须承担的责任,具有强制性,如为政府提供税收、为社会提供就业机会、为市场提供产品和服务等。企业的道德责任是指支持社会的公益活动、福利事业、慈善事业、社区建设等,特点是自觉自愿。企业公民理论要求企业必须承担社会责任,并依据自身情况承担相应的道德责任,这是企业作为社会成员的义务。第二部分介绍的管制政策是企业的社会责任,经济激励政策则是企业的道德责任。

除外部力量的约束外,企业社会表现理论创造性地提出,企业在社会责任方面的表现将塑造企业的社会形象,进而影响业绩表现。具体而言,消费者、供应商、政府、公众等利益相关者会根据企业社会责任履行情况,对企业整体做出研判、衡量其发展前景、判断其产品是否值得购买以及投资是否将获得回报。因此,可以通过市场反馈来倒逼企业承担更多的社会责任。然而,该反馈过程受制于信息不对称问题,会存在企业积极履行责任但社会不知情,或者企业履行不佳却过分夸大的情况。信息壁垒的存在弱化了公众对企业的知情能力,使企业社会表现理论的反馈机制受阻。因此,需要第二部分所介绍的信息公开政策,使得利益相关者能够全面准确地知悉企业社会责任各方面的实施情况,增强对企业的了解程度,进而畅通信息流动和反馈机制。理论与社会责任政策之间的逻辑关系见图4—1:

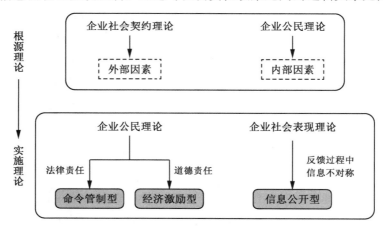

图4—1 政策理论逻辑

第二节　社会责任政策框架

目前,国内外出台了许多相应的政策来支持企业履行社会责任义务。根据理论框架,我们将政策按照其责任类型分为命令管制政策、经济激励政策和信息公开政策。这三类政策在当下的实践中各自衍生出了一系列具体的执行政策,我们将其中的主要政策列举在表4-1中,并在下文对这些政策进行具体介绍。

表 4-1　　　　　　　　　　　　　　　　社会责任政策

政策类型	政策名称	具体内容
命令管制政策	劳动保护	禁止童工、最长劳动时间限制、劳动安全与卫生、社会保险与福利等
	产品质量标准	通过前端的法规建设,中端的质检、执法队伍建设,以及末端的投诉系统建设,保证产品的治理
	消费者权益保护	通过明确经营者义务、消费者权利及投诉渠道,解决消费纠纷,保障消费者权益
经济激励政策	雇佣残疾人税收优惠	企业所得税税前加计扣除、减免城镇土地使用税、增值税即征即退
	精准扶贫	信贷支持、财政贴息、资本融资便利、优先安排审核、先进模范表彰、项目冠名激励
	乡村振兴	简化立项审批程序、给予税收优惠、政府投资与补贴、中长期信贷支持、放宽贷款期限与利率
	慈善免税	持续性的大额捐赠在计算所得税时予以扣除,当年未扣完部分可最多结转三年
信息公开政策	社会责任标准	包含社会责任指南、社会责任报告编写指南、社会责任绩效分类指引
	社会责任报告	要求纳入深证100指数的上市公司、上证公司治理板块公司、境内外同时上市的公司以及金融类公司发布社会责任报告,央企控股上市公司发布 ESG 报告,其余公司自愿披露
	社会责任信息披露	确立 ESG 信息披露基本框架,规定企业 ESG 披露范围
	企业信用信息公示	完善企业红黑名单管理方法,全面建成企业信用信息公示系统,提供企业信用信息查询渠道

一、命令管制政策

企业社会契约理论和企业公民理论均强调了企业有义务承担相应的社会责任,政府据此出台了众多的管制政策,促使企业履行必须的社会责任。管制政策是对企业的强制要求,是企业要达到的最低底线,违反就要受到法律制裁和国际制裁。管制政策有利于保障相关利益群体最基本的权利。管制政策主要包括劳动保护、产品质量标准、消费者权益保护等方面的政策。

(一)劳动保护

劳动者作为人力资源的所有者,在从事劳动过程中享有正当的权益。企业作为与劳动者签订劳动关系的主体,需要履行支持和维护劳动者权益的义务。国内外都极为重视对于劳动者权益的保护,并为此施行了众多措施,包括:(1)消除一切形式的强迫或强制劳动,杜绝任何人受惩罚或威胁而被迫从事非自愿从事的一切工作或劳务的行为;(2)有效废除童工,任何形式的强迫或自愿使用儿童从事非法和危险的劳动活动都将收到严惩;(3)消除就业与职业歧视,严令禁止包括因种族、性别、宗教、社会地位而将工人排除在工作之外的情况;(4)制定一系列合理的休息休假制度,对员工的劳动总时长、节假日休假等做出具体规定。通过以上及其他更多措施,使得劳动者正当权益得到保障,也有利于提升劳动效率和生产质量。

现代意义上有关劳动者保护的法律和规章制度最早在 19 世纪初的主要资本主义国家出现。随着工业革命的发展,产生了雇佣劳动关系,引发了调整相关法律规范的需求,英、德、法等国率先制定了保护童工、女工等权益的法律。之后,西方众多国家进入自由资本主义阶段,劳动法的适用范围和内容不断扩大,并出现了提升工人福利的社会保险法。随着资本主义社会的进一步发展,开始出现 8 小时工作制、带薪休假制、最低工资制等法律,劳动权益保护体系逐渐走向完整。

现今,国际上对于劳动保护标准也达成了共识,形成了国际劳工标准。其主要由国际劳工公约和建议书组成,成员国须无条件履行公约规定的义务,而建议书仅仅作为成员国制定法律和政策的依据,并无遵守的义务。截至 2019 年 10 月,国际劳工组织共批准通过了190 项公约、206 项建议书和 6 项协议。

中国是国际劳工组织的创始成员国,积极促进和实现国际劳工组织基本原则和权利。截至 2022 年 8 月,中国批准的国际劳工组织公约总数达到 28 项。而在国内劳动保护法律方面,主要是 1994 年通过的《中华人民共和国劳动法》(以下简称《劳动法》),该法分别于2009 年和 2018 年进行过修订。其内容具体包括劳动合同制度、工作时间和休息时间制度、工资方面的法规、女职工与未成年工的特殊保护、劳动安全与卫生的各项规程、社会保险与福利制度等。

与国外标准相比较,我国《劳动法》还存在一些缺陷:在立法内容方面,有部分未涉及的领域,包括事实劳动关系、多重劳动关系、涉外劳动关系等内容;在立法实践方面,部分条款在实际履行过程中未达到标准,比如我国《劳动法》规定每日加班时间不能超过 3 小时,每月累计加班时间不能超过 36 小时,然而多数企业通常未能贯彻该加班条款。

(二)产品质量标准

产品质量标准是产品生产、检验和质量评价时的根本依据。于企业而言,从原材料到产品加工,再到产品销售等各个环节,都有相应的标准进行约束和评价。其标准不仅仅包括生产经营工作标准和技术标准,而且涉及管理业务标准。一般而言,国内外生产型企业运用必要的检测设施对生产的全过程进行监督管理,产出的产品符合国际通用标准ISO体系和企业自身标准体系。同时,成立质量管理部门,督导员工进行施工和生产,并对生产工序进行质检和验收。通过对产品质量的严格约束来保护消费者的合法权益,企业能拥有更好的发展前景,获得更多的商业利润。

国际上质量管理历经了三个阶段:起步阶段为产品检验时期,由于产品数量不多,因而检查单个产品是否与标准相一致;接着为统计检验时期,随着技术进步和产品的大规模机械生产,开始使用统计抽样的方式来对产品进行检验;再之后为全面质量管理阶段,借助现代管理理念,促使企业质量管理实现高效。目前,ISO9000质量管理体系在国际上占据主导地位,该标准明确了产品质量要求,适用于生产型及服务型企业。其内容包括质量管理八项原则、管理过程持续改进、质量审核方案和组织业绩指南等内容。

中国自改革开放后制定了一系列规章条例和法律法规,具体发展历程可分为以下三个阶段:(1)起步阶段,时间为20世纪70年代末到90年代初。在工业领域,国家出台了《工业企业全面质量管理暂行办法》和《工业产品质量责任制条例》,对工业产品的生产标准做出了初步界定,对工业企业应承担的责任制定了基本规定。在企业方面,国家制定了《质量管理小组注册登记暂行办法》《质量管理小组暂行条例》《质量管理小组活动管理办法》,推动企业质量管理逐步趋向多元化。同时,开展了群众性质量活动,在1978年召开了第一次全国"质量月"活动,激发全社会的质量意识。(2)发展阶段,时间为20世纪90年代初到21世纪头10年。在这个过程中,质量管理体制逐渐走向稳定。人大常委会审议通过《中华人民共和国产品质量法》,加强对产品质量的监督管理,提高产品质量水平,明确产品质量责任。在部门管理方面,成立国家质量技术监督局,为国务院直属机构,管理标准化、计量、质量工作并行使执法监督职能。随后,国家质检总局挂牌成立,实行对质量、计量、标准化三位一体管理(冯军,2019)。在违法管理方面,国家加大了打击假冒伪劣行为力度,成立专门的执法队伍,并建立"12365"投诉举报咨询系统,加强对企业的监管。(3)成熟阶段,该阶段时间为2010年至今。国家相继制定了《质量发展纲要》《质量工作考核办法》《国家标准化体系建设发展规划》《消费品标准和质量提升规划》等一系列文件,为我国实现高质量发展做出长远设计。2023年,中共中央、国务院印发了《质量强国建设纲要》,要求建设更适配的质量供给体系、高水平的质量基础设施体系和现代化的质量治理体系。

在具体实践中,我国质量管理存在以下不足:首先,质量检验机构检验有效性不高。大部分质量检验机构技术设备较为落后,检验机构人员专业性不够,整体质量检验能力不强。其次,产品处罚机制不合理。很多地方的产品质量监督采用抽查的方式,如果存在问题,往往实行以罚代管的惩治机制。但这只能对产生问题的产品做出处理,而有问题但没有被发现的产品则没有受到管理,从而流入市场,损害消费者权益。

(三)消费者权益保护

消费者权益是指消费者在购买商品或服务之后,在一定时期内所享有的权利。随着近年来消费纠纷事故频发,消费者权益保护状况成为衡量企业社会责任承担情况的重要指标。因此,企业高度重视消费者权益保护工作,众多企业内部成立消保部门,制定消保相关制度和工作条例,加强员工内部消保培训,建立健全消保工作检查机制,完善消保考核评价机制,切实维护消费者合法权益。通过消费者权益保护,能够维护作为信息获取弱势方的消费者群体,实现社会的公平正义。同时,能在一定程度上促进公平竞争,限制不正当竞争情况,实现经济效益正向发展。

国外发达国家消费者权益保护思想萌发较早。英、美等国于 20 世纪初率先颁布了《产品责任法》《食品安全法》等法律,开启了政府保障消费者权益的历程。20 世纪五六十年代,西方国家爆发了"消费者权利运动",极大地推动了消保法律制度的发展,各国纷纷开始制定针对不同行业的消保法律。随后,美国、英国、荷兰、澳大利亚、比利时 5 国消费者组织在海牙发起成立国际消费者组织联盟,承担协助各国消费者组织及政府开展消保工作、实施消费者教育、组织消费者问题研讨等任务。截至目前,国际消费者组织联盟已有 115 个国家和地区的 220 多个消费者组织成员。

国内于 1993 年颁布《消费者权益保护法》,之后又陆续制定了《反不正当竞争法》《广告法》《食品卫生法》《食品安全法》等相关法律。其中,最为重要的法律为《消费者权益保护法》,这是我国第一次以立法的形式全面确认消费者的权利,对于规范经营者行为、维护社会经济秩序、保护消费者权益具有极为重要的意义。经过两次修订后,2014 年 3 月 15 日,由全国人大修订的新版《消费者权益保护法》正式实施。其主要内容条款包括消费者权利说明、经营者义务规定、消费者组织职责说明、消费者权益争议的解决途径、经营者违法惩治措施等。

我国消费者权益保护方面还存在一定的问题。首先,我国消费者组织独立性较弱,对政府有较强的依赖性。相比较而言,欧美等国的消费者组织工作独立性较强,为保证组织公正性,其活动经费不是由企业直接赞助,而是由会员会费、政府拨款、社会公益性基金等组成。其次,由于我国有关消费者权益法律制度不完善和消费者协会自律机制不健全等原因,消费者协会及其工作人员存在寻租行为,为自身谋利益。而欧美等国建立了较为完善的保护消费者的法律体系,针对不同的消费领域建立特殊的保护制度;同时,鼓励行业组织做好行业自律,众多法律服务机构、研究机构、志愿者组织、行业组织参与到消费者权益保护工作中。最后,我国缺乏有效的消费纠纷解决途径,许多消费者因为仲裁和诉讼过于麻烦而放弃争取合法权益。而国外众多国家为受侵权消费者提供快捷、方便、低费用的救济途径。以澳大利亚为例,针对 5 000 澳元以下的小额消费纠纷设立仲裁庭,不允许律师参与,仲裁程序简单,且仅收费 10 澳元。

以上管制政策是企业行为的警戒线,任何企业都应满足以上条件。然而,对于在社会责任履行方面较为优异的企业,管制政策并未设立相应的激励措施,企业缺乏动力去承担更多的社会责任。

二、经济激励政策

企业公民理论说明企业履行社会责任能提升经济效益,增强自身的竞争力,促进企业实现可持续发展,因而企业存在主动承担社会责任的可能性。经济激励政策正是利用了这个原理,给予在社会责任履行方面表现优异的企业相应的奖励、补贴、税收优惠,从而激励企业更为积极主动地履行社会责任义务。经济激励政策有利于形成企业主动承担社会责任的良好风气。经济激励政策主要包括雇佣残疾人税收优惠、精准扶贫、乡村振兴、慈善免税等政策。

(一)雇佣残疾人税收优惠

残疾人群体作为社会公民的一部分,拥有享受社会服务和社会福利的权利。企业接收残疾人群体就业,在一定程度上承担了政府实现社会公平、保障公民权益的责任,因而政府给予企业一定的税收优惠。目前,国内雇佣残疾人税收优惠的措施具体包括:(1)企业在依法扣除支付给残疾职工工资的基础上,在企业所得税税前计算时根据支付给残疾职工工资的100%加计扣除。(2)不同省、自治区、直辖市按照该区域财政规章条例减免城镇土地使用税。一般而言,在一个纳税年度内月平均实际安置残疾人就业人数占单位在职职工总数的比例高于或等于25%且实际安置残疾人人数高于或等于10人的单位,可减征或免征该年度城镇土地使用税。(3)对安置残疾人的单位和个体工商户,税务机关依据其安置残疾人的人数,限额即征即退增值税。不同区县每月可退还的增值税具体限额为其月最低工资标准的4倍。截至2022年年底,依据国家统计局发布的数据,中国残疾人总人数占中国总人口的比例为6.16%。政府通过财政补贴和税收优惠政策,鼓励企业安置不容忽视的这部分群体进入工作岗位,不仅有利于改善残疾人生活条件、保障残疾人正当权益、维护社会公平正义,而且能够展现企业有效的风险管理能力和负责任的社会形象,吸引更多的投资群体,增强企业的竞争力。

国内在雇佣残疾人税收优惠方面起步较早。早在1984年发布的《关于对民政部门举办的社会福利生产单位征免税问题的通知》中,就提到了福利企业安置残疾人达一定比例(一般为35%),可免征营业税或增值税(黄胜,2020)。为了更好地发挥税收政策促进残疾人就业的作用,进一步保障残疾人的切身利益,财政部国家税务总局于2007年和2016年先后发布《关于促进残疾人就业税收优惠政策的通知》和《关于促进残疾人就业增值税优惠政策的通知》,进一步完善雇佣残疾人税收优惠体系。

在政策具体实践中,还存在一些不足之处。一方面,大部分企业对雇佣残疾人税收优惠政策的了解程度不够,许多企业管理者认为雇佣残疾人需要花费大量的资金和精力;另一方面,社会对于残疾人的技能培训机制不够完善,使得残疾人工作能力较弱。而美国成立了独立生活中心等非政府组织,提供有关残疾人政策的宣传服务,帮助执行政府有关项目。同时,建立了完善的残疾人支持性就业体系,帮助残疾人进行就业培训和指导,并进行跟踪评估来确保残疾人后续充分胜任工作岗位。

（二）精准扶贫

精准扶贫指的是精准化帮扶贫困群体、精确化分配扶贫资源，使扶贫工作真正作用于贫困群体。这是中国特色的 ESG 实践内容。为了鼓励企业主动参与精准扶贫工作，国家出台了一系列措施，其中包括：（1）在项目资金方面，主动参与扶贫工作并符合相关扶贫条件的企业能够获得信贷支持，符合相关条件的还能获得财政贴息等政府补助。（2）在上市融资方面，符合扶贫条件的企业首次申请公开发行股票并上市的能够即报即审、审过即发。当符合规定的企业申请挂牌、申请发行公司债、申请发行资产支持证券时，能够即报即审。（3）在并购重组方面，优先并加快审核与扶贫相关的企业并购重组项目。（4）表彰扶贫工作表现优异的企业，并采取项目冠名等激励措施，使积极参与扶贫的企业发挥引导示范作用。通过激励企业参与精准扶贫项目，充分依托市场资源优势，消除传统扶贫模式存在的弊端。同时，有利于营造扶贫的社会氛围，积极促进社会财富的再分配，实现社会和谐稳定。

为了形成多层次、多渠道、多方位的工作格局，为精准扶贫提供有力的资本市场支撑，证监会于 2016 年发布《中国证监会关于发挥资本市场作用服务国家脱贫攻坚战略的意见》。接着，深交所于 2018 年发布《扶贫专项公司债券相关问题解答》，具体规定了债券市场帮助实现脱贫攻坚任务的制度条例。

虽然企业参与扶贫工作取得了不错的成绩，但仍存在一些不足之处：（1）帮扶模式较为单一。大多数帮扶方法仅依靠企业自身资源，而没有与贫困地区资源相结合，容易陷入返贫的局面。（2）扶贫项目类别不全面。大多数产业为种植业、养殖业等市场抵御风险能力较弱的产业，消费的可替代性强，项目可持续发展能力较弱。

（三）乡村振兴

乡村振兴也是中国特色的 ESG 实践内容，近年来受到国家的重视和公众广泛的关注。乡村振兴是一个需要长期投入的发展战略，在该过程中需要政府和企业的协同作用，充分利用各自优势，形成资源互补。政府鼓励民营企业在乡村振兴中担任重要角色，并为此采取了众多激励措施，主要包括：（1）众多省市开通了绿色通道，简化审批程序，帮助乡村振兴项目尽快落地。例如，广西壮族自治区颁布了《对全区脱贫攻坚工程项目实行"绿色通道"管理的通知》，项目立项、实施、拨款等各环节的速度都变快。（2）对于农业产业相关项目，符合条件的项目能取得政府投资和补贴。（3）符合相关乡村振兴条件的项目能得到银行中长期贷款支持，还能适当放宽贷款期限与利率。（4）按照乡村振兴项目建设情况给予一定的税收优惠，符合相关条件的情形可以免征增值税、城镇土地使用税和契税。通过引导企业实施乡村振兴项目，不仅可以发挥企业的资源配置功能、提高资源利用效率，而且能促使企业赢得社会各方尊重，提升市场竞争力。

中共中央、国务院于 2018 年印发了《乡村振兴战略规划（2018—2022 年）》，引导金融资源助力乡村振兴项目，并借助奖励、补贴、税收优惠等措施给予企业相关优惠。在融资方面,上交所于 2021 年发布《上海证券交易所公司债券发行上市审核规则适用指引第 2 号——特定品种公司债券》,针对乡村振兴项目推出专项公司债券,给予助力于乡村振兴项目的发行人融资支持渠道,有利于发挥资本市场资源配置的优势。

乡村振兴项目在具体实施过程中还存在一定的问题,例如,很多项目伴随着乡村产业的发展升级,农民可能跟不上产业发展速度,从而使其就业存在困难。又如,乡村第二、第三产业发展相对滞后,不利于乡村长期可持续发展。

(四)慈善免税

近年来,众多企业积极投身于公益慈善事业,为贫困地区人民和弱势群体捐赠资金和物资。针对企业积极参与慈善事业、承担社会责任的情形,国家制定了相应的免税政策。具体内容为:企业借助公益性组织或政府部门参与符合法律规定的慈善活动且捐赠符合有关规定的,在计算应纳税所得额时不超过年度利润总额的 12% 的部分准予扣除,超过年度利润总额 12% 的部分准予结转到之后三年扣除。通过以上措施,降低企业从事慈善事业的成本,增强企业从事慈善事业的积极性,还能给企业带来潜在的商业利益,树立良好的形象。同时,助推中国慈善事业的健康发展,充分发挥其扶贫济困的积极作用,缩小贫富差距。

国家在近年来颁布了一系列与慈善免税相关的法规和通知。2013 年,党的十八届三中全会上发布了《中共中央关于全面深化改革若干重大问题的决定》,要求完善慈善税收减免制度。2016 年,《中华人民共和国慈善法》出台,成为我国慈善事业重点由关注突发性捐赠和现金捐赠变为重视持续性的大额捐赠的转折点。同年,财政部、国家税务总局联合印发了《关于公益股权捐赠企业所得税政策问题的通知》,规定企业实施股权捐赠后按照其股权历史成本确定捐赠额,并依据税法相关规定在缴纳所得税前予以扣除(胥玲和王冬婷,2021)。

通过与国外众多国家的慈善捐赠事业做比较,可以发现我国还存在一些不足。首先,我国慈善捐赠税收优惠的有关规定较为分散,而美国等国制度立法层次较高,参考依据清晰,税收规定全面。其次,我国减免税费手续较为麻烦,而美国等国资格审查手续规范、高效,极大地提高了企业慈善捐赠的积极性。

雇佣残疾人税收优惠、精准扶贫、乡村振兴、慈善免税等经济激励政策调动企业的积极性而使其主动去承担社会责任,但经济激励政策存在信息不对称现象,某些企业在某一方面做得很好,但在其他方面则表现不佳,公众无法全面了解企业的社会责任履行情况。

三、信息公开政策

依据企业社会表现理论,企业社会责任表现反馈过程易受制于信息不对称问题,企业管理者是信息优势方,消费者、供应商、公众等相关利益群体为信息弱势方,信息优势方为了自身利益易向信息弱势方隐瞒相关不利于自身的信息,产生逆向选择和道德风险问题,不利于经济持续健康的发展。因而,企业需要通过信息公开来接受利益相关者对其的全方面监督。信息公开政策主要包括社会责任标准、社会责任报告、社会责任信息披露、企业信用信息公示等政策。

(一)社会责任标准

随着企业社会责任概念从理论走向实践,需要统一的标准来对企业行为进行监督。目前,国际上广泛使用的社会责任标准为 SA8000 标准和 ISO26000 标准。SA8000 标准是供第三方认证体系使用的、统一的、可供核查的标准,其目的是确保供应商所供应的产品都符合社会责任标准的要求。ISO26000 标准是 ISO 首个非技术标准,涉及政治、文化和社会等领域,是社会责任领域第一个完整意义上的国际标准。其在全球范围内统一了社会责任的定义、语境和话语,可以称之为社会责任标准化发展的集大成者,成为其他国际标准、国际规范的重要参考。通过以上标准的制定,使社会责任更加具体化,也使可操作性、可衡量性大大提升。

中国在修改采用 ISO26000 的基础上,于 2015 年发布了社会责任国家标准,包括《社会责任指南》《社会责任报告编写指南》和《社会责任绩效分类指引》。这是符合我国国情的社会责任标准,更能反映我国企业社会责任实际履行情况,有助于提升国内社会责任水平。

在具体实践中,一方面,部分企业对社会责任标准一知半解,未能充分理解相关概念,因而不重视标准的履行情况;另一方面,我国企业社会责任标准参照文件较为多元,国内和国外标准均需涉及,所以企业所做工作较多,也容易产生一些重复性工作。

(二)社会责任报告

社会责任报告是企业向外部利益相关者展现其社会责任履行情况的报告。随着企业社会责任意识的增强,有越来越多的企业开始公布社会责任报告。早在 2000 年,全球报告倡议组织公布了《可持续发展报告指南》,为企业编制可持续发展报告或社会责任报告提供指南指导。相比于海外,国内社会责任报告制度起步较晚,深交所和上交所于 2008 年发布通知,要求部分代表性企业于次年发布企业社会责任报告。通过公布社会责任报告,企业能对自身社会责任实践情况有清晰的认知,提高企业管理层对企业的评估能力,同时能加强与利益相关者的沟通、树立负责任的公司形象、提升企业声誉和竞争能力。

根据深交所和上交所于 2020 年发布的《深交所上市公司规范运作指引》《上交所上市公司定期报告业务指南》,仅强制要求纳入深证 100 指数的上市公司、“上证公司治理板块”公司、境内外同时上市的公司以及金融类公司需单独披露社会责任报告,其余公司社会责任报告公布与否仍为自愿。近年来,随着 ESG 理念的逐渐兴起和发展,企业由发布社会责任报告逐渐转变为公布 ESG 报告。央企作为我国经济中具有战略性地位的企业,需要起到引领示范作用。因而,国务院于 2022 年发布《提高央企控股上市公司质量工作方案》,要求央企控股上市公司披露 ESG 专项报告,力争到 2023 年相关专项报告披露“全覆盖”。

我国现行社会责任报告还存在很多问题,主要包括:(1)报告内容的选取是有选择性的,公司往往夸大其正面信息,而避开其负面信息和一些重要信息。(2)报告专业性不够。许多公司缺乏了解编制社会责任报告的专业人员,只是将信息简单地拼凑到一起,报告涵盖的信息量较少。(3)报告发布行业类别不均衡。目前,公布社会责任报告的主要是国有企业,民营企业发布数量较少。

(三)社会责任信息披露

信息披露是企业社会责任实践的重要组成部分。企业定期或不定期地向外部利益相关方披露自身信息,满足利益相关者的期待和要求。通过这种方式,能将优质公司与劣质公司区分开来,减少信息不对称现象,维护投资者利益,营造良好的市场氛围。同时,公司存在动力去改善经营管理,实现自身的长期可持续发展。

在信息披露方面,中国香港起步较早。2011年,香港社会服务联会发布《香港中小企——企业社会责任指引》,引导香港中小企业关注环境、社会及公司治理表现。次年,联交所发布《环境、社会及管治报告指引》,倡导上市公司自愿披露 ESG 信息。之后,香港又将建议披露公司范围扩大到了所有企业。随着 2019 年新版《ESG 指引》的发布,信息披露由建议披露转变为不遵守就解释,大大提升了强制化程度。

近年来,中国内地在社会责任信息披露方面也取得了一定的进展。2018 年证监会出台《上市公司治理准则》,增加利益相关者、环境保护与社会责任章节,规定上市公司有责任披露其 ESG 信息,首次确定了 ESG 信息披露基本框架。结合我国国情与企业实际情况,中国企业改革与发展研究会、首都经济贸易大学中国 ESG 研究院于 2022 年联合发布《企业ESG 披露指南》,指明了企业 ESG 披露的具体指标。

我国社会责任信息披露还存在一些不足之处。一方面,许多企业对 ESG 信息披露重视程度不足,信息披露的积极性不高;另一方面,企业披露信息的随意性较强,没有强制性的披露指标,企业可以依据自身特点披露有利于自身的信息,因而现阶段披露结果可比性不强。

(四)企业信用信息公示

在全国范围内,由政府机构或行业组织对企业信用信息进行统一管理和公示。公示的主要内容包括注册登记、年度报告、行政处罚、抽查结果、经营异常状态等信息。由于信用信息具备权威性,因此可以规范和指导企业合法经营,并能方便利益相关群体查询企业相关信息,成为判断是否投资的依据。

我国于 2015 年上线运行"信用中国"网站,承担信用宣传、信息发布等职责,提供了企业信用信息查询渠道,但涉及面较广,不仅仅针对企业。随后,国家于 2017 年出台《国家发展改革委、人民银行关于加强和规范守信联合激励和失信联合惩戒对象名单管理工作的指导意见》,要求完善企业红黑名单管理方法。同年,国家企业信用信息公示系统全面建成,覆盖全国 31 个省区市,将企业有关信息统一汇总,进一步方便公众查询。

在具体实践过程中,发现经营异常名录的管理较为混乱,部分企业尽管在异常名录里,却能正常经营,并没有受到实质性影响。而且企业法定代表人通过一些操作可以清除自身的违法经营行为,信用信息公示不够严谨。

第三节　重点政策解析:最长劳动时间标准

本书以劳动保护中的最长劳动时间标准为例,依次介绍其定义和意义、国内外发展脉络、国内履行现状以及国内和国际上的对比。

一、定义及意义

最长劳动时间标准是针对劳动者劳动时长的规定,是保障劳动者权益中极为关键的组成部分。劳动者的劳动时间不能过长,否则容易导致劳动者无法消除疲劳、恢复正常的劳动能力,更严重者还会影响生命安全。一般而言,国际上普遍实行每日工作8小时、每周工作40小时的标准工时制度。

制定最长劳动时间标准具有重要的意义:(1)有利于保护人权。休息权是人权的重要组成部分,是我国《宪法》直接规定的公民享有的最基本权利,而对劳动者的劳动时长进行约束限制能够保障公民的休息权。(2)促进人的全面发展。通过限制最长劳动时间,使得公民拥有更多属于自己支配的时间,从而有发展和提升自己的机会。(3)提高劳动生产率。用人单位出于获得更多利润的目的,必须为劳动者提供足够的休息时间和休息条件,以此来恢复劳动者的体力,提高劳动者的劳动效率。

二、国外发展脉络

(一)萌芽阶段

19世纪资本主义商品经济自由竞争时期,民众在雇佣关系下为取得报酬而出卖劳动力,促使社会经济迅速发展,但也由此引发了自由竞争产生的社会问题,即资本家出于获得更多利润的目的而延长工人工作时间。在当时工人普遍工作时长在14~16小时/天,有的甚至长达18小时/天(尹明生,2015)。不合理的劳动条件激发了工人的强烈反抗和斗争,工人们要求限制工时,各种社会力量也随之参与到抗议中,迫使一部分资本主义国家进行劳动立法,对劳动时长进行约束。

最早制定工作时间政策与法规的国家是英国。英国是世界上最早进入资本主义的国家,相应地也成为最先发生劳动争议的国家。在英国民众积极争取劳工权益的背景下,1843年英国出台了每日10小时工作制法令。这一制度的产生推动了其他工业国家在劳动者工作时间方面的制度规定,有利于全球范围内的劳动者休息权保障的发展。根据马克思的倡议,随后在1866年日内瓦召开的国际工人代表大会上首次提出"8小时工作制"。在此之后,国际上许多国家的工人为实行8小时工作制而不断斗争和努力。

随着资本主义发展到帝国主义阶段,美国和欧洲许多国家的资本家通过增加劳动时间和劳动强度的方式剥削劳动者,榨取劳动者更多的剩余价值,引发了工人的激励反抗。1886年5月1日,北美工人举行了国际性的大罢工,要求资本家实行8小时工作制。在此次罢工中,大量工人流血牺牲,多名工人领袖被捕并被判处死刑,激发了世界范围内工人们更强有力的反抗。一个月后,美国政府被迫承认8小时工作制。虽然实际上美国并未在工作中履行8小时工作制,但这次罢工运动对后世产生了深远的影响,鼓舞了劳动者争取合理的工作时长的斗志。

(二)发展阶段

苏联是第一个真正实行8小时工作制的国家。在十月社会主义革命胜利后,苏联成为人民当家做主的国家,因而苏维埃政府主动颁布了《8小时工作制》的法令,推动了世界上各个国家的休息权保障的进程。

在美国爆发世界经济大危机之后,以美国总统罗斯福为代表的改革者们开始对上层建筑进行改革,其中就包括缩短工人的劳动时间,规定工人每周工作40小时,从而减少劳动生产,避免生产相对过剩的问题,带领美国走出经济危机。在劳动法律制定方面,美国国会通过《公平劳动标准法》,规定每周工作时间为44小时;两年后又将规定改为每周工作40小时。

许多资本主义国家也在苏联影响下对工作时间做出规定。德国相继公布了《工作时间法》《失业救济法》《工人保护法》和《集体合同法》等法律,对工人8小时工作时间做出严格规定,并保障工人失业救济、工会保护等劳动权益。法国是第一个提出带薪休假制度的国家,法律规定"连续工作满一年的劳动者每年可以享受为期两周的带薪假期",以此来充分缓解劳动者工作的压力和疲劳。在这之后,带薪休假成为众多国家保障劳动者休息权的重要手段。

(三)成熟阶段

现今,西方发达国家拥有成熟的法律和制度来贯彻落实劳动者的最长劳动时间标准。欧盟出台了《欧洲工作时间指令法》,除了要求8小时工作制以外,还规定了连续工作超过6小时需要休息、每年至少有4周的带薪年假等内容。英国为了让企业表明其遵守所有工作时间规定,要求每位雇主至少为每位雇员保留至少两年的工作时间表。美国《公平劳工标准法》规定员工每周工作超过40小时可领取加班费,雇主必须准确记录每位员工的信息,包括身份信息、每天和每周的工作时间、时薪、固定收入和加班费。

在ESG信息披露方面,劳动时间标准是其中的关键内容。全球可持续发展报告倡议组织发布的新版GRI标准披露指南中,说明企业披露工作条件涵盖工作时间、休息时间、假期以及确定加班的程度,强制与否以及是否提供较高的报酬来补偿。东京交易所发布的《ESG披露实用手册》中,信息披露的定量指标包括所有员工的工作时间、非员工但在该企业管理下的员工的工作时间。欧盟理事会通过了《公司可持续发展报告指令》,要求公司应披露有关社会和员工事务的重大信息,包括员工就业和工作条件、工作中的健康和安全等指标。

三、国内发展脉络

(一)发展阶段

中国劳动者工作时间标准也是发端于中国资本主义生产方式出现之后。1922 年 5 月,中国共产党组建的中国劳动组合书记部在广州召开第一次全国劳动大会,通过了《八小时工作制案》,在全国工人中产生了巨大的影响,推动了第一次工人运动高潮的发展。

新中国建立后,百废俱兴,未对劳动者工作时间有过多的关注。仅在第一届政治协商会议上通过了《共同纲领》,规定劳动者的工作时间限定在每天 8～10 小时,但不涉及每周工作多少天,实际上每周工作六天,仅休息一天。改革开放之后,实行社会主义市场经济,很多企业以利润为导向,企业加班情况严重。为了改善企业加班问题,同时也因为受到国际上众多国家标准工时制度的影响,1994 年国务院发布第 146 号令,实施每周工作 44 小时的工时制度。同年通过的《中华人民共和国劳动法》第三十六条规定,国家实行劳动者每日工作时间不超过 8 小时、平均每周工作时间不超过 44 小时的工时制度。之后,《劳动法》历经了两次修正,但对于工时制度的规定没有发生变化。1995 年,国务院令再次宣布,将每周工作 44 小时缩短到 40 小时,进一步保障了公民的休息权。

(二)成熟阶段

目前,中国制定了众多关于劳动者工作时长的规定,为保障劳动者权益的实践操作提供了具体、量化的标准,职工的休息权利得到了一定保障,但在具体实践过程中,由于种种原因,许多职工实际上未享受到年休假待遇。随着广大职工和社会各界对于休假制度呼声越发高涨,国务院于 2007 年发布了《职工带薪年休假条例》。该条例对带薪年休假享有主体、具体天数等都有量化的规定,也增强了休假监督机制。同时,该条例还引发了后续相关的配套条例,随后制定了《机关事业单位工作人员带薪年休假实施办法》和《企业职工带薪年休假实施办法》。

现今,中国也对企业报告中员工休息权的披露提出了相应的要求。香港联交所公布的《环境、社会及管治报告指引》涉及社会维度下雇佣及劳工常规披露主要包括雇佣、健康与安全、发展与培训、劳工准则四个方面。在雇佣层面,要求公司披露有关工作时数、假期等信息。中国企业改革与发展研究会、首都经济贸易大学中国 ESG 研究院联合发布《企业 ESG 披露指南》,要求企业可针对以下方面描述工作时间和休息休假:(1)工时制度;(2)人均每日工作时间(小时);(3)人均每周工作时间(小时);(4)人均每周休息时间(日);(5)调休政策、延长工作时间的补偿或工资报酬标准、带薪休假制度等。

四、国内现状

虽然中国制定了有关劳动者工作时长的法规和制度,然而在当前经济高速发展的情况下,企业的超时加班问题日益严重。根据《职场人加班现状调查报告 2022》显示,加班已成为当下不可回避的职场常态。约九成的职场人表示或多或少需要加班,其中,约六成的受访职场人表示需要偶尔加班(1~2 天/周),将近三成的受访者表示需要经常加班(3~5 天/周),仅有不到一成的受访者表示完全不需要加班。同时,近六成受访职场人平均每天加班超过 1 小时。其中,一半职员平均每日加班时长在 1~2 小时,另一半职员平均每日加班时长在 2 小时以上。图 4—2 用时间轴的方式整理了最长劳动时间制度的发展历程。

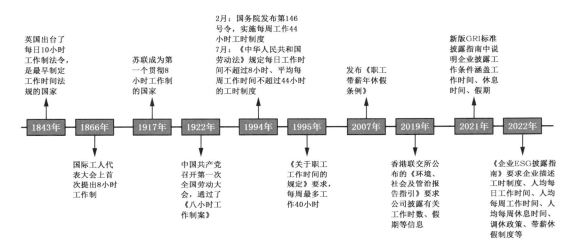

图 4—2　最长劳动时间制度的发展

五、国际比较

在劳动者劳动时长实践方面,我国与欧美发达国家间还存在一定的差距。

第一,国外众多发达国家建立了完善的劳动者权益体系,不仅制定了健全的法律和行政法规,而且严格保障劳动者权益行政执法。瑞典《工作时间法》规定每周平均工作时间不超过 40 小时、连续工作超过 5 小时需要休息、每 24 小时至少连续休息 11 小时、每周至少 36 小时不间断休息、年假法有 25 天的假期。而中国法律未对工作时间做出如此细致的规定,《国务院关于职工工作时间的规定》显示,企业如果不能实行周末双休的话,可以根据实际情况灵活安排周休息日,给了企业不执行上五休二的空间。另外,《劳动法》规定用人单位应当保证劳动者每周至少休息一天。这意味着,如果用人单位让劳动者每周仅休息一天,也是合法的。在劳动者权益执法方面,美国劳动者权益受到侵害时可向劳工部或州劳工部门要求救助,劳工部甚至能够直接执法。在法国,有专门的劳工司法机构对雇主给劳动者发放加班费的落实情况进行的监督。而中国目前行政执法尚未做到全面贯彻《劳动法》中对于劳动者的保护理念,在劳动纠纷处理过程中执行不到位。

第二,欧美等发达国家严格执行关于劳动者工作时间规定,对员工工作时间进行跟踪。

所有欧盟成员国都要求雇主建立一个系统,允许他们记录雇员每天的工作时间。这种强制性跟踪系统强制执行对工作时间、休息时间和加班时间的法定限制。加拿大劳动法规定了雇主必须准确记录雇员的工作时间。雇主必须将工资单和雇佣记录存档 36 个月,其中包括雇员的身份信息、雇佣期限、工资率和工作时间。相比较而言,中国未严格遵循法律规定的劳动时间。大量企业实行以"996"工作制为代表的对于工作时间直接延长的模式;同时,还以各种手段压缩或变相压缩劳动者的休息时间,比如下班后仍要随时回复工作信息、节假日保持通信顺畅等要求。根据《职场人加班现状调查报告 2022》显示,84.7%的职场人在下班后仍会关注工作相关信息,即"隐形加班"。国外一些国家也对隐形加班现象进行了整治,法国新版劳动法规定,法国员工下班后有权切断网络,以便屏蔽与工作相关的电话和邮件。

第三,中国在劳工权益保障方面工会所起作用甚微。一方面,工会实质上仍然是公司的职能部门。无论是人力、物力还是财力,作为工会都要依靠用人单位;另一方面,我国工会建设不够完备,基层工会工作者没有深刻认识到工会的职能,为了维护单位的集体利益而牺牲职工的个人利益。而国外众多国家的工会在劳动者权益保障方面扮演着重要角色。例如,英国工会的影响力很大,英国工会会尽最大努力维护劳动者的权益,能够全方位照顾到劳动者的需求。劳动者一旦与雇主发生劳资方面的纠纷,可求助于工会,工会则会积极通过谈判、联名上书甚至是联合罢工的方式来捍卫劳工的权益。

第五章　环境保护政策

本章提要: 生态文明建设是人民对美好生活的基本诉求,也是实现高质量、高公平、高效率发展的题中之义。近年来,公众对环境污染危害的认识逐渐清晰,对其根源治理模式的探讨成为热点,而企业作为环境污染的首要源头更是备受关注。可持续发展理念的提出和利益相关者理论的发展,分别从企业外部压力和内部驱动两个角度阐述了环境保护的必要性。在政策实践方面,行政规制理论、经济外部性理论和信息不对称理论为环境保护具体政策提供了重要的指导作用。在上述理论的驱动下,我国落实了一系列环境保护措施,按先后发展顺序可大致分为四类,即命令控制型政策、经济激励型政策、明晰产权型政策以及信息公开和披露政策,这四类政策呈现市场化程度不断深化的演变趋势。最后,在梳理环境保护政策的理论逻辑和框架脉络后,针对"碳排放权交易政策"这一重点内容进行剖析,介绍了该政策的启动背景和目标、政策含义和现状、国内外的发展脉络梳理和现存问题等内容。

第一节　政策理论

本节主要介绍环境保护政策的理论基础。可持续发展理念和利益相关者理论分别从企业的外部和内部两个角度反映了执行环保政策的重要性,进一步通过分析行政规制理论、经济外部性理论和信息不对称理论,挖掘环保政策具体实践的理论支持。

一、社会生态外部压力

1962 年,美国海洋生物学家蕾切尔·卡逊(Rachel Carson)在著作《寂静的春天》(*Silent Spring*)中描述了 DDT 杀虫剂对鸟类和生态环境造成的极大危害,引发了世界公众对环境资源问题的广泛关注。此后,社会公众对生态环境的态度逐渐从人类中心主义向生态中心主义①(ecocentrism)转变。随后,著作《只有一个地球》、研究报告《增长的极限》等都将

---

① 　生态中心主义是指人类并不高于自然,而是同其他生物一样共同构成整个自然界。

人类对环境问题的认识提高到另一个新境界,即可持续发展境界。1987 年,联合国世界与环境发展委员会发表了一份报告《我们共同的未来》,正式提出可持续发展概念[①],标志着可持续发展理论正式诞生;同时,反映出环境问题已经成为近半个世纪以来整个地球面临的最重要的挑战之一。

中国国内也是如此,严重污染的空气、水源和土壤等环境问题已经影响中国的国家安全、国际形象以及广大民众的生活健康品质,成为政府、企业、居民乃至整个社会的关注问题。严重的环境污染问题亟待治理和改善,而企业作为环境污染物排放的主体,自然而然地成为环境治理的关键环节,理应承担环境保护的社会责任。

综上所述,中国乃至世界范围内严重的环境污染问题已经对人类的基本生活造成威胁,世界各国应当执行因地制宜的环保政策以治理环境问题,尽快形成以可持续发展理念为支撑的新经济模式。可持续发展理念体现了我国执行环保政策的外部压力,而企业主体难逃其责。

二、企业绩效内部驱动

本部分通过利益相关者理论,从企业自身内部财务经济绩效角度出发,阐述企业对环境相关行为要求的变化,说明我国执行环境政策和企业承担环境责任的必要性。具体而言,利益相关者理论指出企业应当追求利益相关者的整体利益,而不仅仅是某些主体的利益。传统企业"股东至上"原则仅考虑了股东利润最大化,Starick(1993)指出,自然环境、生命物种及人类后代等都应该是企业的利益相关者;李海舰和原磊(2005)认为,现代企业是存在于自然和社会环境中的复合主体,其发展离不开外部条件;温素彬和方苑(2008)基于资本形态将利益相关者分为货币资本、人力资本、生态资本和社会资本,肯定了生态资源和环境的重要价值。

利益相关者对企业的影响程度由强至弱可分为三类:第一类为股东,即传统企业中最常见且最关心的利益群体;第二类为其他直接利益相关者,包括管理层和员工、供应商和消费者等;第三类为间接利益相关者,包括政府机构、自然环境、新闻媒体和社会公众等,我们所关心的环境保护政策就属于企业的间接利息相关者。在利益相关者理论之下,企业面临的环境风险日益突出,逐渐成为影响公司的重要经营风险之一。从经济角度看,企业环境丑闻轻则导致企业面临罚款,重则导致企业股价跌停,2023 年 5 月《A 股绿色周报》第 116 期报道了山西焦化因超标排放被罚近百万元、楚天高速因其间接参股公司受到环境处罚首次登上环境风险榜单。从企业形象看,企业环境问题将严重破坏企业形象与声誉,降低投资者对该企业的积极性和认可度,不利于公司的长期发展。因此,企业有必要将其他利益相关者,特别是环境保护相关工作纳入日常经营活动的考量中,以规避远端利益相关者对

---

① 可持续发展的概念定义为:既满足当代人的需求,又不危害后代人满足其需求的发展。

企业财务状况的影响。

三、政策执行的逻辑论证

上述可持续发展理念和利益相关者理论分别从社会生态外部动因和企业绩效内部动因两个方面分析了我国为何要执行环境政策。那么,我国在具体实践中如何执行环境政策? 是否有相应的理论依据? 下面将进行详细的介绍。

环境资源是人类生存和发展过程中不可或缺的重要资源,但人类在历史长河中毫无节制的滥用已经严重破坏了环境资源的生态平衡。部分学者试图将共有的环境资源视为具有非竞争性和非排他性的公共产品来解释以上现象。传统行政规制理论指出,在如环保这类具有公共产品属性的重要领域,自利导向的经济市场将几近于完全失灵状态,因而需要通过以国家统治权为基础的行政规制手段,对涉及公共利益且市场机制难以解决的问题进行规范和制约。例如,我国环境相关立法、排污许可证制度等,都是政府对经济主体在环境方面进行直接行政管制的手段。

也有部分学者将这一问题归咎于企业生产行为的"负外部性"。马歇尔的嫡传弟子庇古于 1920 年发表的《福利经济学》在外部经济①的基础上提出了经济负外部性,标志着经济外部性理论正式诞生。庇古认为,只要企业的边际私人成本与边际社会成本背离,就会产生经济外部性,从而导致市场失灵。因此需要政府部门介入,对边际私人成本小于边际社会成本的企业征税,对边际私人收益小于边际社会收益的企业补贴,通过这种形式的征税和补贴实现外部效应内部化。

1960 年,科斯针对经济外部性问题发表《社会成本问题》一文,直指庇古税的弊端。科斯第一定理指出,市场机制并不必然导致外部性,其根源在于产权没有清晰界定。该定理强调了明晰产权的重要性,指出市场交易机制本身或许就能够解决经济外部性问题;因此,一系列以明晰产权为基础的市场交易政策应运而生,如排污权交易政策等。但是,科斯第一定理的有效性建立在两个假设之上:(1)交易成本为零,而现实中交易成本普遍较高,在排放权交易机制中体现为二级市场不活跃;(2)产权能够清晰界定,而目前我国在生态环境领域,如污染物标的、核算分配和定价等具体问题的产权界定工作仍需加强。这两点也可作为我国未来完善环境政策的重要方向。

20 世纪 70 年代兴起的信息不对称理论揭示了交易信息在现代市场经济中的重要性。信息不对称是指相关信息在交易双方之间的不对称分布,存在的信息差异可能导致"逆向选择"和"道德风险"等问题,严重损害市场机制的运行效率。因此,减少交易成本和缓解信息不对称具有重要价值,在实践中可通过信息公开相关政策减少市场主体获取信息的成本,进而提升交易决策质量。

---

① 1890 年,马歇尔在《经济学原理》中率先提出"外部经济"一词,开创了经济外部性理论研究的先河,尽管当时并未明确外部性的概念。

行政规制理论、经济外部性理论和信息不对称理论为我国环境保护政策提供了相适应的理论指导,论证了我国环境保护政策的实际可行性。图5—1概括了三个理论内部以及与环境保护政策之间的逻辑关系。

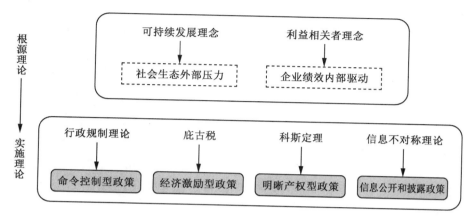

图 5—1　环境保护政策的逻辑关系

第二节　环境保护政策框架

我国环境保护政策主要分为以下四类:命令控制型政策、经济激励型政策、明晰产权型政策、信息公开和披露政策。首先,第一代政策为命令控制型环境政策,又称"直接规制",其理论依据参照行政规制理论,主要是指政府选择法律或行政的方式指定环境质量标准,通过法规或禁令来限制环境危害,并对违法者采取法律制裁的政策手段,如事前预防的排污许可和市场准入、事中控制的排污总量控制和环境排放标准,以及事后治理的企业关停并转等。

其次,第二代市场经济激励型政策于20世纪90年代后逐渐盛行,该政策以市场为基础,通过资源配置影响企业的经济利益,以改变企业的污染排放行为。其理论依据为外部性理论中的"庇古税",我国的排污收费制度、环境保护税法和新能源汽车财政补贴政策等都在不同程度上反映了这一逻辑。第三代明晰产权型政策深化了经济激励型政策的市场化程度,其理论依据为科斯定理,政策实践为我国现行的排污权交易政策和碳排放权交易政策。

最后,信息不对称理论要求弱化绿色市场中的信息差,可以通过第四代信息公开和披露政策得以实现。一方面,该政策通过推动企业信息披露及公开减少信息沟通成本,缓解信息不对称性,进一步强化了市场经济激励型政策的市场化程度和市场机制作用效果;另一方面,命令控制性政策也越发强调企业信息公开的重要性,以发挥社会对企业环境责任的监管与督察。综上所述,以上四类政策之间大体呈现逐一演变的发展趋势,各个类型涉及的具体政策或制度见表 5—1 所示。

表 5—1　　　　　　　　　　　　　　　　环境保护政策

环保政策类型	具体政策	政策简介
命令控制型政策	环境立法	30 余部环境立法明确了环境违法行为的门槛和刑事制裁范围，完善的法律体系得以建立
	环保督察	设立专职督察机构，对党委和政府、国务院有关部门等组织开展环保督察，以解决环境违法难题
经济激励型政策	排污收费制度与《中华人民共和国环境保护税法》①	根据污染物的数量和类型，对排污者征收排污费或环保税，使其承担必要的治污成本
	绿色采购	政府绿色采购通过强制采购或优先采购，引导企业绿色生产和社会绿色消费
	绿色金融②	推动社会资本从高污染产业向绿色低碳环保产业流动，以促进环保治理
明晰产权型政策	排污权交易政策	在地区排污总量控制目标下，内部各污染源间可交易准许排污的数量，以控制污染排放
	碳排放权交易政策	在地区总量控制目标下，企业减排的温室气体准许出售，超额排放则需购买，以实现碳减排
信息公开和披露政策	环境信息披露	鼓励和引导企业披露环境相关信息，为环境市场投融资等活动提供信息
	ESG 信息披露	包括对企业环境、社会、公司治理的信息披露要求，以提高企业 ESG 治理及评价水平

一、命令控制型政策

我国在 20 世纪 80 年代前的环境规制手段主要依赖于命令控制型政策，这是因为当时我国还未建立完善的市场经济体制，更别说将市场机制应用在环境保护政策实施过程中。另外，命令控制型政策能够通过政府强制力为政策执行效果和时效性提供保障。下面以中国环境相关立法和环保督察政策为例来介绍这类政策。

(一)环境立法

环境相关立法是生态文明建设的重要内容，有利于促进我国环保事业发展，解决严重的环境污染问题，以保障我国各项环境政策有法可依。以《中华人民共和国环境保护法》为例，该法于 1989 年第七届全国人大常委会通过，最新一次修订于 2014 年通过。对政府而言，该立法明确其对环境保护的监督管理责任，完善了生态保护红线、污染物总量控制等环境保护基本制度，要求人民政府每年向本级人大或人大常委会汇报环境状况和目标完成情况等；对企业而言，强化其污染防治责任，加大了对环境违法行为的法律制裁，并对两者公

---

①　从 2018 年 1 月 1 日起，《中华人民共和国环境保护税法》正式实施，"环境保护税"取代了已存在十余年的"排污费"。

②　绿色金融包含绿色信贷、绿色保险、绿色债券和绿色基金等内容。

开环境信息与公众参与、监督环境保护做出系统规定。

此外,针对不同污染领域和种类,具体颁布了《中华人民共和国海洋环境保护法》《中华人民共和国水污染防治法》《中华人民共和国固体废物污染环境防治法》等 30 余部法律文件,部分重要环境保护相关立法的实施情况及适用范围详见表 5-2 所示。

表 5-2　　　　　　　　部分环境保护相关立法的实施情况及适用范围

具体法律名称	首次通过	最近修订与施行情况	适用范围
《中华人民共和国环境保护法》	1989 年 12 月 26 日第七届全国人大常委会	2014 年 4 月 24 日第十二届全国人大常委会修订,自 2015 年 1 月 1 日起施行	本法所称环境,是指影响人类生存和发展的各种天然的和经过人工改造的自然因素的总体,包括大气、水、海洋等
《中华人民共和国海洋环境保护法》	1982 年 8 月 23 日第五届全国人大常委会	2017 年 11 月 4 日第十二届全国人大常委会修正,自 2017 年 11 月 5 日起施行	本法适用于中华人民共和国内水、领海、毗连区、专属经济区、大陆架以及中华人民共和国管辖的其他海域
《中华人民共和国水污染防治法》	1984 年 5 月 11 日第六届全国人大常委会	2017 年 6 月 27 日第十二届全国人大常委会修正,自 2018 年 1 月 1 日起施行	本法适用于中华人民共和国领域内的江河、湖泊、运河、渠道、水库等地表水体以及地下水体的污染防治
《中华人民共和国固体废物污染环境防治法》	1995 年 10 月 30 日第八届全国人大常委会	2020 年 4 月 29 日第十三届全国人大常委会修订,自 2020 年 9 月 1 日起施行	固体废物污染环境的防治适用本法。固体废物污染海洋环境的防治和放射性固体废物污染环境的防治不适用本法
《中华人民共和国土壤污染防治法》	2018 年 8 月 31 日第十三届全国人大常委会	自 2019 年 1 月 1 日起施行	本法所称土壤污染是指因人为因素导致某种物质进入陆地表层土壤,影响土壤功能和有效利用的现象

(二)环保督察

环保督察制度就是设立专职督察机构,对省、自治区、直辖市党委和政府,国务院有关部门,中央企业等组织开展生态环境保护督察。相较于过去督察方式而言,环保督察由中央主导,代表党中央、国务院开展环保督察。环保督察从传统"查企为主"转变为"查督并举、督政为主"的重大变革,或将能够解决我国影响重大但久拖不决的生态环境违法难题。

2015 年,中央深改组第十四次会议审议通过《环境保护督察方案(试行)》,明确建立环保督察机制;直至 2023 年,我国共完成了两轮环保督察工作。第一轮环保督察于 2015 年年末至 2016 年年初在河北展开试点;随后大约两年时间,第一轮中央环保督察组共分四批,陆续进驻相关省份,实现 31 个省(区)"全覆盖";2018 年完成第一轮督察并对 20 个省(区)开展"回头看"。2019 年 7 月第二轮中央生态环保督察正式启动,并于 2022 年 6 月全面完成。相较于第一轮环保督察,第二轮环保督察的范围和方法进一步创新:在范围上第二轮环保督察对象首次纳入中央企业和国务院有关部门,在方法上第二轮督察充分发挥了遥感卫星、天眼监控、大数据分析等高新技术的作用。

在环保督察的责任追究方面,督察结果将作为被督察对象领导干部综合考核评价、奖惩任免的重要依据,督察过程中发现需要开展环境损害赔偿工作的,应当按照有关规定索赔追偿。截至 2022 年 7 月,中央生态环境保护督察累计受理完结群众信访举报 28.7 万件,完成整改 28.5 万件,超额完成"十三五"规划纲要确定的生态环境 9 项约束性指标,取得了生态环境污染治理的卓越成效。

二、经济激励型政策

命令控制型政策凭借其强制性和时效性得以运行,但在执行过程中逐渐暴露出以下三个缺点:其一,企业是政府统一污染排放标准的被动服从者,不利于激发企业主动减排等相关技术的创新,如仅遵守立法规定中的排污许可管理制度将可能使部分企业失去绿色创新能力;其二,高质量的执行成果和时效性要求政府提供较高的监督力度,这势必增加政府的政策执行成本,如环保督察制度显著成效的背后是巨大的成本代价;其三,命令控制型政策下权力容易过度集中于地方政府部门,甚至是具体到某一官员,进而导致部分企业从治理环境污染向"讨好"地方官员的"寻租"行为转变。因此,第二代经济激励型政策应运而生,其所涉及的经济激励部分有助于推动企业研发创新,以市场价格为媒介的交易方式弱化了政策效果对政府监督强度的要求,也缓解了政府部门官员权力集中的问题,有望克服命令控制型政策存在的一系列问题。下面举例介绍第二代政策:

(一)排污收费制度与《中华人民共和国环境保护税法》

排污收费是指污染物排放者根据排放污染物的数量和类型,向政府或者代理缴纳费用,以实现污染治理。其理论原理类似庇古税,即通过排污收费将企业的负外部性内部化。而《中华人民共和国环境保护税法》(以下简称《环境保护税法》)是我国第一部专门体现"绿色税制"的税法,反映了我国税率绿色化改革进程的巨大进步。环境保护税法与排污收费在纳税人、污染物标的等方面大致相同,但前者的单位污染物征收标准可能得到提升,且执行力度也更为严格。具体而言,排污收费制度发展及改变为税法的过程可以概括为以下几个阶段:

1. 提出阶段

1982 年国务院制定的《征收排污费暂行办法》具体规定了征收排污费的目的、对象、标准和费用管理等内容,标志着排污收费制度的正式确立。随后一系列文件进一步规范和完善了排污收费制度。

2. 完善阶段

排污收费制度在执行过程中逐渐暴露出问题,如该政策只限于超标收费,而环保相关法律则演变为排污收费与超标收费并存;政策适用对象主要为企业,应在未来纳入个体工商户;政策对排污费使用的监督力度不足,并未真正实现专款专用。因此,2003 年国务院颁布的《排污费征收使用管理条例》改革了原先排污收费政策存在的不足,并一直沿用至 2017

年年底。总体而言,排污收费制度执行以来,我国的排污费收取总量不断上升,大部分排污费通过专项资金的方式有助于企业治污技术不断升级,对我国环境保护工作贡献突出。

3."费"改"税"阶段

排污收费作为一种行政事业收费,在一定程度上存在执行力不足、强制性较弱的问题,因此部分企业长期拖欠排污费用。另外,排污收费制度的信息公开力度不足,有些地方为追求经济发展,甚至出现了默许超标排污、减免排污罚款的现象。针对排污收费存在的众多局限,2018 年《环境保护税法》正式实施,这标志着国家环境保护缴税制度不断健全。首先,《环境保护税法》规定"排放污染物低于排放标准 30% 的,减按 75% 征收环境保护税;低于标准 50% 的,减按 50% 征收",相当于为企业节能减排提供经济激励。其次,地方可以因地制宜确定税额,且相较于排污费实行中央和地方 1:9 的收入分成,环境保护税全部留给地方财政,极大地调动了地方治污积极性。最后,《环境保护税法》以法律为保证,执法刚性增强,罚则上限提高至 5 倍,情节严重且构成犯罪的还将被追究刑事责任。

(二)绿色采购

绿色采购包括政府绿色采购和企业绿色采购,我国目前以政府绿色采购为主。政府绿色采购是指政府通过巨额的采购计划,强制采购或优先采购符合国家绿色认证标准的产品和服务,从而促进企业环境行为的改善,对社会绿色消费起到示范和引导作用。政府绿色采购将环境准则纳入采购活动,是对政府采购活动的制度创新,于企业而言,有助于促进企业及其供应商的绿色程度,提高我国企业产品和服务在国际市场的竞争力;于社会而言,有助于促进绿色消费市场形成,推动绿色产业和技术发展。我国政府绿色采购的发展历程如表 5-3 所示:

表 5-3 　　　　　　　　　　　　政府绿色采购的发展历程

时间	政策文件或重大事件	内容与意义
2004 年	《节能产品政府采购清单》(简称"节能清单")	我国第一个政府采购促进节能与环保的具体政策,标志着我国绿色采购制度的启动
2006 年	《环境标志产品政府采购清单》(简称"环保清单")	执行"优先采购",在实践操作中执行力度不够
2007 年	《关于建立政府强制采购节能产品制度的通知》	准予执行强制采购,意味着我国形成了以两份清单为基础的强制采购和优先采购制度
2019 年	《关于调整优化节能产品、环境标志产品政府采购执行机制的通知》	明确要求完善政府绿色采购政策,并首次出现"绿色采购"一词
2020 年	中国在第 75 届联合国大会上提出"双碳"目标	绿色采购步入与"双碳"目标结合的新阶段,要求加大绿色低碳产品采购力度,优先选择使用氢能源等

在我国企业绿色采购方面,最新指导文件为 2014 年印发的《企业绿色采购指南(试行)》,该指南给出了企业绿色采购的原则,并对企业绿色采购的原材料、产品与服务、供应

商选择等方面提供引导指南,但都只限于政府鼓励和引导阶段。

(三)绿色金融

实现可持续发展不能仅靠政府财政,还需要社会资本的投入,绿色金融就是一种鼓励和引导社会资本进行绿色投融资的政策。绿色金融引导资源从高污染、高能耗产业流向理念、技术先进的部门,以促进环境保护治理。当前我国绿色金融政策稳步推进,在信贷、债券、基金等领域都有长足发展。

"十二五"规划首次提出建设资源节约型、环境友好型社会,强调了生态文明和可持续发展的重要性。随后,绿色金融政策接连出台,但由于政策顶层设计不够完善,因此市场主体参与量较小。2015年年底出台的《生态文明体制改革总体方案》,首次明确提出要建立绿色金融体系。2016年,"十三五"规划首次将"绿色金融"纳入五年计划,绿色金融进入高速发展。"十四五"规划将绿色金融包含在构建绿色发展政策体系下,说明绿色金融已经成为较为成熟的政策体系。绿色金融涉及内容广泛,下面将简单进行介绍:

1. 绿色信贷

绿色信贷是指银行在贷款过程中,将符合环境监测标准、污染治理效果和生态保护作为信用贷款的重要考核条件。现主要参考政策文件为2012年银监会制定的《绿色信贷指引》,具体内容包括完善绿色信贷统计制度、开展信贷资产质量压力测试、建立企业环境信息的共享机制等。

2. 绿色保险

狭义的绿色保险是指环境污染责任保险,我国于2007年启动环境污染责任保险试点工作,直到2018年建立环境污染强制责任保险制度,但由于国内守法成本高而违法成本低,环强险推行阻碍力度较大。广义的绿色保险是指融入了环保意识及生态文明理念的保险经营活动,能够为绿色经济保驾护航,如巨灾或天气风险保障类、环境损害风险保障类等。

3. 绿色债券

绿色债券通常是指将募集资金用于为新增或现有合格绿色项目提供部分或全额融资及再融资的各类型债券工具。其种类包括普通绿色债券、碳中和债券、可持续发展挂钩债券等。截至2022年年底,我国绿债本外币发行总额超过8 690亿元,同比增加50.3%,发行各类绿债707只。

4. 绿色基金

绿色基金是指专门针对节能减排战略,低碳经济发展,环境优化改造项目而建立的专项投资基金,旨在通过资本投入促进节能减排事业发展。总体而言,我国绿色基金起步较晚,但正逐步成为全球发展最快的国家之一。

三、明晰产权型政策

明晰产权型政策深化了经济激励型政策的市场化程度。具体而言,政府可以通过建立

完善的产权明晰制度,进一步弱化其对市场机制运行的干扰。下面简要通过排污权交易政策和碳排放权交易政策进行介绍:

(一)排污权交易政策

排污权交易(pollution rights trading)是指在一定区域内,污染物排放总量不超过允许排放量的前提下,内部各污染源之间通过货币交换的方式相互调剂排污量,从而达到减少排污量、保护环境的目的。其主要思想在于建立合法的污染物排放权利,即排污权(这种权利通常以排污许可证的形式体现),并允许这种权利在市场中参与交易,以此控制污染物的排放。

我国排污权的主要污染物种类为"十三五"规划中的 4 种约束性指标,即二氧化硫、化学需氧量、氨氮和氮氧化物;此外,还包括总磷、VOCs 等 12 种污染物种类。例如,浙江开展了总磷和 VOCs 的排污权交易,湖南开展了铅、镉、砷等重金属的排污权交易。截至 2021 年年底,全国二氧化硫、氮氧化物、化学需氧量和氨氮 4 项污染物种类的交易金额为 139 亿元,约占总交易额的 98%。

我国排放权有偿使用和交易制度建设摸索自 1987 年开始,上海闵行区的企业首次实施的水污染排污权交易是最早的案例。随后,我国以二氧化硫污染物为工作重点,选定了一系列城市进行试点工作,如 2002 年我国在山东、山西、江苏、河南、上海、天津和柳州四省三市开展了二氧化硫排放交易试点。排污权交易制度的发展还得到了进一步推广:2014 年印发的《关于进一步推进排污权有偿使用和交易试点工作的指导意见》明确提出"建立排污权有偿使用制度,加快推进排污权交易";2017 年印发的《对排污权有偿使用和交易试点工作开展调研和评估的通知》要求对试点地区开展调研和成效评估;2022 年,国家层面陆续出台的多项排污交易政策,进一步明确了排污权交易机制在中国统一大市场建设、生态保护补偿机制等方面的重要地位。

截至 2022 年年底,全国已有 28 个省(含自治区、直辖市)开展了排污权交易工作,除三部委正式批复的 12 个省市外,另有福建、安徽、江西、山东、广东等 16 个省份自行开展排污权交易,仅西藏、广西和吉林 3 个省(自治区)暂未开展过排污权交易试点工作。

(二)碳排放权交易政策

简单而言,碳排放权交易政策就是在实现地区总量控制目标的前提下,允许同一地区内企业减少排放的温室气体可以出售,超额排放的温室气体需要购买,以市场经济激励的方式推动减排工作以保护环境。碳排放权交易政策的理论原理与排污权交易政策相似,两者的主要区别在于标的物及其流通性上:在标的物方面,碳排放指的是温室气体排放,不属于污染物,而排污权标的物主要为 4 种约束性指标,即二氧化硫、化学需氧量、氨氮、氮氧化物等污染物;在流通性方面,碳排放权更偏向于在整个世界范围内流动,受地域限制较小,而排污权相较而言影响范围较小。

考虑到碳排放权交易政策的重要性,本章第三节详细介绍我国碳排放权交易政策,包括政策现状、提出背景、国内发展历程等内容,并以具体实例予以详解。

四、信息公开和披露政策

上述经济激励型政策和明晰产权型政策确实对我国环保事业做出了巨大贡献,但也存在一定的问题:首先,经济激励型政策中的排污收费制度要求对环境污染物实现精准量化并予以货币赋值,但精确化的难以实现可能导致政策效果具有不确定性;其次,排污权交易这类明晰产权型政策能够从整体上控制污染物的总体排放水平,但可能导致污染物过度集中于某个污染程度更为严重的地区,造成"集聚效应",这要求加强政策的细化管理能力;最后,该类政策的有效性依赖于市场机制作用充分发挥,这进一步要求市场机制健全,如产权界定明细、减少交易成本等,这或能通过信息公开相关政策得以实现。第四代信息公开和披露政策有助于提高环境信息公开的透明度,是活跃绿色投融资活动的重要基础。在有效的市场中,流动资本需要通过环境公开信息来识别"绿"和"非绿"的经营活动,因此对于金融机构而言,企业披露环境信息是其投融资行为的重要信号。以下将从环境信息披露和ESG 信息披露两个方面介绍这类政策。

(一)环境信息披露

最早在 1997 年,公开发行股票公司信息披露的内容与格式准则第一号《招股说明书的内容与格式(试行)》中涉及环境信息披露,规定了招股说明书正文应适当提及环境信息相关的风险因素。2002 年,《上市公司治理准则》反映了证监会开始重视企业的社会责任,要求企业主动、及时披露环境保护等社会责任相关信息。但这些文件并没有明确上市公司环境披露的具体要求及格式。

在我国企业环境信息披露政策发展过程中,证券交易所不断更新对上市公司信息披露的指导原则和考核办法,为环境信息披露发展做出巨大贡献:深交所于 2006 年出台《深圳证券交易所上市公司社会责任指引》,要求公司应根据其对环境的影响程度,制定整体环保措施;上交所于 2008 年出台的《关于加强上市公司社会责任承担工作暨发布〈上海证券交易所上市公司环境信息披露指引〉的通知》也做出了类似指引。

环境信息披露分为强制公开和自愿公开两种,我国对上市公司环境信息披露的要求逐渐从自愿性过渡到强制性:2008 年国家环保总局文件《关于加强上市公司环境保护监督管理工作的指导意见》要求当"发生可能对交易价格产生较大影响且与环境保护相关的重大事件时",上市公司需强制披露事件的起因、目前的状态和可能的影响;而在其他情况下可自愿披露。2021 年,《环境信息依法披露制度改革方案》明确了环境信息强制性披露的主体、内容、形式等方面的要求。但目前强制性披露主要集中在环境保护领域,而对于 ESG 信息披露涉及的其他方面仍以鼓励和指引自愿披露为主。

2021 年 12 月,国家生态环保部发布了最新的《企业环境信息依法披露管理办法》,为企业在"双碳"背景下的环境信息披露提供法律依据,这也标志着中国企业环境信息披露进入了全新时代。

(二)ESG 信息披露

现代企业在经营环境中面临着前所未有的多元化风险,无论是机构投资者还是企业主体或社会民众,都需要更全面的风险信息以挖掘机遇和规避风险。传统的财务绩效信息已无法真实反映企业的价值创造能力,仅披露企业环境信息也不具备整体视角,在此背景下 ESG 信息披露应运而生,成为改善市场机制效率的新趋势。

总体而言,我国 ESG 发展虽然处于起步阶段,但已初见其势。《A 股上市公司 2022 年度 ESG 质量报告》显示,2022 年 A 股上市企业中有 1 758 家企业披露 ESG 相关报告,披露比例约占 33.7%;但目前我国 ESG 披露标准仍以社会责任报告为主,2022 年企业以社会责任报告形式披露环境信息的占 62.16%,而披露 ESG 报告的仅占 27.31%。此外,我国尚未建立统一且规范形式的 ESG 信息披露标准框架,就环境领域信息披露而言,大部分企业信息披露以自愿为主,信息披露在内容上碎片化严重,在水平上两极分化严重(《企业环境信息披露研究报告(2021)》)。研究表明,地区经济发展水平、公司管理层、股权结构等因素都将对环境信息披露质量影响显著。因此,借鉴国际上现有的 ESG 披露标准,建立国内完整的 ESG 信息披露标准框架对改善我国企业信息披露的现状至关重要。

国际上 ESG 主流披露框架主要分为两类:一是以 GRI(全球报告倡议组织)、SASB(可持续发展会计准则委员会)、IIRC(国际综合报告委员会)等为代表综合性的报告披露框架;二是以 TCFD(气候相关财务信息披露工作组)和 CDP(气候变化标准委员会)等为代表的聚焦气候变化、水资源等领域的披露框架。上述国际组织间正在合作推进国际 ESG 披露标准的整合,如 2020 年年末 GRI、SASB、CDSB、IIRC、CDP 五大权威机构联合发布了气候相关的财务披露标准模型,2021 年发布《使用 GRI 与 SASB 标准进行可持续报告的实用指南》等。我国应尽快建立一个符合中国实际且与国际接轨的 ESG 信息披露框架,以提升国内企业的 ESG 治理能力。

第三节　重点政策解析:碳排放权交易政策

本节以碳排放权交易政策为例,详细介绍该政策的目标及现状、国际发展历史、国内发展脉络、基础产品等具体内容。

一、碳排放权交易简介

温室气体排放引起的环境恶化问题是全球性的生态危机。我国作为世界第二大经济体,也积极参与到相关治理中,提出"双碳"目标,要求在 2030 年前达到碳峰值,在 2060 年前实现碳中和。实现这一目标的主要政策工具就是碳排放权交易(简称"碳交易")市场。

碳交易市场的实践包括三个步骤:一是地方政府的总量控制,各地区规定每年的排放总量,以此实现区域碳排放的总量控制。二是碳配额分配,按照一定的计算方法,将地区排放总量分配给区域内的强制减排企业。其中,计算方法包括基准法、历史排放法和历史强度法。各行业按照自身特征,适用其中一种方法;强制减排企业为地区内碳排放量最大的部分企业。三是碳市场交易,实际排放数量低于配额量的企业,可将剩余碳配额在市场中卖给排放量高于配额量的企业。非强制减排企业也可以通过自愿减排,在生态环境部核准后获得 CCER,CCER 是碳配额的另一种形式,可在市场中出售交易。碳交易市场的运行如图 5—2 所示。

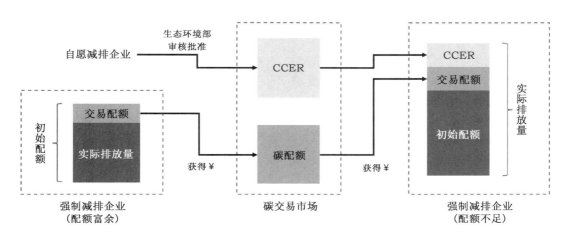

图 5—2　碳排放权交易机制简图

目前,我国碳排放权交易政策呈现"一个全国碳交易市场"加"九个地方碳交易市场"的局势。《2022 年中国碳市场年报》指出,2022 年地方试点碳市场的整体成交量下降,较上一年降幅达 18%,仅有湖北、上海和福建碳市场成交量增加。各试点碳市场的交易均价全部上涨,价格涨幅均不低于 15%。由于各试点碳市场的碳价整体提高,各试点碳市场总成交额有所提高,由 2021 年的 21.2 亿元增加至 2022 年的 26.5 亿元。此外,中国核证自愿减排量(CCER)备案签发的重启值得期待,2022 年市场共计成交 795.9 万吨 CCER,成交量的月度分布和地域分布也较为集中。在全国碳市场方面,其总体建设步伐稳中有进,2022 年全国碳市场相比于 2021 年呈现量跌价升的态势,碳排放配额(CEA)成交量与成交额分别为5 089 万吨和 28 亿元,CEA 收盘价和年内成交均价分别为 55 元/吨和 55.3 元/吨。图 5—3展示了全国碳交易市场自成立以来的碳价和成交量的变化情况,可以发现全国碳市场的成交量主要集中在各年度终期,如 2021 年 12 月的全国碳市场碳排放配额交易量达到 13 556万吨,显著高于其他月份;从全国碳市场的交易价格来看,2021 年度的碳价因成立初期而波动较大;2022 年度碳价在总体上趋于稳定;截至 2023 年上半年度,碳价总体呈上升趋势。

二、碳排放权交易的国际发展梳理

《全球气候状况报告(2022)》指出,2022 年全球年平均陆地气温较 1850—1900 年平均值偏

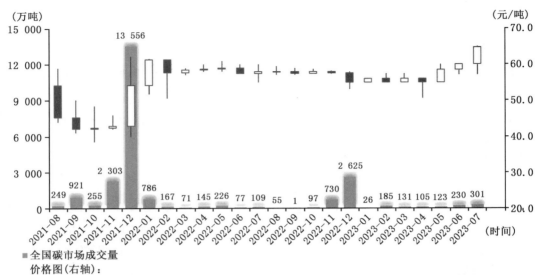

全国碳市场成交量

价格图(右轴)：

■ 顶边为开盘价，底边为收盘价　□ 顶边为开盘价，底边为收盘价　┃ 上端点为最高价，下端点为最低价

资料来源：上海环境能源交易所。

图 5—3　全国碳交易市场的碳价和成交量的时间趋势

高 1.67℃，大部分海域平均海表温度接近常年均值或偏高。王凡等(2023)发表在《自然综述：地球与环境》上的文章指出，1950 年以来中国近海表面温度平均每 10 年上升 0.10～0.14℃，至 80 年代起明显加速。世界气象组织(WMO)发布的《2022 年全球气候状况》报告显示，自 1993 年起近 30 年的卫星测量数据说明海平面升速已翻倍，仅在过去两年半海平面上升就占到了整体上升的 10%。可见，全球升温及其引发的一系列灾难性的气候变化，如冰川融化导致海平面上升、沿海城市淹没、洪水和干旱发生概率大幅提升等，已经成为不容忽视的全球生态难题。为了矫正企业对环境成本的忽视，碳税和碳交易市场在国际中应运而生。相比之下，碳市场比碳税政策的正向激励更强，能够通过碳配额的有偿转让激励企业主动减排，故成为国际控制碳排放的主要手段。

　　碳排放权交易政策在国际上的主要发展历程为：(1)1992 年，联合国通过了《联合国气候变化框架公约》，其最终目标是将温室气体的浓度稳定在防止气候系统受到危险人为干扰的水平上，并指出国际合作可遵循"共同但有区别的责任"原则。(2)1997 年，全球 100 多个国家签署了《京都议定书》，该条约规定了发达国家减少排放温室气体的义务，同时提出三个灵活的减排机制①，碳排放权交易政策为其一。自《京都议定书》生效后，碳交易体系发展迅速，各国及地区开始纷纷建立区域内的碳交易体系以实现减排承诺目标。(3)2015 年年底，气候变化巴黎大会达成《巴黎协定》，旨在对 2020 年后应对气候变化国际机制做出安

――――――――――

　　①　三大减排机制分别为国际排放贸易、联合履行和清洁发展机制。

排,这标志着全球应对气候变化进入新阶段。截至 2022 年 12 月,《巴黎协定》签署方达 195 个、缔约方达 194 个,中国于 2016 年正式签署《巴黎协定》。

国际上其他主要国家和地区的碳市场运作模式和交易规则与我国基本相同,主要区别体现在不同碳市场的发展程度不同与具体细节差异上。具体来说,欧盟碳交易体系成立于 2005 年,为典型的强制性排放交易机制,已包括所有成员国及挪威、冰岛和列支敦士登,各国配额由欧盟统一制定,各国可自主设置排放上限和纳入交易体系的产业和企业名单。自 2021 年起,欧盟碳交易体系已进入第四阶段,其覆盖行业扩展至航空业,温室气体种类扩展至一氧化二氮、全氟化碳,碳配额初次分配也从免费发放向拍卖过渡,其发展程度均高于我国碳市场现状。于 2003 年成立的美国芝加哥交易所是典型的自愿性交易体系,目前自愿参与的会员超过 500 名,且在国际上不承担强制减排义务。交易指标根据会员各自的基准线和交易所制定的减排时间表分配,已达标会员可通过卖出剩余减排量获得额外利润,而未达标会员可通过农业碳汇等手段予以弥补。

总体而言,截至目前碳交易政策主要呈现区域性特征,全球范围内还未形成统一的碳交易市场,但不同碳市场之间开始尝试进行链接。例如,在欧洲,欧盟碳市场已成为全球规模最大的碳市场,是碳交易体系的领跑者;在北美洲,美国是排污权交易的先行者,但由于政治因素,现主要为多区域碳交易体系并存的状态。

三、我国碳排放权交易政策发展脉络

我国碳排放权交易政策首先从地方试点开始,在累积了近 10 年的地方试点工作经验之后,于 2021 年建立了全国碳排放权交易市场。因此,下文从以上两个阶段介绍我国的碳排放权交易政策发展脉络。

(一)地方试点阶段(2011—2020 年)

2011 年国家发改委办公厅发布《关于开展碳排放权交易试点工作的通知》,这是我国碳交易市场的发展起点,该通知提出,将在北京、天津、上海、重庆、广东、湖北、深圳 7 个省市启动碳排放权交易地方试点工作。2013 年 6 月至 2014 年 6 月期间,以上 7 个地方碳交易试点省市先后开展了碳排放权交易;2016 年,福建省成为全国第八个碳排放权交易试点地区,试点地区及其覆盖行业见表 5—4 所示。随后,2016 年至 2020 年间,国家相关部门接连发布碳排放权交易市场建设方案和管理办法征求意见稿。

表 5—4　　　　　　　　　　碳排放权交易地方试点具体内容

地区	启动时间	气体	行业
深圳	2013 年 6 月	二氧化碳	①电力、水务、燃气、制造业等 26 个行业;②公共建筑;③交通领域
上海	2013 年 11 月	二氧化碳	①工业行业:钢铁、化工、电力等;②非工业行业宾馆、商场、港口、机场、航空等

续表

地区	启动时间	气体	行业
北京	2013 年 11 月	二氧化碳	电力、热力、水泥、石化、其他工业及服务业
广东	2013 年 12 月	二氧化碳	电力、钢铁、石化、水泥
天津	2013 年 12 月	二氧化碳	①钢铁、化工、电力、热力、石化；②油气开采等重点排放行业和民用建筑领域
湖北	2014 年 4 月	二氧化碳	电力、钢铁、水泥、化工等 12 个行业
重庆	2014 年 6 月	6 种温室气体	电解铝、铁合金、电石、烧碱、水泥、钢铁等 6 个高耗能行业
福建	2016 年 12 月	二氧化碳	电力、石化、化工、建材、钢铁、有色金属、造纸、航空和陶瓷

以上海市碳排放权地方试点政策为例，根据 2012 年上海市人民政府下发的《上海市人民政府关于本市开展碳排放交易试点工作的实施意见》指示，上海市碳排放权交易试点范围包括重点排放企业和报告企业，前者纳入标准为行政区域内钢铁、石化、化工、有色、电力、建材等工业行业于 2010 年至 2011 年中任何一年二氧化碳排放量 2 万吨及以上（包括直接排放和间接排放），或航空、港口、机场、铁路等非工业行业同一时期内任何一年二氧化碳排放量 1 万吨及以上，参与碳排放权配额管理及市场交易；后者纳入标准为目前及 2012 年至 2015 年中二氧化碳年排放量 1 万吨及以上，在试点期间实行碳排放报告制度。

市场交易参与方以试点企业为主，其余符合条件的个人、机构投资者等也可参与市场交易；交易标的物以二氧化碳排放配额为主，辅之以经国家或本市核证的温室气体减排量，如 CCER。碳配额初始分配应基于 2009 年至 2011 年试点企业二氧化碳的排放水平，考虑其合理增长和节能减排活动，按行业配额分配方法一次性分配试点企业于 2013 年至 2015 年期间各年度碳排放配额，对部分有条件的行业可按照行业基准线法分配。试点初期，碳排放初始配额实行免费发放，后适时推行拍卖等有偿方式。政策要求，碳排放配额的购买或出售行为应当在上海市交易平台上进行，并于每年度规定时间内上缴与上一年度实际碳排放量相当的配额，企业碳配额不可预借，但可跨年度结转使用。

政策文件指出，2012 年前应当做好碳排放权交易的准备工作，如设定碳排放总量控制目标、确定企业名单、配额分配方式等；试点初期暂定为从 2013 年开始至 2015 年，并要求在 2015 年初步建成具有一定兼容性、开放性和示范性的区域碳排放交易市场。

（二）全国统一市场阶段（2021 年及之后）

近 10 年的地方试点政策经验为我国建立统一的全国碳排放权交易市场奠定了坚实的基础。2020 年 11 月，《2019—2020 年全国碳排放权交易配额总量设定与分配实施方案（发电行业）》确定了纳入全国碳排放交易市场的企业与配额分配方法，是全国碳排放权交易市场正式建立必不可少的准备工作。2021 年 1 月，《全国碳排放交易权交易管理办法（试行）》正式发布，该办法适用于全国碳排放权交易及相关活动，包括碳排放配额分配和清缴，碳排放权登记、交易、结算，温室气体排放报告与核查等活动。我国目前的全国碳排放权交易仅限于发电行业，包括石化、化工、建材、钢铁、有色、造纸、航空等其他高碳排放行业亟待纳入。

全国碳排放权交易市场于 2021 年 7 月 16 日正式上线。政策规定在全国碳排放权注册登记机构成立前，由湖北碳排放权交易中心有限公司承担注册登记系统账户开立和运行维护等具体工作，由上海环境能源交易所股份有限公司承担交易系统账户开立和运行维护等具体工作。

下文以 2021 年 2 月 1 日起正式施行的《碳排放权交易管理办法（试行）》为政策分析对象，进一步介绍全国碳交易市场的具体运作细节。文件规定，属于全国碳交易市场覆盖行业，且年度温室气体排放量达到 2.6 万吨二氧化碳当量的企业为温室气体重点排放单位（以下简称"重点排放单位"），重点排放单位获得碳排放配额，并参与碳市场交易。企业的碳排放配额由省级生态环境主管部门根据企业拥有的机组在相应年度的配额量进行加总，进而逐步得到各重点排放单位的年度配额量、该行政区划的年度配额量以及全国年度配额量。碳配额分配方式与地方试点初期规定相同，以免费分配为主，适时引入有偿分配。对于虚报、瞒报温室气体排放报告，或者拒绝履行报告义务的企业，惩处 1 万元以上 3 万元以下的罚款；对于未按时足额清缴碳排放配额的企业，惩处 2 万元以上 3 万元以下的罚款，但是这笔金额相比于企业从碳市场中购买缺少的碳配额所需的金额明显更少，罚款成本显著低于合约成本使得这一罚则效力较低。但政策文件中还给出了约束效力更高的罚则，即对逾期未改正的企业等量核减其下一年度的碳排放配额，而等额减少的碳配额或将在下一年度表现出相近的货币价值，这对违约企业来说是更为严厉的惩罚。综上所述，图 5—4 总结了上文对碳排放权交易政策发展的国际和国内梳理，灰色横线为时间轴，深色部分表示国际主要政策发展，浅色部分表示国内碳市场建立脉络。

四、碳交易市场中的另一种产品：CCER

上文已经提及碳交易市场中有两种基础产品，即重点排放企业的碳排放配额和企业自愿核证减排量（CCER）。其中，国家核证减排量是指对我国境内可再生能源、林业碳汇、甲烷利用等项目的温室气体减排效果进行量化核证，并在国家温室气体自愿减排交易注册登记系统中登记的温室气体减排量。

CCER 为重点排放企业超额排放温室气体提供了一种新的渠道，为碳市场的启动和平稳运行提供了重要缓冲；相对于碳配额只能在重点排放企业中进行交易，CCER 的参与主体更为广泛，可以包括其他排放量较小的非重点排放企业，甚至能够容纳其他非试点省市的各类企业参与碳交易市场，极大地增加了碳市场的活跃度。考虑到 CCER 可申请的项目种类和涉及的企业数量较多，其供给量一般较大，相对而言交易价格更便宜，为防止控排企业多倾向于购买 CCER 导致政策的"总量控制"目标失效，政策规定重点排放单位每年使用

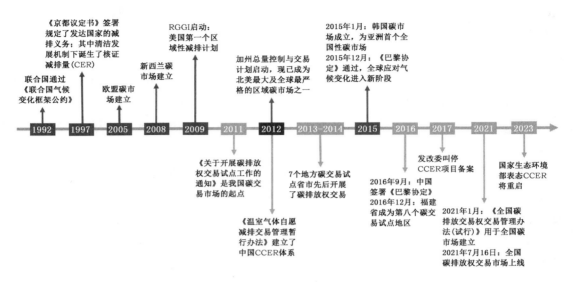

图 5—4 碳排放权交易制度的政策梳理

CCER 的抵消比例不得超过当年应清缴配额的 5%。

直至 2017 年 3 月,国家发改委披露《温室气体自愿减排交易管理暂行办法》施行过程中存在温室气体自愿减排交易量小、个别项目不够规范等问题,因此做出了修订暂行办法、CCER 项目备案被叫停的决策。这可能是因为 CCER 在执行过程中暴露的缺点:(1)CCER 交易量呈现季节性变化,引发了市场的波动性和风险,且价格逐年下降,挫伤了市场参与者的信心;(2)CCER 市场出现供需不平衡的现象,如 2014 年和 2015 年履约年度实际 CCER 市场供应量大于需求,使得企业减排的约束大幅下降;(3)各试点碳市场 CCER 价格不同且差异较大增加了投机动因与交易风险,增强的投机动机削弱了碳排放权交易政策的初衷。

CCER 在未来或将回归碳排放权交易政策。2021 年 2 月施行的《碳排放权交易管理办法(试行)》第二十九条提及"可以使用国家核证自愿减排量抵消排放配额的清缴"。此外,生态环境部在 2023 年 6 月底的新闻发布会上也表态,CCER 将计划在 2023 年年底前重启。

五、碳排放权交易政策的现存问题

我国碳排放权交易政策在执行过程中逐渐呈现以下问题:

第一,我国碳排放权交易政策缺乏法律基础,现行政策的主要依据《碳排放权交易管理办法(试行)》为部门规章,其效力较低,这使得该政策工具下的处罚力度不足,企业可能更倾向于选择缴纳罚款,而非高昂的合规成本。综观国际碳市场,其法律体系建设较为完善:如韩国碳市场的法律体系由《温室气体排放配额分配与交易法》及其实施法令(2012)、《碳汇管理和改进法》及其实施条令(2013)、碳排放配额国家分配计划(2014)等构成,对其控制温室气体排放,实现经济低碳转型具有重要意义;美国《2009 年美国清洁能源和安全法案》

规定了详细的碳排放总量管制与交易体系;新西兰为推动碳减排目标颁布了《零碳法案》(2019)和《应对气候变化修正法案》(2020)等。

第二,我国碳排放权交易政策呈现"一个全国统一"和"8个地方试点"的局势,不同试点省市间的具体规则各不相同,全国碳排放权交易市场也是如此,这可能导致不同市场间的碳价不同、碳配额分配不公平等问题,难以统筹安排。这可以借鉴欧盟碳市场的经验,欧盟碳市场包含多个产业结构不均衡、发展水平差异大、资源禀赋不平衡的国家,与我国多个碳市场共存面临的挑战类似。而欧盟碳市场通过四个阶段的发展逐渐建立了完善的跨国家碳市场机制,在统一碳价方面,建立市场稳定储备机制以应对供求冲击,在整个碳市场中推行统一碳价,以促进碳交易高效运转。在碳配额分配问题上,采取总量控制和拍卖机制,并根据实际发展阶段设定不同的碳配额初次分配比例和额度,以缓解免费配额分配不公的问题。

第三,我国碳市场交易的活跃度较低,这可能是由于我国门槛与准入限制较高导致碳市场的参与主体较少,也可能是碳价波动较大使得企业参与碳交易的风险过高。针对这一问题,应深入考察引起碳交易活跃度较低的根本原因,例如,欧盟在第一阶段曾给发电行业发放过多的碳配额,使其将碳配额多用于市场出售,从而导致市场碳价波动,这一问题最终通过监管部门降低电力行业的碳配额分配上限得以解决。又如,北美碳交易市场实现了社会资本的深度参与,欧盟碳交易市场不断创新碳交易金融工具等方式,都有助于稳定碳价波动,提升碳交易市场的活跃度。

·第三篇·

ESG 信息披露

第六章　全球 ESG 信息披露政策与现状

本章提要：了解全球范围内 ESG 信息披露是探索全球 ESG 发展现状的重要方面。本章将围绕全球范围内 ESG 信息披露政策与现状进行阐述，与后续中国 ESG 信息披露形成对照，并为本书第四篇"ESG 评级体系"研究的开展做铺垫。本章主要聚焦于全球 ESG 信息披露的政策法规、ESG 信息披露率、ESG 信息披露标准等内容。具体而言，本章主要包含三部分内容：首先为信息披露政策法规，选取了各地区具有代表性的欧盟、美国、加拿大、日本、印度五个国家（经济体），并对这五个国家（经济体）的披露政策进行纵向深入分析，梳理各经济体 ESG 披露政策的发展脉络。并在此基础上将各个经济体的 ESG 信息披露政策进行横向对比分析，剖析各经济体披露政策的特征与存在的不足。其次为全球 ESG 信息披露率的分析，揭示全球范围的信息披露情况，先分析全球 ESG 披露率总体状况，然后将亚太地区、欧洲地区、美洲地区、中东与非洲地区的披露率情况进行对比分析。最后为 ESG 信息披露标准，对四类 ESG 信息披露的主要标准（GRI 标准、SASB 标准、ISO26000 标准、TCFD 标准）进行概述与梳理，介绍各个主要标准的发展历程、主要内容体系以及在不同国家和地区的应用与实践等情况。

第一节　主要经济体 ESG 信息披露政策法规

自 ESG 概念提出以来，就受到了世界各国的高度重视。2010 年以来，一些欧洲国家率先通过颁布针对企业 ESG 信息披露的政策文件来推动本国非财务信息披露质量的改进。十余年来，这一趋势从欧洲逐渐扩散到美洲、亚洲、非洲等地。各国高度重视 ESG 的发展，也结合本国需求相继出台了关于 ESG 信息披露的详细政策，本节将以欧盟、美国、加拿大、日本、印度为例，对这些经济体 ESG 信息披露的主要政策法规进行纵向分析与横向比较，力求对各经济体 ESG 信息披露政策法规形成一个较为完整的认知，并为中国 ESG 信息披露政策法规的形成与完善提供借鉴。

一、欧盟 ESG 信息披露政策法规

欧盟目前有 27 个国家[①]，根据《可持续发展目标报告 2023》[②]，欧盟国家在可持续发展上总体绩效良好，可持续发展水平处于全球领先水平，也是较早在政策和立法层面推进 ESG 理念转化落地的全球主要经济体。图 6-1 展示了欧盟 ESG 政策法规的进展时间轴。欧盟注重环境保护的意识可以追溯到 2005 年，2005 年欧盟就建立了排放交易系统，以减少温室气体排放，成为世界第一个国际碳排放交易体系。之后在 2007 年，欧盟议会和理事会发布《股东权利指令》，强调良好的公司治理与有效投票的重要性，将可持续发展这一理念初步嵌入企业治理中。欧盟发布关于 ESG 治理的文件是在 2014 年，这一年欧盟颁布《非财务报告指令》，首次将 ESG 三要素系统纳入法规条例，明确提出对企业 ESG 治理的约束。指令要求欧盟成员国出台国内法令，强制员工人数超过 500 人以上的大型企业进行 ESG 信息披露，覆盖范围约 11 000 家。大多数欧盟成员国在国内的立法实践中遵循了这一要求，并且丹麦、瑞典等国还更进一步，将强制信息披露要求的适用范围拓展至所有员工数大于 250 人的企业。2014 年起，欧盟开始注重金融对可持续发展的重要作用，制定并出台各类 ESG 政策法规及战略规划以推动可持续金融的发展。2022 年 11 月 28 日，欧洲理事会通过并签署了《可持续发展报告指令》（CSRD），替代了 2014 年发布的《非财务报告指令》（NFRD），覆盖约 50 000 家企业，进一步加强了企业的可持续发展信息披露监管。可以说，在推动 ESG 信息披露政策立法与落地的实践上，欧盟是最积极的经济体之一。

二、美国 ESG 信息披露政策法规

尽管美国的经济、金融和科技实力都十分强大，但在可持续发展方面仍有较大的提升空间。在联合国发布的《可持续发展目标报告 2020》[③]中，美国以 76.43 分（满分 100 分）在 166 个国家中位居第 31 名，明显低于许多欧洲国家。

在政策法规方面，与欧亚 ESG 政策法规先行的做法有所不同，美国在联邦政府层面较少有主动性的作为，对 ESG 监管政策受市场驱动，市场自发的驱动力对 ESG 发展起到了决定性作用。对于信息披露的要求大多数遵循自愿原则，也不存在类似欧盟"不遵守就解释"的规定。图 6-2 展示了美国的 ESG 政策法规演进的过程。早在 2006 年，社会责任就在美国开始萌芽，涌现出一批按照"负责任投资原则"进行投资的资产管理机构。之后出现了一系列相

---

① 2016 年英国全民公投决定"脱欧"，并于 2020 年正式退出欧盟。欧盟的 27 个成员国分别为：奥地利（Austria）、比利时（Belgium）、保加利亚（Bulgaria）、克罗地亚（Croatia）、塞浦路斯（Cyprus）、捷克（Czech Republic）、丹麦（Denmark）、爱沙尼亚（Estonia）、芬兰（Finland）、法国（France）、德国（Germany）、希腊（Greece）、匈牙利（Hungary）、爱尔兰（Ireland）、意大利（Italy）、拉脱维亚（Latvia）、立陶宛（Lithuania）、卢森堡（Luxembourg）、马耳他（Malta）、荷兰（Netherlands）、波兰（Poland）、葡萄牙（Portugal）、罗马尼亚（Romania）、斯洛伐克（Slovakia）、斯洛文尼亚（Slovenia）、西班牙（Spain）和瑞典（Sweden）。

② https://unstats.un.org/sdgs/report/2022/The-Sustainable-Development-Goals-Report-2022_Chinese.pdf.

③ https://unstats.un.org/sdgs/report/2022/The-Sustainable-Development-Goals-Report-2022_Chinese.pdf.

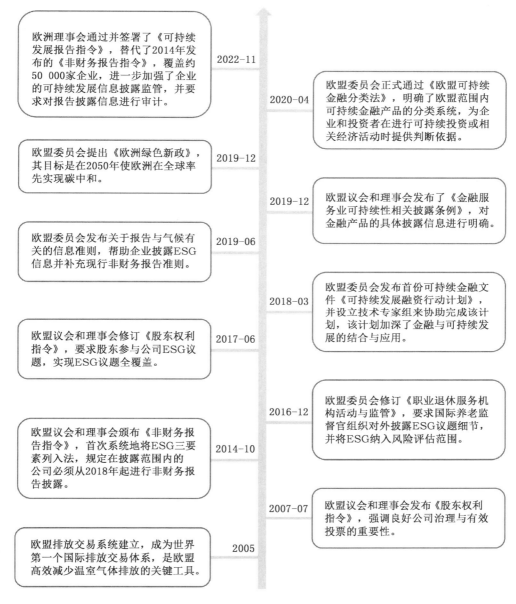

资料来源:《国际 ESG 投资政策法规与实践》,https://mp. weixin. qq. com/s? _ _ biz = Mzk0MzI5OTE0Ng= = &mid = 2247484036&idx = 1&sn = 85d573a9bfed24e80e2165d4fd11fa37&chksm = c3374da1f440c4b7a2da24c631db705359345eac7d93547e9901d73d873151ec78fdb973c3fe&scene = 178&cur _ album_id=2802037793236615169♯rd。

图 6—1　欧盟 ESG 政策法规的进展时间轴

关的政策法律。2010 年 1 月,美国证券交易委员发布了《关于气候变化相关信息披露的指导意见》,要求公司从财务角度对环境责任进行量化披露,公开遵守环境法的费用、与环保有关的重大资本支出等,开启了美国上市公司对气候变化等环境信息披露的新时代。

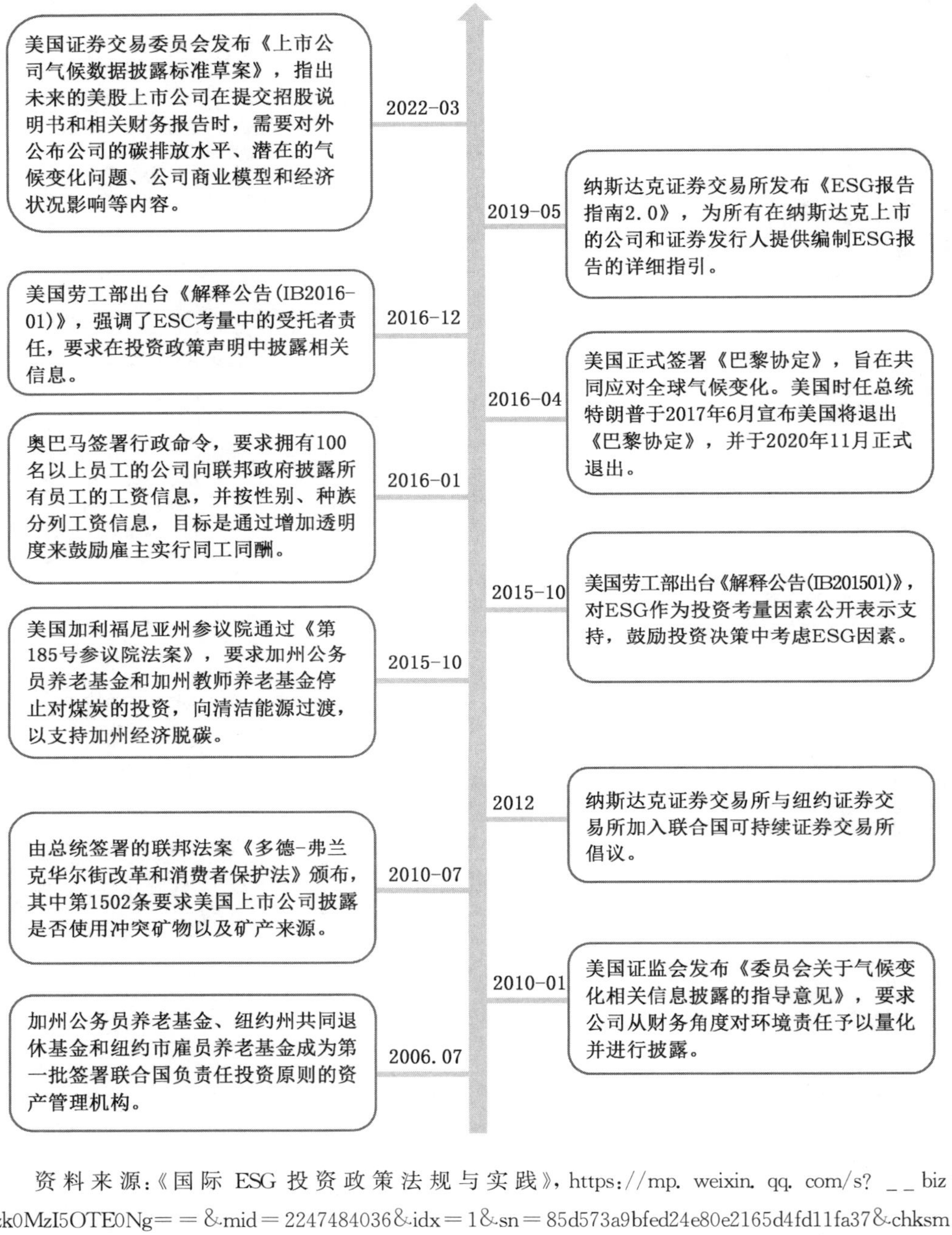

美国证券交易委员会发布《上市公司气候数据披露标准草案》,指出未来的美股上市公司在提交招股说明书和相关财务报告时,需要对外公布公司的碳排放水平、潜在的气候变化问题、公司商业模型和经济状况影响等内容。 **2022-03**

2019-05 纳斯达克证券交易所发布《ESG报告指南2.0》,为所有在纳斯达克上市的公司和证券发行人提供编制ESG报告的详细指引。

美国劳工部出台《解释公告(IB2016-01)》,强调了ESC考量中的受托者责任,要求在投资政策声明中披露相关信息。 **2016-12**

2016-04 美国正式签署《巴黎协定》,旨在共同应对全球气候变化。美国时任总统特朗普于2017年6月宣布美国将退出《巴黎协定》,并于2020年11月正式退出。

奥巴马签署行政命令,要求拥有100名以上员工的公司向联邦政府披露所有员工的工资信息,并按性别、种族分列工资信息,目标是通过增加透明度来鼓励雇主实行同工同酬。 **2016-01**

2015-10 美国劳工部出台《解释公告(IB201501)》,对ESG作为投资考量因素公开表示支持,鼓励投资决策中考虑ESG因素。

美国加利福尼亚州参议院通过《第185号参议院法案》,要求加州公务员养老基金和加州教师养老基金停止对煤炭的投资,向清洁能源过渡,以支持加州经济脱碳。 **2015-10**

2012 纳斯达克证券交易所与纽约证券交易所加入联合国可持续证券交易所倡议。

由总统签署的联邦法案《多德-弗兰克华尔街改革和消费者保护法》颁布,其中第1502条要求美国上市公司披露是否使用冲突矿物以及矿产来源。 **2010-07**

2010-01 美国证监会发布《委员会关于气候变化相关信息披露的指导意见》,要求公司从财务角度对环境责任予以量化并进行披露。

加州公务员养老基金、纽约州共同退休基金和纽约市雇员养老基金成为第一批签署联合国负责任投资原则的资产管理机构。 **2006.07**

资料来源:《国际 ESG 投资政策法规与实践》,https://mp. weixin. qq. com/s? ＿ ＿ biz ＝ Mzk0MzI5OTE0Ng＝＝&mid＝2247484036&idx＝1&sn＝85d573a9bfed24e80e2165d4fd11fa37&chksm＝ c3374da1f440c4b7a2da24c631db705359345eac7d93547e9901d73d873151ec78fdb973c3fe&scene＝178&cur＿album_id＝2802037793236615169♯rd。

图 6—2　美国的 ESG 政策法规演进时间轴

2012 年,美国主要的两个证券交易所——纽约证券交易所和纳斯达克证券交易所——加入了联合国可持续证券交易所倡议(SSE)。在 ESG 信息披露要求方面,纳斯达克、纽交所均不强制要求上市公司披露 ESG 信息,本着自愿原则鼓励企业在衡量成本和收益时将 ESG 纳入考虑。2022 年 3 月,美国证券交易委员会(SEC)发布《上市公司气候数据披露标准草案》,指出未来的美股上市公司在提交招股说明书和相关财务报告时,需要对外公布公司的碳排放水平、潜在的气候变化问题等,这标志着气候变化成为上市公司信息披露的关键部分。

三、加拿大 ESG 信息披露政策法规

近年来,加拿大包括 ESG 投资在内的责任投资市场蓬勃发展。根据全球可持续投资联盟(Global Sustainable Investment Alliance,GSIA)的数据,2018 年至 2020 年间,加拿大 ESG 管理资产增长幅度最大,跃升至 2.4 万亿美元,涨幅超过 48%。加拿大可持续发展金融体系不断完善,离不开政策法规的指引,图 6－3 为加拿大 ESG 信息披露政策法规演进时间轴。早在 2010 年 10 月,加拿大证券管理局就发布了《CSA 员工通告 51－333:环境报告指引》,对披露环境信息做出规定。该指引要求报告发行人必须披露具有实质性的环境信息、与环境事宜相关的风险与实践等内容。该指引的出台,标志着加拿大 ESG 政策法规体系建设的开始,也展示了当局对环境社会责任的重视。随后,加拿大又出台了多部政策法规,将 ESG 披露的范围从环境扩展到重要的社会议题、政治因素、气候变化、管理层责任等更广泛且细致的范围,同时明确相关投资需要考虑 ESG 因素。可见,加拿大重视 ESG 信息披露,且其相应的政策法规正随着时代的发展而日益完善与细化。

四、日本 ESG 信息披露政策法规

日本作为发达资本市场之一,其在 ESG 政策制定方面的实践走在亚洲国家前列,但相较于欧美国家而言,日本的 ESG 披露政策制定仍然起步较晚。图 6－4 为日本 ESG 信息披露政策法规演进时间轴。日本金融厅联合东京证券交易所在 2015 年首次颁布《日本公司治理守则》,又于 2018 年进行了修订,日本经济贸易和工业部在 2017 年出台《协作价值创造指南》,日本交易所集团及其子公司东京证券交易所在 2020 年 5 月发布《ESG 披露实用手册》。

日本仅在公司治理层面对企业 ESG 信息披露做出了强制披露的要求。在 2015 年的《公司治理守则》中,东京证券交易所要求公司按照"不遵守就解释"的原则对公司治理情况进行披露。2018 年,修订的《公司治理守则》明确在"非财务信息"中包含 ESG 相关信息,并要求这些信息以对使用者有益的形式公开。但是,守则仍采用原则性倡议,以自愿参与和遵守为主,日本的资本市场参与者不会因为不遵守或不签署这类文件而受到处罚,强制性较低。2022 年 6 月,日本内阁发布《新资本主义宏伟计划与行动方案》,提出未来将要优化

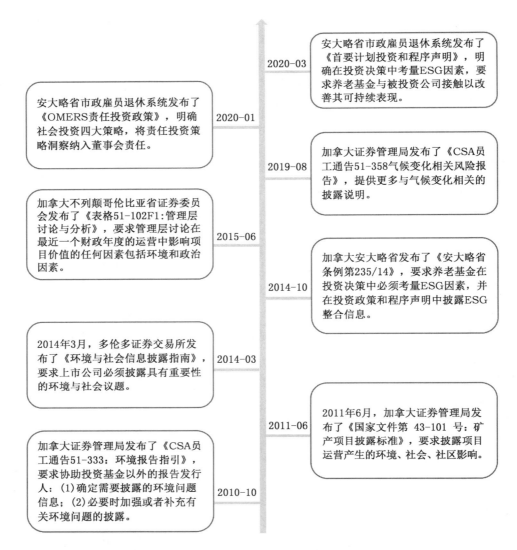

资料来源:《ESG 披露标准体系研究》,https://mp. weixin. qq. com/s/140SiMDNpTToWQ0ccIr_ yw。

图 6—3　加拿大 ESG 信息披露政策法规演进时间轴

信息披露和向客户提供详细说明,向市场传递了将会加强企业 ESG 信息披露的信息。

五、印度 ESG 信息披露政策法规

印度对企业的 ESG 治理是从 CSR 政策中演变而来的。近 10 年来,为解决应对气候变化、发展不均以及贪污腐败等问题产生的可持续发展风险,印度通过推动信息披露政策法规,强调了企业应承担的社会责任义务,图 6—5 为印度 ESG 信息披露政策法规演进时间轴。印度的 ESG 政策法规呈现多部门联合、循序渐进、逐步推动的特点。早在 2009 年 12

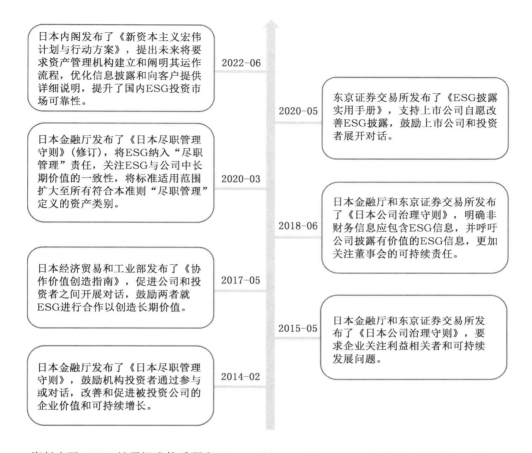

资料来源:《ESG 披露标准体系研究》,https://mp. weixin. qq. com/s/Vo9nJvjgWl3xmJ2c-mreaQ;
https://mp. weixin. qq. com/s/ekPn8u30_YIccNBPEXfP2A。

图 6—4　日本 ESG 信息披露政策法规演进时间轴

月,印度政府公司事务部便发布《企业社会责任自愿守则》,明确了企业的社会责任义务,并
为企业履责提供了实施指南。2010 年 4 月,印度国企部(Department of Public Enterprises)编制中央公共部门企业 CSR 守则,要求中央公共部门企业必须发布由董事会通过的
CSR 政策,推动相关工作的开展。2011 年 7 月,印度公司事务部丰富了企业 CSR 的覆盖范
畴,并首次明确 ESG 概念。至此,CSR 政策开始向 ESG 政策转变与接轨。

　　2012 年 3 月,印度公司事务部通过企业信息披露推动 ESG 落地,发布《负责任商业年
度报告披露框架》(Business Responsibility Reporting)。同年,印度证券交易委员会发布通
告,强制市值排名前 100 的上市公司披露年度业务责任报告,并采取“不遵守就解释”原则。
至此,印度的 ESG 信息披露由“提倡、鼓励与自愿”转向强制特定企业披露。随后,印度又出
台了各项关于 CSR、ESG 投资、绿色债券的相关指引,使得印度企业的 CSR、ESG 披露情况
逐年好转。

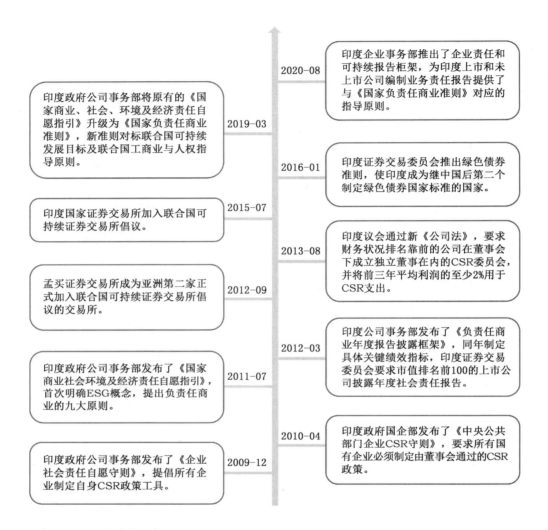

印度政府公司事务部将原有的《国家商业、社会、环境及经济责任自愿指引》升级为《国家负责任商业准则》，新准则对标联合国可持续发展目标及联合国工商业与人权指导原则。 — 2019-03

2020-08 — 印度企业事务部推出了企业责任和可持续报告框架，为印度上市和未上市公司编制业务责任报告提供了与《国家负责任商业准则》对应的指导原则。

印度国家证券交易所加入联合国可持续证券交易所倡议。 — 2015-07

2016-01 — 印度证券交易委员会推出绿色债券准则，使印度成为继中国后第二个制定绿色债券国家标准的国家。

孟买证券交易所成为亚洲第二家正式加入联合国可持续证券交易所倡议的交易所。 — 2012-09

2013-08 — 印度议会通过新《公司法》，要求财务状况排名靠前的公司在董事会下成立独立董事在内的CSR委员会，并将前三年平均利润的至少2%用于CSR支出。

印度政府公司事务部发布了《国家商业社会环境及经济责任自愿指引》，首次明确ESG概念，提出负责任商业的九大原则。 — 2011-07

2012-03 — 印度公司事务部发布了《负责任商业年度报告披露框架》，同年制定具体关键绩效指标，印度证券交易委员会要求市值排名前100的上市公司披露年度社会责任报告。

印度政府公司事务部发布了《企业社会责任自愿守则》，提倡所有企业制定自身CSR政策工具。 — 2009-12

2010-04 — 印度政府国企部发布了《中央公共部门企业CSR守则》，要求所有国有企业必须制定由董事会通过的CSR政策。

资料来源：社会价值投资联盟 CASVI，https://mp.weixin.qq.com/s/W-dtJTKZQZm6sueAbaIt6A。

图 6—5　印度 ESG 信息披露政策法规演进时间轴

六、主要地区信息披露政策法规对比分析

为对各地区信息披露政策有更加清晰的了解，并为后续中国信息披露政策的发展与制定提供借鉴，这里也对主要地区信息披露政策法规进行对比分析，表 6—1 对主要地区 ESG 披露政策做了比较。

在各地区的 ESG 政策实践中，欧盟是最具积极性也是政策法规最完善的体系。欧盟 2014 年修订的《非财务报告指令》，对上市公司非财务信息及业绩的披露提出了极大的关注。该指令具有强制披露要求，其规定上市公司披露以 ESG 事项为核心的非财务信息，其中强制披露关于环境治理（E）的议题，而对社会责任（S）和公司治理（G）的议题只做引导性

披露,并在政策法规的演进中不断加深 ESG 三个方面的融合。

表 6—1　　　　　　　　　　　　　主要地区 ESG 披露政策比较

地区	ESG 法规最早出台时间	信息披露形式	披露政策	特点
欧洲	2014 年,《非财务报告指令》	强制＋自愿披露	2014 年 10 月颁布的《非财务报告指令》,指令规定大型企业(员工人数超过 500 人)对外非财务信息披露内容要覆盖 ESG 议题,但对 ESG 三项议题的强制程度有所不同:指令对环境议题(E)明确了需强制披露的内容,而对社会(S)和公司治理(G)议题仅提供了参考性披露范围	欧盟在 ESG 政策法规实践方面最具积极性
美国	2010 年,《委员会关于气候变化相关信息披露的指导意见》	自愿披露	ESG 信息披露不具有强制性,美国两大证券交易所——纳斯达克与纽交所均不强制要求上市公司披露 ESG 信息,本着自愿原则鼓励企业在衡量成本和收益时考量 ESG	政府关注不足,强制力较弱,重视环境要素中的气候变化
加拿大	2010 年,《CSA 员工通告 51－333:环境报告指引》	强制＋自愿披露	2014 年 3 月,多伦多证券交易所发布了《环境与社会信息披露指南》,要求上市公司必须披露具有重要性的环境与社会议题,而对于其他议题则没有强制规定	强制性不足,重视环境问题的披露
日本	2014 年,《日本尽职管理守则》	自愿披露	2015 年新修订的《公司治理守则》中,东京证券交易所要求公司按照"不遵守就解释"的原则对公司治理情况进行披露。2018 年,修订的《公司治理守则》明确在"非财务信息"中包含 ESG 相关信息,并要求这些信息以对使用者有益的形式公开。但是,守则仍采用原则性倡议,以自愿参与和遵守为主,日本的资本市场参与者不会因为不遵守或不签署这类文件而受到处罚,强制性较低	强制性不足,对于 ESG 的重视有待提升
印度	2011 年,《国家商业社会环境及经济责任自愿指引》	强制＋自愿披露	2012 年,印度证券交易委员会发布通告,强制市值排名前 100 的上市公司披露年度业务责任报告(BRR),并采取"不遵守就解释"原则	印度对企业的 ESG 治理是从 CSR 政策中演变而来,存在较大的提升空间

资料来源:笔者根据网页资料(https://mp. weixin. qq. com/s/1KufFhnz-g4LNZ8_K1J0Zw)、社投盟《全球 ESG 政策法规研究》、《ESG 披露标准体系研究》、《国际 ESG 投资政策法规与实践》等资料整理与总结。

　　美国早在 2010 年就发布了《委员会关于气候变化相关信息披露的指导意见》,开始重视气候变化问题。实际上,气候变化问题一直以来都是美国对于 ESG 关注的核心内容。与欧洲与亚洲国家相比,美国在 ESG 信息披露不具有强制性,美国两大证券交易所纳斯达克与纽交所均不强制要求上市公司披露 ESG 信息,仅要求企业本着自愿原则进行披露,鼓励企业在衡量成本和收益时考量 ESG。此外,如今美国政治日益两极化,导致立法与政策制定多次出现僵局,美国对 ESG 监管政策受到不同当局政府的影响,导致联邦政府政策引导贡献较少。

与美国相似,加拿大也在 2010 年就发布了《CSA 员工通告 51－333:环境报告指引》。与欧洲相比,加拿大有关 ESG 信息披露的强制性要求还不是很高,对市场参与主体约束的范围还相对局限。2014 年 3 月,多伦多证券交易所发布了《环境与社会信息披露指南》,要求上市公司必须披露具有重要性的环境与社会议题,而对于其他议题则没有强制规定。这也部分导致了 ESG 投资和可持续金融在加拿大的发展略逊色于欧美其他地区。根据 PRI 联合加拿大特许金融分析师(Canada CFA)2020 年发布的《加拿大的 ESG 整合》,加拿大受访者认为美国的投资银行在建立 ESG 团队方面的投资超过了加拿大。[1]

但相较于欧美国家而言,日本的 ESG 披露政策起步较晚。日本在 2014 年发布了《日本尽职管理守则》,这标志着日本对可持续发展的关注的开端。在 2015 年新修订的《公司治理守则》中,东京证券交易所要求公司按照"不遵守就解释"原则对公司治理情况进行披露。2018 年,修订的《公司治理守则》明确在"非财务信息"中包含 ESG 相关信息,并要求这些信息以对使用者有益的形式公开。但是,守则仍采用原则性倡议,以自愿参与和遵守为主,日本的资本市场参与者不会因为不遵守或不签署这类文件而受到处罚,强制性较低。总而言之,相较于欧美国家,日本乃至亚洲大多数地区对于 ESG 政策的关注与重视都有待提升。

印度对企业的 ESG 治理是从 CSR 政策中演变而来。2011 年印度发布《国家商业社会环境及经济责任自愿指引》开始了对社会责任的关注。2012 年,印度证券交易委员会发布通告,强制市值排名前 100 的上市公司披露年度业务责任报告,并采取"不遵守就解释"原则。印度的 ESG 政策法规呈现多部门联合、循序渐进、逐步推动的特点。总体来看,印度 ESG 市场的发展仍处于初期阶段,无论是市场发展本身还是相关法规政策,都有很大的提升空间。[2]

第二节　全球主要地区 ESG 信息披露率

ESG 披露率通常通过衡量企业发布的 ESG 报告、公开披露的 ESG 数据和指标等来计算。高水平的 ESG 披露率可以增加企业的透明度,帮助投资者更好地了解企业的可持续性表现和风险管理情况。同时,ESG 披露率的提高也有助于促进企业采取更加可持续和负责任的经营行为,推动可持续发展的实现。ESG 披露率提高对于投资者、利益相关者和社会大众而言都具有重要意义,本节将对全球总体和主要地区的 ESG 披露率进行分析,概述全球 ESG 信息披露的总体情况。

---

[1]　"ESG Integration in Canada,PRI,CFA,2020",https://zhuanlan.zhihu.com/p/158871430.
[2]　https://mp.weixin.qq.com/s/W-dtJTKZQZm6sueAbaIt6A.

一、全球 ESG 披露率总体状况

自 1993 年开始,毕马威(KPMG)每隔 2~3 年就会对全球主要企业披露 ESG 报告的情况进行调查。每次,毕马威会着重研究两类企业的表现:N100 和 G250。N100 代表各样本国家中最大的 100 家企业;G250 代表位于财富 500 强前 250 名的企业。

2022 年底,毕马威发布了第 12 份调查报告,收录了至 2022 年 6 月 30 日期间的研究结果。图 6-6 为 1993—2022 年全球 ESG 报告披露率,根据毕马威的全球 ESG 信息披露调查,全球头部企业的 ESG 披露率在过去 10 年中稳步增长。10 年前,N100 企业的 ESG 披露率是 64%;2022 年,披露率达到了 79%。而在 G250 企业中,目前几乎所有的 G250 企业都已经披露了 ESG 报告:2022 年的披露率为 96%,与 2020 年持平。[①]

此外,过去十多年来,G250 企业的 ESG 披露率始终保持在 90% 以上。2011 年至今,G250 中披露 ESG 报告的企业占比在 93%~96% 波动——这主要源于 G250 企业的组成每年都会有新的变化。不过,不同国家和地区的 ESG 信息披露情况有所不同。例如,2020 年全球 N100 企业 ESG 信息平均披露率达到 80%,而我国 N100 企业的披露率为 78%,略低于全球平均水平。

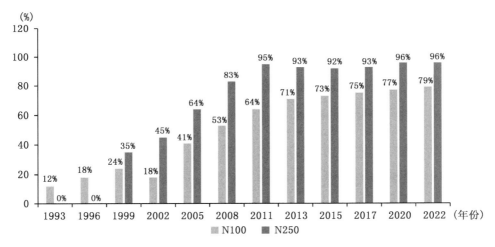

资料来源:KPMG,《Big Shift,Small Steps——毕马威 2022 年可持续发展报告调查》,https://kpmg.com/xx/en/home/insights/2022/09/survey-of-sustainability-reporting-2022. html。

图 6-6　1993—2022 年全球 ESG 报告披露率

二、按地区划分的 ESG 报告披露率

表 6-2 为按地区划分的 ESG 报告披露率,从表中可以看出,在 2022 年,亚太地区在

---

① https://www. sohu. com/a/648331517_114984.

N100 的可持续发展报告方面处于领先地位,89％的公司发布了可持续发展报告,其次是欧洲,有 82％的公司发布了可持续发展报告;美洲地区有 74％的公司发布了可持续发展报告,最后是中东和非洲地区,有 56％的公司发布了可持续发展报告。2011—2022 年亚太地区、欧洲地区的 ESG 报告披露率呈现逐年上升的态势,美洲地区的 ESG 报告披露率 2011 年为 69％,在 2017 年达到最高点 83％,其他年份有所波动,但均维持在 70％以上;而中东及非洲地区 ESG 报告披露率在 2011 年达到最高点为 61％,2013—2022 年披露率不升反降,均维持在 55％左右,中东与非洲地区 ESG 报告披露率在各地区之中处于较低水平。

表 6—2　　　　　　　　　　　按地区划分的 ESG 报告披露率　　　　　　　　　　单位:％

年份	亚太地区	欧洲地区	美洲地区	中东与非洲地区
2022	89	82	74	56
2020	84	77	77	59
2017	78	77	83	52
2015	79	74	77	53
2013	71	73	76	54
2011	49	71	69	61

资料来源:KPMG,《Big Shift,Small Steps——毕马威 2022 年可持续发展报告调查》,数据基于 5 800 家 N100 公司。

第三节　主要国家和经济体 ESG 信息披露标准

前文总体性讨论了 ESG 的信息披露政策法规和披露率,但实际上,在全球范围内,ESG 的信息披露存在不同的标准,主要包括 GRI(Global Reporting Initiative)标准、SASB(Sustainability Accounting Standards Board)标准、ISO26000(International Organization for Standardization 26000)、TCFD(Task Force on Climate-related Financial Disclosures)等几种主要的标准与框架。这些标准和框架都旨在帮助企业披露与 ESG 相关的信息,并提供一套指南和准则,使投资者、利益相关方和公众能够更好地了解和评估企业的可持续发展表现。本节对 ESG 信息披露的四种主要标准进行介绍。

一、各标准概况

目前,国际上通用的标准主要有:全球报告倡议组织(GRI)提出的 GRI 标准、可持续发展会计准则委员会(SASB)的可持续会计准则、金融稳定委员会的气候相关财务信息披露工作组(TCFD)建议、国际标准化组织的 ISO26000 社会责任指南等。其中,GRI 标准是全球使用最为广泛的披露框架,在欧洲企业中尤其普遍。美国企业则较多采用 SASB 标准进行一般性披露,并辅以 TCFD 标准进行气候相关问题披露。这些标准在指标体系、侧重点、主要目标、应用范围等方面各具特点,对比如表6—3所示,后续将对这些标准进行更为详细的介绍。

表6—3   四种主要 ESG 信息披露标准

标准	GRI 标准	ISO26000 标准	可持续发展会计准则	TCFD 标准
成立时间	1997 年	2010 年	2011 年	2015 年
发起组织	全球报告倡议组织（GRI）	国际标准化组织（ISO）	可持续发展会计准则（SASB）	金融稳定委员会（FSB）
目标	组织能够公开披露其对经济、环境和人最重大的影响,包括对人权的影响,以及组织如何管理这些影响组织可因此提高自身影响的透明度,并加强责任承担	开发适用于包括政府在内的所有社会组织的"社会责任"国际标准化组织指南标准	通过与当前的金融监管体系合作,制定与传播企业可持续会计准则	可引用的气候相关财务信息披露架构,帮助投资人、贷款机构和保险公司了解公司重大风险
核心议题	经济、环境和人	组织治理、人权、劳工实践、环境、公平运营、消费者问题、社会中参与和发展	环境、社会资本、人力资本、商业模式与创新、引导力与治理	治理、策略、风险管理、指标和目标

资料来源:https://mp.weixin.qq.com/s/li0cHv-8MTqxCp2Zjo6gmA。

二、GRI 标准

GRI(Global Reporting Initiative)是一套全球性的可持续发展报告框架,旨在指导组织披露其经济、环境和社会绩效的信息。GRI 是全球最常用的报告标准。

(一)GRI 标准的发展历程

1997 年,全球报告倡议组织成立,这一非营利性组织由联合国环境规划署和环境责任经济联盟(CE-RES)共同发起,其目的是创建第一个负责任机制,以确保公司遵守负责任的环境行为原则,并扩大到包括社会、经济和治理问题等领域。GRI 一直致力于为企业、政府和其他机构提供一套可持续发展的全球通用语言——GRI 指南,包含报告原则、关键议题、具体标准和实施手册等,为 ESG 可持续发展报告的编制提供参照标准,服务并助力于全球范围内商业活动的可持续发展。GRI 从成立至今,历经了 G1、G2、G3、G3.1、G4 到 GRI Standards 版本的更新迭代,GRI 发展历程如表6—4所示。

表6—4   GRI 发展历程

时间	具体事件
1997 年	GRI 在美国波士顿成立
2000 年	GRI 发布第一代《可持续发展报告指南》,简称 GRI,在当时对可持续发展产生深远影响,多家机构在报告时应用其报告指南

续表

时间	具体事件
2002 年	GRI 正式成为独立的国际组织,并发布第二代《可持续发展报告指南》,简称 G2;同时,GRI 总部搬迁至阿姆斯特丹
2006 年	GRI 在荷兰首都阿姆斯特丹发布了第三代《可持续发展报告指南》,简称 G3,同时被翻译成 10 多种语言版本
2008 年	开展认证培训合作伙伴计划
2011 年	GRI 发布《可持续发展报告指南》的 G3.1 版本,相较于 G3 版本而言,G3.1 增加了有关人权、性别和社区方面的报告指引
2013 年	GRI 在北京发布第四版中文版《可持续发展报告》,简称 G4,也是世界上使用最广泛的可持续发展报告披露工具
2015 年	通过了 SDG 框架
2016 年	发布 GRI 可持续发展报告标准(GRI Sustainability Reporting Standards),并表示不再发布新一代指南,而是根据公众意见对 GRI 标准不断升级。同时,GRI 社区计划启动
2017 年	与联合国全球契约合作推出的关于可持续发展目标的企业报告指南
2019 年	部门计划启动,同时发布新的税收标准
2020 年	发布新的废弃物标准

(二)GRI 标准的主要内容体系

在框架内容上,GRI 标准最初的 G1 版本主要包含《可持续发展报告指南》(以下简称《指南》)以及各类《指标规章》《技术规范》等,《指南》中的内容较少,需要一系列相关文件进行补充指引,在框架设计上相对比较烦琐,应用较为复杂。

GRI 在这方面进行了一系列改进,逐渐将多个文件进行整合梳理,形成了目前使用的 GRI 标准框架体系,主要分为通用标准和议题专项标准两部分内容。表 6—5 列示了 GRI 从 G1 到 GRI 标准的总体框架比较。

表 6—5　　　　　　　　　GRI 标准的 G1～GRI 标准总体框架比较

	G1	G2	G3	G3.1	G4	GRI 标准
框架内容	《可持续发展报告指南》以及各类《指标规章》、《技术规范》《行业附加指引》	《可持续发展报告指南》、行业补充、专题指引、技术准则	原则和指导、标准披露项目、规程、行业补充项目	报告原则和指导、标准披露(包括绩效指标)、规章、行业补充指引	报告原则和标准披露、实施手册	通用标准和议题专项标准
特色	指标分为一般通用和机构特有。全球第一个基于三重底线的可持续发展报告框架	三重底线,区分核心指标与补充指标	GRI 应用等级	"GRI 应用等级制度",宣布其应用 GRI 报告框架的程度	新增标准披露部分(包括常规标准和分类标准披露)	报告框架结构更加模块化,清晰易懂

资料来源:《ESG 披露标准体系研究》。

3.GRI 标准在不同国家和地区的应用与实践情况

　　GRI 标准在不同国家和地区广泛应用,并且得到了许多组织和政府的支持和采用。表 6—6 报告了各个国家或地区发布各类型可持续发展报告的占比情况。从表 6—6 中可以看出,美国发布的可持续发展报告总数最多,总计 5 504 份;其次是中国内地,总计 4 879 份;紧接着是日本,总计 3 439 份。英国和中国台湾的可持续发展报告数量相差不大,中国香港最少,总计 941 份。从使用 GRI 披露可持续发展报告的占比来看,中国台湾和美国企业以使用 GRI 发布可持续发展报告为主,使用 GRI 披露可持续发展报告数量占比超过 50%,中国香港使用 GRI 披露可持续发展报告的占比为 48%,英国和日本使用 GRI 披露可持续发展报告的占比相差不大,中国内地使用 GRI 发布可持续发展报告的占比较少,仅有 18%。

表 6—6　　　　　　　各国或地区发布各类型可持续发展报告占比分析　　　　　　单位:%

国家/地区	美国	英国	日本	中国内地	中国台湾	中国香港
GRI	58	38	35	18	87	48
C-GRI	8	6	40	25	6	9
N-GRI	34	57	25	57	7	43
报告总数(份)	5 504	2 551	3 439	4 879	2 691	941

资料来源:《ESG 披露标准体系研究》。

　　此外,从全球各地区 GRI 采用率来看,GRI 标准采用率存在一些区域差异,如图 6—7 所示,美洲的采用率为 75%,亚太地区和欧洲为 68%,中东和非洲为 62%。从图中可以看出,美洲的采用率最高,亚太、欧洲相似,中东与非洲地区采用 CRI 采用率最低。

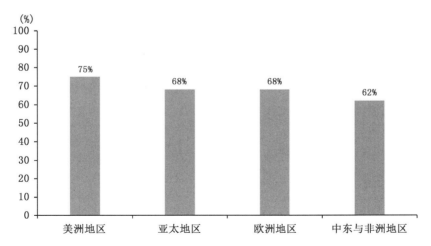

资料来源:KPMG,《Big Shift, Small Steps——毕马威 2022 年可持续发展报告调查》,数据基于 4 581 家 N100 公司与 240 家 G250 公司。

图 6—7　各区域 GRI 标准采用率

三、ISO26000 标准

ISO26000(International Organization for Standardization 26000)是国际标准化组织制定的社会责任指南标准,该标准在全球统一了社会责任的定义、明确了社会责任的原则、确定了践行社会责任的核心主题、描述了以可持续发展为目标将社会责任融入组织战略和日常活动的方法,为企业建立完善和长期的企业责任战略提供了一个框架体系。

(一)ISO26000 标准的发展与演变

ISO26000 名称有其独特的来源。地球除了自转、公转外,还进行着由南极逐渐向北极翻转、由北极逐渐向南极翻转的运动。每隔 13 000 年,南北极会完全互换。26 000 年正好是南北极翻转一周的用时。每一次南北磁极的翻转都会给地球带来巨大变化。比如13 000 年前,猛犸象、剑齿虎和北美洲穴居人突然灭绝,地球进入长达 1 000 年的冰冻期。社会责任的目的是可持续发展,将这一指南标准命名为 26000,是为了让人类关注我们共同的星球,这便是 ISO26000 名称的来源。表 6－7 展示了自 2005 年第一次会议以来ISO26000 开发过程中,一共召开的 8 次全体会议,这些会议反映了 ISO26000 标准开发的历史性结果和进程。ISO26000 的开发经历了一个复杂而又漫长的历程,大致可以分为准备、草拟和发布三个阶段。

表 6－7　　　　　　　　　　　ISO26000 标准的发展与演变

会议	时间	地点	代表性结果
第一次会议	2005 年	巴西萨尔瓦多	确定开发 ISO26000 的任务,决定社会责任工作的组织结构,配备下属任务小组的领导和制定特殊工作流程
第二次会议	2005 年	泰国曼谷	工作草案 1(WD 1),设计规范达成一致,建立任务小组
第三次会议	2006 年	葡萄牙里斯本	工作草案 2(WD 2),同意对工作草案 1 的评论,进一步建立为增加参与人数和提高可信度的运作框架,讨论母语不是英语的参加者的困难
第四次会议	2007 年	澳大利亚悉尼	工作草案 3(WD 3),进一步评论工作草案 2,同意工作草案 3 的详细内容计划,讨论如何清楚地描述指南,使之适合所有组织,如何能最佳地识别其利益相关方,如何指导使用者在供应链上的行为
第五次会议	2007 年	奥地利维也纳	工作草案(WD 4.1)和(WD 4.2),建立新的草案集成任务小组,深入讨论供应链关系的处理,第三方评价的作用以及国家或者当地法律与国际行为规范有冲突时问题的处理。组织应该(而不是可以)报告 7 个社会责任的核心主题
第六次会议	2008 年	智利圣地亚哥	委员会草案 1(CD 1),一致同意工作草案(WD)上升为委员会草案(CD),讨论草案是否会被视为非关税贸易壁垒,草案适应于政府机构的程度,国际规范和协定在世界各国的适用性,包括人权宣言及对中小企业的重要性

续表

会议	时间	地点	代表性结果
第七次会议	2009 年	加拿大魁北克	国际标准草案(DIS),提高文件共识的程度,同意委员会草案上升为国际标准草案(DIS),讨论包括:在环境和消费者问题中是否包括预警原则,在公平运营实践中是否包括公平处理供应链中实施社会责任的成本和利益,如何处理过去、现在或者将来其他有关社会责任的倡议和工具等
第八次会议	2010 年	丹麦哥本哈根	准备最终国际标准草案(FDIS)投票,多利益相关方多方位的辩论,其中包括如下问题:讨论 ISO26000 中引用现有认证标准和自愿性倡议的程度当国家法律和传统习惯与联合国文件表达的国际规范不一致时,使用者如何处理,对发展中国家、全球跨国公司、中小企业以及非营利或者公共服务组织的适应性,对世界贸易和国际义务的影响,预警方法,指南普遍适用性及某些法律验证等。总体达成共识、结束最终谈判,是将标准推向最终成熟阶段的决定性一步

资料来源:《ESG 披露标准体系研究》;孙继荣:《ISO26000——社会责任发展的里程碑和新起点(二) ISO26000 的形成过程及核心内容》,《WTO 经济导刊》,2010 年第 11 期,第 43—54 页。

(二)ISO26000 标准的主要内容体系

ISO26000 标准参照和引用了 68 个国际公约、声明和方针,其正式文本有 109 页,重点描述了"社会责任七个原则"和"七个核心主题"。与其他社会责任标准相比较,ISO26000 的内容涉及面更广、更全面。ISO26000 是国际标准化组织制定的社会责任指南,包括组织治理、人权、劳工、环境、公平运营、消费者问题、社会参与和发展七大项,共计 37 个核心议题、217 个细化指标。ISO26000 标准除前言与引言外,共有七章内容,具体结构设置如表 6—8 所示。

表 6—8　　　　　　　　　ISO26000 标准各章节内容介绍

章节及名称	具体内容
第一章　范围	该章主要强调本国际标准为所有类型组织提供指南,无论其规模大小以及所处何地。这实际上就是强调社会责任的定义适用于除行使主权职责时的政府以外的任一组织。当然也包括了企业这一经济类组织
第二章　术语	定义和术语缩写。影响社会责任发展并继续影响其性质和实践的因素、条件和主要问题。同时,明确社会责任的相关概念——社会责任意味着什么;它如何应用于组织、组织的社会责任、社会责任的新趋势、社会责任的特征、国家与社会责任等。该章介绍了 27 个术语分为两大类:一类是非直接与社会责任相关联的通用术语;另一类是直接与社会责任相关联的特定术语
第三章　了解社会责任	包括组织社会责任的发展历史和背景;社会责任的最新动向;特别是介绍社会责任的特点;社会责任概念与可持续发展概念之间关系的四个条款,核心是对社会责任定义的进一步阐述
第四章　社会责任原则	由总则、承担义务、透明度、道德行为、尊重利益相关方、尊重法律规范、尊重国际行为规范、尊重人权八个条款组成。实际上是对定义的具体阐述

续表

章节及名称		具体内容
第五章	识别社会责任和约束利益相关方	由总则、辨识社会责任、利益相关方识别和约束三个条款组成。无论是理解社会责任还是利益相关方的识别与参与,都是对定义的深化和具体化理解
第六章	社会责任核心主题	阐述与社会责任有关的核心主题和相关问题,针对每个核心主题,就其范围和与社会责任的关系、相关原则与思考以及相关行动与期望等提供了信息,包括组织治理、人权、劳工、环境、公平运营、消费问题、社区参与和发展等方面。将组织的决策和活动划分为七大主题,确保组织在七大主题及其 37 个议题内表现出"对社会负责任的组织行为"
第七章	社会责任全面融入组织	提供将社会责任融入组织实践中的方法,包括:组织的特征与社会责任的关系、理解组织的社会责任企业贯彻社会责任实践、社会责任沟通、提升社会责任的可信度、审查和改进组织的社会责任相关行动与实践、自愿性社会责任倡议等。实际上就是指导组织如何将社会责任定义的各个方面的内涵通过组织的变革得到贯彻,从而使组织行为"对社会负责任",并得到利益相关方和社会的信任

(三)ISO26000 在全球的实践情况

在 ISO26000 制定过程中及正式出版发行后,相当多的参与标准制定的国家和标准制定机构纷纷依据 ISO26000 或者参考 ISO26000 修订、制定或者完善自己的社会责任倡议和工具,出台新版本或者重新制定自己的标准。截至 2021 年 3 月,包括中国在内,已有 88 个国家和地区将 ISO26000 社会责任国际标准转化为其国家(地方)标准。图 6—8 为按区域划分的该地区转换国家占该地区的比重,其中转化率最高的是欧洲地区,其次是南美洲,再次是北美洲,最后是非洲。

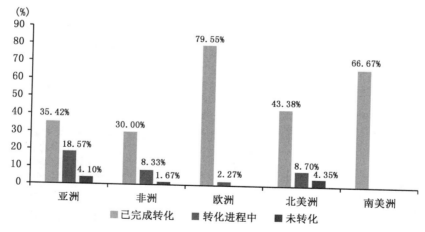

资料来源:《ESG 披露标准体系研究》。

图 6—8　ISO26000 转换国家占该地区总数的比重

四、SASB 标准

SASB 成立于 2011 年,是一家位于美国的非营利组织,致力于制定一系列针对 ESG 的披露指标,以促进增加投资者与企业交流对财务表现有实质性影响且有助于决策的相关信息。本部分对 SASB 标准的发展与演变、主要体系内容、在不同地区的实践应用情况进行了介绍。

(一)SASB 标准的发展与演变

SASB 标准于 2011 年制定,旨在指导公司披露以投资者为中心的可持续性信息。2022 年,SASB 并入 IFRS 基金会,目标是成为金融市场可持续性披露的全球标准制定者。SASB 采取了与其他国际公认的披露标准制定机构——如财务会计标准委员会(FASB)以及国际会计标准理事会(IASB)——相似的治理架构,由董事会(The Foundation Board)和标准委员会(The Standard Board)组成。董事会负责监督整个机构的战略、募资、运营和任命标准制定委员会成员;标准委员会负责研发、发布和维护 SASB 标准。自从 2011 年成立以来,SASB 经历了如表 6—9 所示的发展历程。

表 6—9　　　　　　　　　　　　　　SASB 标准发展历程

时间	具体事件
2011 年	SASB 在美国成立
2014 年 7 月	SASB 发布了不可再生资源临时可持续性标准,主要针对不可再生资源领域内的行业
2016 年 12 月	成立投资顾问小组,致力于改善对投资者的可持续性相关披露,为该组织提供投资者反馈和指导
2018 年	SASB 发布了全球首套 SASB 标准
2018 年 11 月	SASB 针对最具有可能对某一行业的代表型企业造成重大财务影响的可持续因素集合,该标准给出了对应指导,旨在帮助投资者和企业做出更为明智的决策
2019 年 12 月	SASB 宣布成立 4 个新项目,以解决通过循证研究和市场咨询提出的关键问题,这些问题推动了其标准制定过程
2020 年 2 月 4 日	SASB 推出了《SASB 标准使用指南》,这是一个将 SASB 标准纳入投资者沟通核心为目的所提供的在线资源
2020 年 2 月 27 日	SASB 宣布了 3 个新项目,以解决通过循证研究和市场咨询提出的关键问题
2020 年 6 月	SASB 投票启动了一个新的标准制定项目,以解决化学品和纸浆造纸行业的一次性塑料和生物过滤器问题
2020 年 9 月	SASB 再次投票启动了一个新的标准制定项目,以解决互联网媒体和服务行业的内容整治问题
2021 年 6 月	IIRC 和 SASB 宣布合并成一个统一的新组织——价值报告基金会(Value Reporting Foundation),主要是为了降低企业 ESG 信息披露成本,提高 ESG 信息的有效性,建立有广泛影响力的整合性质的 ESG 标准

(二)SASB 标准的主要内容体系

在传统行业分类系统的基础上,SASB 推出了一种新的行业分类方式:根据企业的业务类型、资源强度、可持续影响力和可持续创新潜力等对企业进行分类,自主创造了可持续工业分类系统(Sustainable Industry Classification System,SICS),SISC 将企业分为 77 个行业。每个行业在 SASB 标准中都有一套自己独特的可持续性会计标准。具体而言,SASB 标准包括如图 6-9 所示的环境、社会资本、人力资本、商业模式与创新、领导与治理 5 个可持续主题,且每个主题下包含众多的细分议题。

图 6-9 SASB 标准包含的议题

3. SASB 标准在不同国家和地区的应用与实践情况

美国是最早运用 SASB 标准披露 ESG 信息的国家,发展至今,美国应用 SASB 标准披露 ESG 信息的水平在全球范围内较高。从图 6-10 中我们可以发现,世界上发布 SASB 报告的企业中,美国的企业最多,占比为 31.30%,SASB 在美国的应用非常广泛。

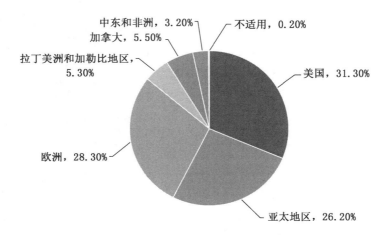

图 6-10 2021 年参考 SASB 标准披露企业社会责任报告的世界区域分布

另外,图 6－11 展示了全球分地区 SASB 标准采用率。根据 KPMG 的报告,美洲地区的企业采纳 SASB 标准的占比最多,其次是欧洲地区,第三是亚太地区,而中东与非洲地区采纳 SASB 标准的企业占比最小。在美洲地区,有超过一半的企业报告采纳了 SASB 标准,这主要是由美国和加拿大的企业造成的。欧洲地区对 SASB 的采纳率为 35％,但在亚太地区只有 23％的企业采纳了 SASB 标准,中东和非洲地区只有 18％的企业使用了 SASB标准。

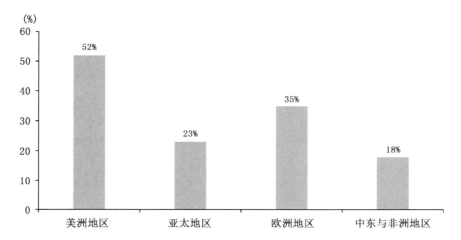

资料来源:KPMG,《Big Shift,Small Steps——毕马威 2022 年可持续发展报告调查》,数据基于4 581 家 N100 公司与 240 家 G250 公司。

图 6－11　全球分地区 SASB 标准采用率

五、TCFD 标准

(一)TCFD 标准的发展与演变

TCFD(Task Force on Climate-related Financial Disclosures)标准是一个由国际金融稳定理事会(Financial Stability Board)设立的倡议,旨在推动企业和机构向投资者和利益相关方披露与气候变化相关的金融信息。TCFD 标准的发展与演变可以追溯到其成立和发布的初期,以及其后的推广和采用过程。表 6－10 展示了 TCFD 标准的主要发展和演变过程。

表 6－10　　　　　　　　　　　　**TCFD 标准的发展历程**

阶段与时间	取得的成果
成立和发布时期 (2015—2017 年)	TCFD 于 2015 年年底由国际金融稳定理事会设立,并于 2017 年 6 月发布了首份报告,即气候变化相关财务信息披露指南。提出了 TCFD 框架的基本原则和核心要素

阶段与时间	取得的成果
全球推广时期 （2017 年至今）	自发布以来,TCFD 标准得到了全球范围内的推广和采用。多个国家的金融机构、企业和投资者纷纷表达支持和采用 TCFD 框架的意愿。一些国家和地区还制定了推动 TCFD 应用的指导文件和政策。例如,英国金融市场监管机构金融行为监管局（Financial Conduct Authority,FCA）于 2019 年 7 月发布了《气候相关金融披露要求》（Climate-related Financial Disclosures Requirements）,要求英国上市公司（标准上市）和大型合格发行人（Premium listed）披露符合 TCFD 标准的气候相关金融信息
报告披露的增加 （2019 年至今）	越来越多的企业开始采用 TCFD 标准进行气候相关金融信息的披露。许多大型公司、金融机构和投资者已经在其可持续发展报告中包含 TCFD 要素,以提供更加全面和透明的气候风险披露。例如,苹果公司是首批采用 TCFD 框架进行披露的企业之一。他们在可持续性报告中详细披露了与气候相关的风险管理、减排目标和清洁能源采购等信息
法规要求的增加 （2019 年至今）	越来越多的国家和金融监管机构开始将 TCFD 披露作为法规要求的一部分。例如,英国、欧洲联盟和加拿大等地制定了法规或指导意见,要求特定企业进行 TCFD 披露,以增加披露的一致性和可比性。例如,欧盟委员会于 2021 年 4 月发布了《欧洲联盟可持续金融披露条例》（EU Sustainable Finance Disclosure Regulation）,该法规要求欧盟内的金融机构和相关实体,在披露可持续性信息时采用 TCFD 框架,并于 2022 年逐步生效

资料来源：笔者整理。

（二）TCFD 标准的主要内容体系

TCFD 标准基于核心的四项元素建立了报告架构,四项元素为治理、策略、风险管理及指标和目标,这四项元素相互联系、相互支持,具体结构如图 6－12 所示。此外,TCFD 的框架结构分为四部分:建议、建议披露事项、所有行业通用指引以及特定行业的补充指引。其中,"建议"建立在四个组织运作的核心因素——治理、策略、风险管理、指标和目标——基础上,向投资者和其他利益相关者说明如何看待和评估气候相关风险与机会。

（三）TCFD 标准在不同国家和地区的应用与实践情况

截至 2021 年 10 月 6 日,工作组在全球范围内获得了 2 600 多个组织的支持,包括 1 096 家金融机构,而支持气候相关财务信息披露工作组的组织遍布 89 个国家和地区,几乎遍及所有经济部门。全球各政府开始将气候相关信息披露工作组建议的各方面编入政策和法规中,其中,巴西、欧盟、日本、新西兰、新加坡、瑞士、英国和中国香港针对当地机构发布了按照 TCFD 建议进行报告的政策要求,部分国家关于相关政策要求如表 6－11 所示。越来越多的国家和地区将 TCFD 作为气候相关信息披露工作的依据。

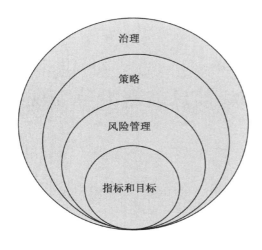

治理：该组织针对气候相关风险与机会的治理。

策略：气候相关风险与机会对于组织的业务、策略和财务规划的实际和潜在风险。

风险管理：组织识别、评估和管理气候相关风险的流程。

指标和目标：用以评估及管理与气候相关风险及机会的指标和目标。

资料来源：《ESG 披露标准体系研究》，https://mp. weixin. qq. com/s/inwai2WrB_RqPJewY6BdOA。

图 6－12　气候相关财务信息披露的核心要素

表 6－11　　　　　　　　　部分国家关于按照 TCFD 建议进行报告的政策要求

国家（地区）	相关政策
巴西	2021 年 9 月，巴西中央银行宣布采取与气候相关财务信息披露工作组建议相一致的强制性信息披露要求
欧盟	2021 年 4 月，欧盟委员会发布拟定的《公司可持续发展报告指令》，以修改现有报告要求。欧盟委员会指出，报告要求应将现有标准和框架（包括气候相关财务信息披露工作组框架的标准和框架）纳入考虑范围
日本	2021 年 6 月，东京证券交易所发布了《公司治理准则》修正本，要求某些上市公司按照气候相关财务信息披露工作组的建议，提高和增加气候相关财务信息披露的质量和数量
新西兰	2020 年 9 月，新西兰宣布，要求约 200 家机构按照气候相关财务信息披露工作组的建议进行气候相关财务信息披露，包括大多数持牌保险公司、上市发行人、大型注册银行以及投资计划管理公司
新加坡	2021 年 8 月，新加坡交易所监管公司提出了一个与气候相关财务信息披露工作组建议相一致的强制性信息披露路线图。从 2022 年开始，所有发行人必须在合规或做出说明的基础上，采用与气候相关财务信息披露工作组建议相一致的报告方
英国	2020 年 11 月，英国财政大臣宣布，英国打算在 2025 年之前针对大型企业和金融机构强制实行气候信息披露要求。2020 年 12 月，金融行为监管局提出关于英国优质上市公司根据气候相关财务信息披露工作组的建议，在合规或解释的基础上披露气候相关风险和机遇的新规则，并于 2021 年 6 月发布提案，要求标准上市股票发行人也按照气候相关财务信息披露工作组建议进行信息披露

资料来源：https://mp. weixin. qq. com/s/ZobzMt_mtqaAlyOKOba7IA。

第七章　中国 ESG 信息披露沿革与现状

本章提要：在上一章介绍了全球的 ESG 信息披露政策和现状之后，本章我们将主要介绍中国的 ESG 信息披露沿革与现状。我们首先梳理了中国 ESG 信息披露的沿革，中国 ESG 信息披露经历了多个阶段的发展，关于 ESG 相关信息的披露也逐渐从自愿性逐步走向强制性。然而，相关标准的缺失、对强制数据的获取受到限制，影响了中国市场上 ESG 数据的质量；同时，中国内地 ESG 信息披露体系与其他国家或地区存在诸多差异且仍需不断完善。其次，本章全面梳理了中国上市公司 ESG 信息披露的现状，重点关注近年来 ESG 信息披露率在各个维度的变化趋势。最后，我们聚焦于中国特色的 ESG 议题，对中国上市公司 ESG 信息披露中的一些中国特色做法进行了总结，如乡村振兴、党建等内容。

第一节　中国 ESG 信息披露的沿革与进展

ESG 理念并不是凭空出现的，之前是以企业社会责任（Corporate Social Responsibility，CSR）的名义为人们所熟知。企业社会责任主张公司不仅应追求经济利润，而且应确保其业务对社会、环境和其他利益相关者产生积极的影响。随着时间的推进，全球化、气候变化以及社会不平等等问题的日益凸显，人们对于企业所承担的责任和角色的认识也在不断深化。这促使了 ESG 理念的出现，它提供了一个更为细致和全面的框架，使投资者和利益相关者能够更好地评估公司在可持续性问题上的表现。在此背景下，ESG 不仅代表了企业的道德责任，更是成为现代企业成功与否的重要指标，揭示了一个公司是否真正准备好迎接未来的挑战和机遇。

一、企业社会责任的兴起

企业社会责任（CSR）是一个 20 世纪中叶在西方国家兴起的概念，其背后的理念源远流长。早在 19 世纪，随着工业革命的发展，企业开始面临诸如劳工权益保护、公共健康和环境污染等社会问题。针对这些情况提出了一个问题：企业的责任是仅仅获得经济利益，还是包括对社会和环境的考虑？随着企业规模的扩大，社会开始关注企业行为对员工、消费者、环境等的影响,但直到 20 世纪 50 年代,随着企业影响力的增加,CSR 作为一个理论概念才开始在商业和学术界得到关注。1960 年以后,各种社会运动,如民权运动、环保运动等,进一步推动了企业社会责任理念的发展,19 世纪 70 年代,学者开始对 CSR 的定义和内容进行深入的探讨和研究,其中包括企业的经济、法律、伦理和公民责任。至 21 世纪初,CSR 的理念已经广泛地渗透到西方企业的经营管理中。

企业社会责任的理念在中国的兴起主要发生在 21 世纪初,全球化进程以及中国加入世界贸易组织后,中国企业开始更深度地参与国际市场竞争,接触并接受更多西方的商业理念和实践,其中包括企业社会责任理念。早期的 CSR 在中国主要是外资企业和一些大型国有企业在进行实践,这些企业往往在全球范围内运营,对 CSR 有着更为深入的理解和实践。此外,这些企业也面临来自全球消费者、投资者和利益相关者对其社会和环境影响的关注和要求,因此有更强大的动力进行 CSR 的实践。

中国政府对 CSR 的支持也是推动 CSR 在中国发展的重要因素,国务院国资委分别于 2008 年和 2011 年对中央企业(也适用于地方国有企业)的社会责任进行了明确规定,明确了履行社会责任主要内容①,使得国有企业厘清了与社会之间的关系。同时,这一时期随着我国社会主义市场经济体制改革逐步深入,大量民营企业不断完善自身的内部治理结构,加强了自身的科学化、规范化与现代化的管理进程。在这一时期,深交所和上交所分别发布了《上市公司社会责任指引》《关于加强上市公司社会责任承担工作暨发布〈上海证券交易所上市公司环境信息披露指引〉的通知》等文件,推动了沪深上市公司探索企业社会责任信息披露的制度规范,此后逐步实现了社会责任披露的诱导性制度向强制性制度相结合的社会责任披露制度体系构建。

随着中国企业对 CSR 理念的理解和接受,以及中国政府对 CSR 的支持的推动,有越来越多的中国企业开始进行 CSR 的实践,包括发布 CSR 报告。据统计,到 2022 年,中国已经有超过一半的上市公司发布了 CSR 报告。这表明,CSR 已经在中国得到了广泛的认知和实践,成为中国企业战略决策的重要部分。2006 年至今,我国 A 股上市公司发布 CSR 报告已经有近 18 年历程。相关监管政策的出台,在披露内容、披露等级上均提出明确要求。A 股上市公司的 CSR 理念逐步深化,CSR 管理不断完善,CSR 报告质量不断提高。

二、从 CSR 到 ESG

2006 年,联合国责任投资原则组织(UNPRI)成立,旨在推进投资者将环境、社会和公司治理等要素融入投资战略决策;同年,高盛发布《高盛环境政策:2006 年终报告》,正式提出完整的 ESG 理念。随着 UNPRI 的签约机构迅速增加,具备 ESG 理念的产品逐步成为资本市场青睐的投资方向。与此同时,各国际组织、评级机构和证券交易所发布了一系列

---

①　主要内容包括:坚持依法经营诚实守信;不断提高持续盈利能力;切实提高产品质量与服务;加强资源节约和环境保护;推进自主创新和技术进步;保障生产安全;维护职工合法权益;参与社会公益事业。

ESG 评价体系,如明晟(MSCI)ESG 评级指数、道琼斯可持续发展指数(DJSI)、富时罗素 ESG 评级等,成为评价企业 ESG 因素的重要依据。但无论采用何种评价体系,其评价尚需以企业的 ESG 信息披露为前提条件。与此同时,各个国家和地区的交易机构开始明确要求上市公司披露 ESG 报告,如何进行 ESG 信息披露逐渐成为企业关注的焦点问题。随着我国"双碳"目标的确立,ESG 中的"可持续发展""绿色低碳"等核心理念与中国发展战略高度契合,ESG 也成为助力中国实现"碳中和"的重要抓手。

总体而言,中国的 ESG 信息披露起步较晚,但近年来的发展非常迅速。在整个发展历程中,如图 7-1 所示,ESG 在中国的发展近年来有几个节点值得格外关注。具体而言,2018 年中国证券投资基金协会对于 ESG 的专项研究积极推广 ESG 理念至中国上市公司;同年 6 月,ESG 评级机构开始根据企业的 ESG 状况将 A 股纳入相关指数,进一步鼓励上市公司进行 ESG 的探索与研究。2019 年,上海证券交易所发布《科创板股票上市规则》,开始逐渐明确强制上市公司披露 ESG 相关信息。2020 年年底颁布的全国首部绿色金融领域的地方法规《深圳特区绿色金融条例》,强制要求企业披露环境信息,进一步加强了我国 ESG 的信息披露。2022 年 4 月,证监会发布的《上市公司投资者关系管理工作指引》,首次将 ESG 引入投资者关系管理,加快了 ESG 信息披露和 ESG 投资的发展进程。

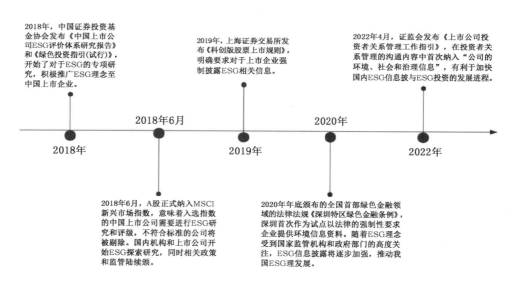

图 7-1　中国 ESG 发展历程的重要节点

ESG 在中国的推动还有以下几个方面的原因:首先,投资者和金融机构的影响力。投资者和金融机构对 ESG 因素的关注和需求增加,推动企业更加重视 ESG 的管理和披露。有越来越多的投资者将 ESG 因素作为投资决策的重要考量,金融机构也倾向于为符合 ESG 标准的企业提供更多的融资和支持。其次,公众和社会的期望。随着社会意识的提高,公众对企业的社会责任和可持续发展提出了更高的期望。社会舆论的压力促使企业更加重视 ESG,并通过信息披露来展示其可持续发展的努力和成果。最后,国际借鉴和合作。中国积极借鉴和学习国际上 ESG 信息披露的最佳实践,并加强国际合作。通过参与国际组织和标准制定,中国与其他国家共同推动 ESG 信息披露的国际标准化和规范化。

经过几十年的商业实践,企业社会责任的披露一直集中于定性问题。然而,随着社会问题的焦点逐渐显现以及科技的进步,我们已经能够量化评估一家公司对自然资源的使用、敏感矿产资源带来的冲突、社会结构与影响以及优良的治理结构。在此背景下,如果说企业社会责任的主题是如何讲述一个故事,那么环境、社会和公司治理的角度则为我们提供了具有分析性且可以用于实际行动的数据。

由图 7—2 可知,2021 年度的 ESG 报告和 CSR 报告共计 1 368 份,其中,单独的 ESG 报告占比为 15.4%,社会责任报告发布的数量占比为 84.6%,而 2022 年度的 ESG 报告发布的数量占比上升为 26.4%。同 CSR 报告发布相比,A 股上市公司发布单独的 ESG 报告的比重有所上升,体现了中国上市公司从 CSR 到 ESG 的转变。

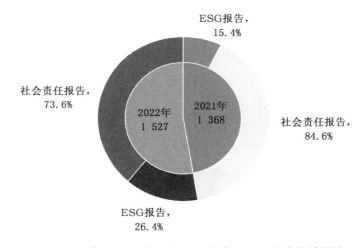

图 7—2　2021 年和 2022 年 A 股 ESG 报告和 CSR 报告的披露情况

综上所述,中国的上市公司从披露 CSR 到披露 ESG 的转变是一个渐进的过程,由政府政策引导、指导性文件和标准的发布、投资者和金融机构的影响力、公众期望以及国际借鉴与合作等多方面的推动所驱动。这一转变体现了中国对可持续发展的承诺,并将 ESG 因素融入企业经营管理的核心。

三、各方对 ESG 信息披露的态度与需求

(一)上市公司内部的 ESG 治理

在上市公司内部,根据公司的规模、行业以及具体业务环境的不同,ESG 的管理呈现各种形式;然而,无论公司的具体情况如何,ESG 治理都已经成为公司在日常运营和战略决策

中必须关注的重要因素。

从环境角度来看,首先,许多上市公司已经把环保责任纳入公司的日常运营中,通过采用更加环保的生产工艺和设备、优化能源使用效率以及提升废弃物管理等手段,来尽量减少其对环境的负面影响。同时,也有很多公司设立专门的环保目标,并定期公开披露他们在环保领域的进展和成果,以展示其对环保工作的承诺。其次,社会责任在上市公司的 ESG 管理中也占据了重要位置。公司通过设立和执行公正的劳工政策、致力于提供安全和健康的工作环境、参与和推动社区的发展,以及对人权的尊重等方式,来履行其社会责任,在提升公司社会形象的同时,增强了员工的满意度和忠诚度,从而对公司的长期发展有着积极的影响。在公司治理方面,上市公司遵守严格的法规要求,以确保其运营符合公平、透明、合规的原则,包括有效独立的董事会、设立内部审计和风险管理机制,以及公开透明的财务报告。通过这些方式,公司增强了投资者、客户以及其他利益相关方的信任,降低潜在的商业和法律风险。

为了进一步推进 ESG 实践,许多上市公司已经设立了专门的 ESG 委员会或者相关部门,负责协调和执行公司的 ESG 策略。同时,ESG 因素也被纳入公司的战略规划和业务决策中,而不仅仅是作为风险管理的工具。上市公司内部的 ESG 治理情况是复杂且多元的,既包括对环境、社会责任的积极履行,也包括对公司治理的严格要求。通过深入和系统的 ESG 治理,上市公司不仅能够应对来自各方的压力和挑战,而且能够抓住潜在的商业机会,从而实现长期的、可持续的发展。

（二）投资者的态度及关注的 ESG 因素

上市公司发布 ESG 报告有助于投资者了解公司相关表现。投资者希望不断地看到公司战略、发展目标、执行过程、重大风险、关键表现和进步等信息。为保证 ESG 整合过程的高效性,ESG 数据必须标准化,并可跨实践、跨投资组合进行对比,还必须采用国际公认的披露框架以及与财报相同的细分原则。

在负责任投资的背景下,企业 ESG 相关披露因素日益受到不同类型投资者的关注,包括以下几个核心方面:(1)环境因素,涉及气候变化,如碳排放、温室气体排放、可再生能源运用、自然资源如水、土地和生物多样性的高效使用与保护、废弃物管理、污染控制以及环境法规遵守;(2)社会因素,包括员工权益、福利、多元化、包容性、社区关系及供应链管理,如公平薪酬、工作环境和健康安全、多元文化、性别、种族包容等;(3)治理因素,主要集中在公司治理结构、道德行为、合规、执行者薪酬和股东权益,如领导层与董事会构成、道德规范、法规合规情况、高层薪酬政策与公司长期目标一致性、股东权益保护等;(4)一些特别的因素,包括产品责任、数字责任、人权、政策影响、税收透明度及公司的适应性和抗击力等,如产品质量安全、个人数据收集使用、全球人权尊重、政治行为对公共政策影响、公司税收策略,以及在面对大规模挑战如气候变化和技术变革时的应对能力。这些因素在当前投资环境中扮演着越来越重要的角色,为投资者提供了全面而深入的考量视角。

　　根据中国责任投资论坛和新浪财经在 2022 年 10 月就社会责任投资的公众态度进行的问卷调查,投资者对 ESG 信息的态度体现在投资者对 ESG 信息的认识与理解、投资者的行为决策、投资者的价值观与投资目标、投资者对 ESG 信息的信任度和满意度等几个方面。

　　该调查显示,个人投资者对责任投资了解有限,如图 7—3 所示,有 77% 的调查对象不了解责任投资,其中,27% 从未听说过“绿色金融”“责任投资”或“ESG”。不过,虽然了解责任投资的调查对象仍然为少数,但较 2021 年的 17% 提升至 23%。然而,从投资行为角度来看,如图 7—4 所示,是否听说或了解责任投资并不对是否在投资中考虑 ESG 因素构成绝对影响。对于从未听过或不了解责任投资的个人投资者,仍有部分会在投资过程中加入“环境保护”“减排”“气候变化风险管理”“劳工权益与安全”和“商业道德”等责任/ESG 投资范畴的因素。有 84% 的被调查对象表示会在投资中考虑 ESG 因素,其中,26% 为总是考虑,58% 为有时考虑。

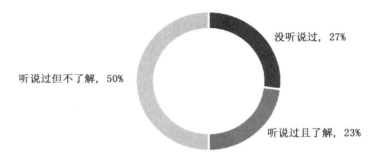

资料来源:商道融绿。

图 7—3　个人投资者对责任投资的了解程度

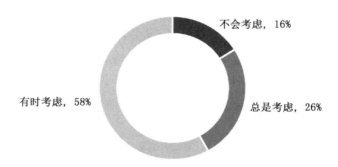

资料来源:商道融绿。

图 7—4　个人投资者对 ESG 信息的采纳程度

　　从投资者的价值观与投资目标来看投资者对 ESG 信息的态度,如图 7—5 所示,发现 71% 的个人投资者在未来考量 ESG 投资中优中选优,倾向于投资那些在 ESG 表现上优秀的公司,相信 ESG 投资能带来长期的经济收益。

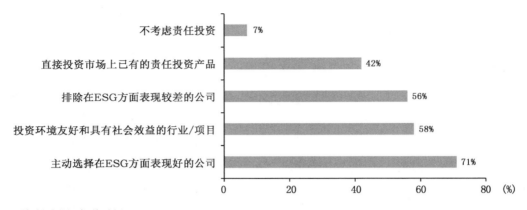

资料来源：商道融绿。

图 7－5　个人投资者的未来责任投资策略

从投资者对披露的 ESG 信息的信任度和满意度角度来看投资者态度，如图 7－6 所示，个人投资者最希望获取 ESG 的信息源是监管机构公开信息，有 81％的投资者希望通过这一渠道了解企业的 ESG 信息，此外，有超过 60％的投资者希望从新闻报道和商业评论（68％）以及企业主动披露（68％）获取公司在 ESG 方面的表现情况。

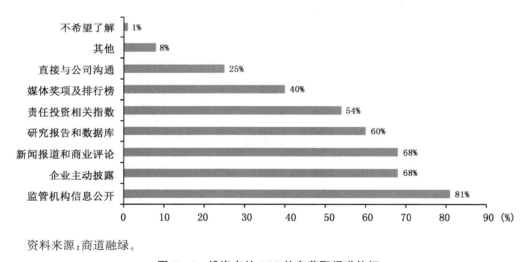

资料来源：商道融绿。

图 7－6　投资者的 ESG 信息获取渠道偏好

（三）金融机构推动 ESG 整合

环境、社会与治理（ESG）整合，是一种全面而先进的投资理念，旨在全面纳入环境、社会和治理因素至投资决策的深度脉络中，以寻求优化长期回报和有效降低风险。基于对 ESG 因素对公司长期绩效影响的深入理解，投资者不仅着眼于公司的财务表现，更是从企业的整体健康状况以及潜在的未来发展力量出发，全方位地评估投资的价值。

在推动 ESG 整合进程中，金融机构的作用举足轻重。一方面，金融机构通过创新 ESG 相关的投资产品和服务，诸如筹备和管理满足 ESG 表现要求的投资基金，或者供给 ESG 评分和研究服务，直接推动 ESG 整合的实施；另一方面，金融机构，包括银行、保险公司等，能以自身的投资决策影响企业的 ESG 表现。他们可以将 ESG 因素纳入贷款条件中，将 ESG 风险纳入定价和风险管理过程，既实现风险管理，又有助于推动 ESG 表现优秀的企业发展，进而推广 ESG 的最佳实践。进一步来看，金融机构在公司治理中的参与也是推动 ESG 整合的重要路径。以企业的股东身份，金融机构可以通过行使在股东大会中的投票权来影响企业的 ESG 政策和实践，甚至参与谈判对话，推动企业采纳更为优质的 ESG 策略和行动。在教育和倡导层面，金融机构也肩负着重要的职责。他们能通过提供 ESG 相关教育和培训，提高投资者、企业甚至公众的 ESG 认知水平和重视程度。此外，他们也可以通过倡导更为优质的 ESG 信息披露和报告标准，进一步提升 ESG 信息的透明度和质量。总的来说，ESG 整合是对投资理念的全面升级，而金融机构以其多维度的力量，正在推动这一理念的深入实践和广泛传播。

第二节　中国 ESG 信息披露现状

如上节所述，从历史久远的 CSR 报告到新兴崛起的 ESG 报告，受众群体从企业的各类利益相关方扩展到资本市场的参与者，投资者与金融机构对 ESG 相关信息的需求促使作为实践者的上市公司增强 ESG 信息披露意识。本节将总结中国 ESG 信息披露现状，展现 ESG 相关报告发布数量逐年上升的积极态势，呈现不同行业板块等维度 ESG 信息披露拥有较大差异、披露标准框架不统一等不足之处。

一、ESG 相关报告总体披露数量

如图 7－7 所示，A 股上市公司 ESG 相关报告的披露数量近年来不断增加，截至 2023 年上半年，有 1 718 家上市公司发布了 2022 年的 ESG 相关报告，占比为 34％，相关报告的数量和发布比例均为过去 6 年的最高值，但是增长率有所放缓。同时，如图 7－8 所示，2023 年披露的 2022 年度 ESG 相关报告中，发布独立的 ESG 报告的企业仍然较少，大部分企业在社会责任报告中披露 ESG 相关信息，其中值得注意的是近年来兴起的社会责任暨 ESG 报告，2018 年中集集团首创了"社会责任暨 ESG 报告"，这种报告往往是企业在发布几年 CSR 报告后，向 ESG 治理转型的一个缩影，企业用 ESG 的思维来审视自身但还未完全建立好 ESG 的管理制度。[①]

---

① https：//mp.weixin.qq.com/s/MCljEe3A4QFHbdDqbsau-A.

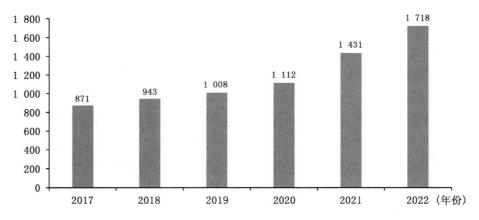

图 7—7 近年来中国 A 股上市公司 ESG 相关报告披露数量

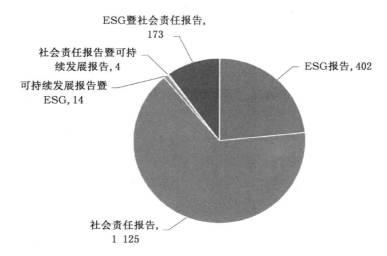

图 7—8 A 股上市公司 2022 年度 ESG 相关报告分类及数量

二、不同行业 ESG 信息披露率

A 股不同行业的 ESG 信息披露情况有着较大差异。如图 7—9 所示,2022 年度不同行业的 ESG 相关报告披露情况与往年类似,金融行业披露比率高居榜首,碳排放较高的行业整体披露略高于 A 股平均披露水平,披露率高的行业往往与相关部门的严格监管、政策指引密不可分。金融行业是现代市场经济发展必不可少的部分,其开展 ESG 披露既可以实现自身的高质量发展,又可以引导企业低碳转型,对深化绿色金融实践有着重要作用。因此,近年来,政府相关部门相继出台了一系列政策和指引,在"十四五"规划中提出"发挥金融支持绿色发展功能将成为金融业重点工作",对金融标准化的生态效益制定了具体的目标。①
同时,越来越多的投资者对可持续投资产生兴趣,为了吸引投资者,金融业更倾向于披露
ESG 信息。而高污染行业受到更加严格的监管,承受更多的公众关注和批评,更多地披露
ESG 相关信息有利于提升自身的形象声誉,吸引投资者。

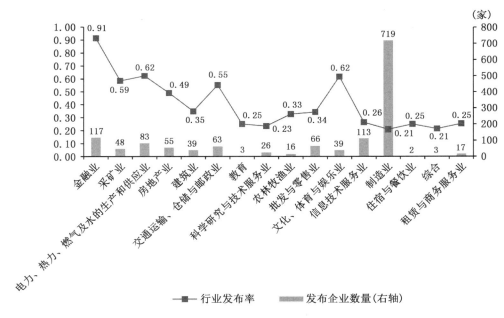

图 7—9　2022 年 A 股 ESG 信息分行业披露情况

三、主要指数成分股、板块的披露情况

如图 7—10 所示,A 股上市公司发布的 ESG 相关报告数量逐年上升,这不仅体现在总
量的增加上,而且细化到不同的证券交易所,上交所和深交所披露 ESG 相关报告的 A 股企
业数量均逐年增加。如图 7—11 所示,从上市板块来看,沪深主板的 ESG 报告披露率继续
保持领先,来自沪深主板的上市公司 ESG 相关报告披露率达到 43.3%,而来自上交所科创
板上市公司 ESG 相关报告披露率则为 24.5%,来自深交所创业板和新成立北京证交所的
上市公司,ESG 相关报告披露率则分别只有 18.1% 和 1.5%。

四、ESG 信息披露的标准与框架

对于上市公司来说,适用的 ESG 信息披露的标准和框架有多种,包括全球报告倡议组
织(GRI)的标准,可持续会计标准委员会(SASB)的框架,以及国际一体化报告委员会

---

① 　https://mp.weixin.qq.com/s/Hh5RlaM0yDRWjiYw9MkO4w.

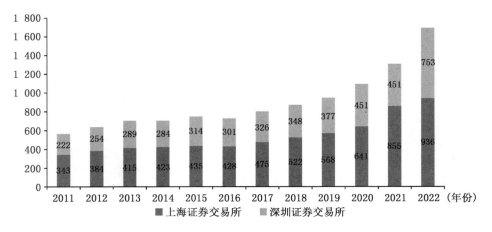

图 7—10　不同交易所 A 股 ESG 相关报告披露数量

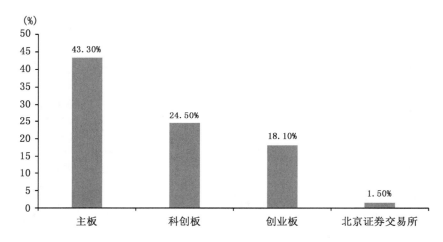

资料来源:《新京报》,贝壳财经。

图 7—11　2022 年 A 股不同板块概念股披露率

(IIRC)的一体化报告框架等,不同的标准和框架有各自的特点和侧重,公司通常根据自身的业务特性以及投资者和其他利益相关者的需求,选择合适的标准和框架,采用特定的权威的标准框架进行 ESG 信息披露,不仅可以提高 ESG 信息的透明度和可比性,而且可以更好地满足投资者和其他利益相关者对可持续信息的需求,从而提升其在市场中的竞争地位。同时,公司也可以更好地理解和管理自身的 ESG 风险和机会,实现更为持续的发展。

但是,中国的上市公司披露 ESG 信息的框架和标准尚未统一,这种现象具有多方面的复杂性。中国的 ESG 报告在行业和地域间有着显著的不一致性,这在很大程度上归因于对 ESG 的理解和解读差异以及相关政策的执行力度差异。从环境角度来看,中国不同行业的碳排放标准、水资源管理和废物处理规定存在差异,这对企业的环境责任产生了不同的要求,工业可能需要面对更严格的环境标准,而服务业可能对环境标准有更少的考虑。这种标准上的不一致性导致上市公司披露的环境信息差异很大。在社会责任方面,公司可能根据其业务性质和运营地点采取不同的社会责任策略,一些公司可能更多地关注员工福利和安全,而其他公司则可能更加关注供应链的公平和透明度,这也导致社会责任信息的披露存在差异。中国的公司治理结构和实践也有着显著的差异。一些公司可能有着更加健全的公司治理结构和制度,而其他公司则可能在这方面较为薄弱。这种不一致性在公司治理信息的披露中也得到了体现。此外,中国的 ESG 披露标准受到了政策环境的影响。中国政府在推动绿色经济和可持续发展方面的政策已经取得了一定的成果,但是在具体执行和监管方面,各地的实施程度并不一致。

如图 7—12 所示,A 股上市公司 ESG 相关报告的规范性和专业性不断提高,每份报告都会参考多种国际和国内标准。从不同类型标准的使用广泛度来看,全球报告倡议组织(GRI)可持续发展报告标准(GRI Standards)是参考最多的标准,占比为 45.5%,这也是交易所在编制 ESG 信息披露政策时重点考虑的标准。此外,许多公司注重参考新兴的国际标准,例如联合国契约十项原则、气候变化相关财务信息披露指南(TCFD)。随着国内 ESG信息披露政策指南的不断推出与完善,上市公司不仅遵守证券交易所的指引,而且会依据如社科院发布的《中国企业社会责任报告编写指南》《社会责任报告编写指南》(GB/T36001)等国内标准。

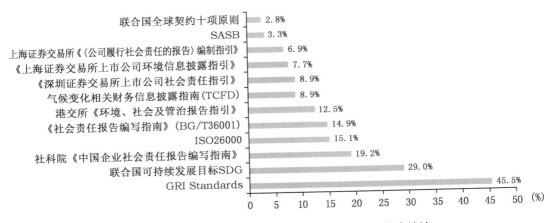

图 7—12　A 股上市公司 2022 年度 ESG 报告编制指南统计

第三节　ESG 信息披露中的中国特色元素

在建立自身的环境、社会及公司治理(ESG)体系时,我国展现出与西方已有 ESG 政策显著不同的特质。"利益相关者共治"作为西方 ESG 体系的一项关键理论依据,其核心观念在于,企业的运营和投资决策应不仅聚焦经济及财务结果,而且要更深入地考虑其行为和投资对环境、社会以及更广泛的利益相关者所产生的影响。相比之下,我国 ESG 实践的核心着重于社会主义初级阶段的基础任务。其基本出发点在于,在推进社会主义现代化的过程中,更有效地解放和发展生产力,提升民生水平,以满足人民群众对于美好生活的期待和需求,使得具有中国特色的 ESG 信息披露服务于中国式现代化建设、助力企业讲好中国特色的 ESG 故事。

一、中国特色 ESG 议题的"热度"

考虑到发展中国家当前的发展阶段,中国上市公司的 ESG 信息披露中注重选择更具本土特征的议题和指标。结合中国的国情,为了实现消除贫困,企业和社会应适当关注与"中国式现代化建设"目标相契合的议题,如"共同富裕"和"乡村振兴"。在环境维度上,结合中国的转型发展特征,如绿色收入和绿色转型等环境机会议题,能够客观地反映企业,特别是高碳行业的 ESG 水平。在公司治理维度上,聚焦于本土上市公司的治理焦点问题。例如,股权质押、资金占用以及违规担保等运营议题的披露,可以有效地反映公司的财务风险和质量。同样地,公司治理风险议题的披露可以反映 ESG 争议事件对公司运营的影响。另外,鉴于中国个人投资者的数量众多,对"中小股东保护"等议题的重视适应了我国的国情需求。

如图 7—13(见右侧二维码)、图 7—14 所示,对 2023 年 A 股上市公司发布的 2022 年度的 ESG 相关报告进行词频统计,并用红色标注中国特色的相关议题,文字的大小代表报告中出现的频次数,可以看出中国特色相关的ESG 信息占全部 ESG 信息的比重较少,且出现的频率不高。ESG 作为发源

图 7—13

于国外的理念,其 ESG 信息披露的标准并非完全适配于中国特色的市场发展。在中国式现代化进程中,中国特色的 ESG 生态体系既注重环境保护,又强调人与自然和谐共生;既关注产品质量与安全、员工福利等社会责任要求,又包括共同富裕、发展全过程人民民主等长期发展要求;既强调企业治理结构、透明度等治理要求,又强调国家治理体系和治理能力的现代化在微观层面的实现。总体来看,中国的环境、社会责任和治理要求范围更加宽泛、内涵更加丰富。①

二、中国特色 ESG 议题的覆盖率

(一)中国特色环境议题:促进绿色发展

中国特色环境、社会、治理理念中的"环境"维度比较关注发展方式的绿色转型,深入推进环境污染防治,提升生态系统的多样性、稳定性和持续性,积极稳妥地推进碳达峰碳中和。中国特色的 ESG 目标是寻求和平衡生态与经济的相互作用,以构建一个可持续和繁荣

---

① https://mp.weixin.qq.com/s/TVY3eOCQU9RzOuhHaJvESg.

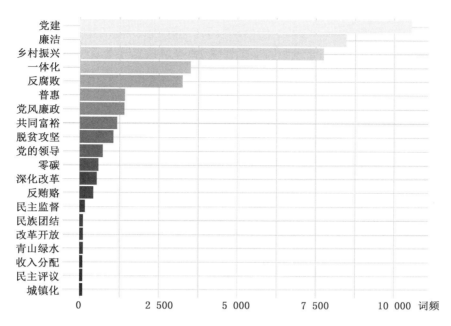

图 7—14　2022 年 A 股中国特色的 ESG 议题词频统计

的未来。党的二十大报告为中国特色 ESG 理念中的"E"提出发展方式绿色转型的要求，"我们要加快发展方式绿色转型，实施全面节约战略，发展绿色低碳产业，倡导绿色消费，推动形成绿色低碳的生产方式和生活方式"。同时，在深入推进环境污染防治方面，统筹减污降碳协同增效，不仅是中国经济高质量发展的需要，而且是环境治理走向深入，生态环境质量从源头上、根本上改变的需要。对生物多样性产生负面影响的经济活动以及由生物多样性丧失引发的金融风险，已经成为全球中央银行、监管机构和商业金融机构的核心关注点，生物多样性作为全球性资产，不仅为人类文明的持续发展提供了资源基础，而且在维护各生态系统间的平衡以及对地球生态环境的保护方面发挥了至关重要的作用。因此，从全球范围内对生物多样性的珍视和保护以及积极推动其可持续发展的角度来看，生物多样性的研究与保护对我们国家的未来具有深远意义，提升生态系统多样性、稳定性、持续性也属于中国特色的 ESG 理念的发展要求。我国作为世界第一能源消费大国、世界第一能源生产大国，有计划分步骤实施碳达峰行动对我国的绿色发展来说至关重要。

　　表 7—1 展示了上述中国特色环境议题的公司覆盖情况，在"双碳"目标的引领下，其中半数以上的公司会在报告中提及碳达峰碳中和的概念，披露为此所做的贡献。7.0%的公司会在报告中提到全面推进减污降碳协同增效，大力发展循环经济，不断提高资源的利用效率，贯彻落实国家碳达峰碳中和的部署要求，让绿水青山"底色"更亮，推进美丽中国加速前行。2022 年《政府工作报告》明确指出，加强生态环境分区管控，科学开展国土绿化，统筹山水林田湖草沙系统治理，保护生物多样性，推进以国家公园为主体的自然保护体系建设，

在 2022 年度的 ESG 相关报告中有 22.8%的公司在报告中披露其为生物多样性所做的努力及对生态保护的高度重视。20.3%的公司根据自身行业以及经营特点,推出绿色转型的战略目标或技术变革,促进各项业务的绿色转型,建立健全环境管理体系,加快绿色发展步伐,推进人与自然和谐共生的可持续发展。

表 7—1　　　　　　　　　　　**2022 年中国特色的 ESG 议题及其覆盖率**

环境议题	覆盖率(%)
减污降碳	7.0
青山绿水	20.3
生态文明	22.8
碳达峰/碳中和	64.0

(二)中国特色社会议题:增进民生福祉

中国特色环境、社会、治理理念中的"社会"维度主要关注四项议题,即推动乡村振兴、完善分配制度、执行就业优先策略、健全社会保障体系。全面的乡村振兴是实现中国式现代化的关键,这反映了乡村振兴在政策层面的重要性,对于 ESG 实践的推进,乡村振兴并非可选,而是必须经历的阶段。分配制度作为共同富裕的基础性制度,其建设需要社会各方的努力,我国社会分配制度的建设旨在构建涵盖初次分配、再分配以及三次分配的全方位收入分配制度体系,此项制度建设不仅需要依赖税收和社会保障等政策的配合,而且需要各大企业积极履行社会责任。就业是我国最基本的民生,推动就业并保护劳动者的合法权益构成企业社会责任体系的核心部分,也是中国特色 ESG 指标的关键组成部分,作为雇主,企业在聘用员工的同时,应关注员工对工作地位、工作待遇和工作环境的需求。社会保障体系是人民生活的安全网和社会运行的稳定器,这一要素与 ESG 的社会维度息息相关。近年来,我国社会保障体系建设步伐明显加快,已经建立了世界上规模最大且功能齐全的社会保障体系。

表 7—2 展示了上述中国特色社会议题的公司覆盖情况。其中,56.4%的公司在报告中披露为乡村振兴惠泽三农所做的努力,加快农业农村现代化相关战略部署,支持乡村的基础设施建设,因地制宜,推动乡村工作的可持续发展。30.5%的公司披露了自身的慈善扶贫事业,继续巩固脱贫攻坚成果,与乡村振兴有效衔接。慈善事业和收入的合理分配作为促进共同富裕的重要途径,24.2%的公司在报告中披露了其对与公司内部收入分配制度的优化改善、积极参与慈善公益活动、吸纳更多的劳动力,助力实现共同富裕。我国拥有世界上规模最大的社会保障体系离不开公司为员工建立的权益体系,其中,28.7%的公司披露了依法为员工参加的各种保险,严格执行国家规定和标准,充分保障员工依法享受社会保障待遇,增加全社会人民群众的参保率。

表 7—2　　　　　　　　　　　2022 年中国特色的 ESG 社会方面相关的议题及其覆盖率

社会议题	覆盖率(%)
收入分配/共同富裕	24.2
社会保障/社保	28.7
脱贫攻坚	30.5
乡村振兴	56.4

(三)中国特色公司治理议题:红色引领、战略先行

中国特色环境、社会、治理理念中的"治理"维度主要关注三项议题,即党的领导、反腐败斗争、产业链与供应链的安全。加强和提升公司治理制度不仅要坚定不移地坚持党的领导,更要深化反腐败斗争,并对产业链和供应链的管理进行积极加强。

在新的时代背景下,无论我们是在推动绿色发展、实现社会责任、推广普惠政策,还是在投身公益事业中,都需要牢固地坚持党的领导作为核心,将党建工作纳入公司的规章制度之中,将党风廉政建设融入公司日常经营管理之中,全方位推进基层党组织的阵地化建设。自新时代开启以来,我国发起了空前的反腐败斗争,取得了压倒性的胜利,并在全方位上巩固了这一成果。在未来的工作中,我们将进一步提升打击行贿行为的精准性和有效性,既要深入查处行贿问题,也要追缴行贿所获的不法利益。同时,我们将保障企业的合法经营权,保护涉案人员及相关企业的合法权益,以实现政治效果、纪法效果与社会效果三者的有机统一。基于中国特色的 ESG 理念,高度重视供应链中的 ESG 管理不仅能规避供应链上下游之间的 ESG 风险传导,而且能激发企业的创新动力,增强其市场竞争力。表 7—3 展示了上述中国特色公司治理议题的公司覆盖情况,其中,有超过一半(55.9%)的上市公司 ESG 相关报告中,强调了"党建",同时提到"党的领导"的 ESG 报告占比也达到了 23.1%。这几年非常强调反腐败工作,因此有 45%的 ESG 报告提及"反腐败/反贿赂"相关表述。在国际经济政治执行发生深刻变革之际,国家高度重视产业链的安全,因此有 75.6%的上市公司在 ESG 相关报告中提到了"产业链/供应链"等相关表述。

表 7—3　　　　　　　　　　2022 年中国特色的 ESG 公司治理方面的议题及其覆盖率

治理议题	覆盖率(%)
党的领导	23.1
党建	55.9
反腐倡廉	45.0
产业链、供应链安全	75.6

第八章　中国 ESG 信息披露中的问题与对策

本章提要：在前两章分别讨论了全球的 ESG 信息披露现状和中国的 ESG 信息披露现状后，本章将全面分析当前中国上市公司 ESG 信息披露质量方面存在的主要问题，并就如何改善提出建议。首先，报告指出，从披露的完整性来看，不同类型和不同行业的上市公司披露意愿存在差异，大中型公司披露积极性更高，不同 ESG 议题之间也存在信息披露不平衡的问题，公司治理和环境信息披露更多，而社会责任相关披露相对较少。其次，从规范性来看，上市公司选择遵循不同的 ESG 披露标准不统一，且过多采用定性而非定量指标，这降低了企业 ESG 信息之间的可比性。最后，从披露的可靠性角度来看，企业存在策略性披露正面信息和"漂绿"现象，损害了 ESG 信息的真实性。为改善上述问题，我们建议政府应制定统一的 ESG 信息披露标准，监管部门可建立 ESG 信息披露评价机制并引入分类监管，还需完善 ESG 投资生态系统，以推动金融机构和企业都规范 ESG 信息披露。

企业作为社会生产的重要载体，是可持续发展能否实现的关键。由于 ESG 投资规模巨大，单靠企业自身的力量是远远不够的，有效的方式是通过资本市场进行融资，通过资本市场的融资机制，实现资源的优化配置，进而缓解企业 ESG 资金不足的困境。而信息是资本市场有效运行的关键，企业良好的信息披露能够有效缓解企业与投资者之间的信息不对称，促进信息更好地融入股价，实现资金的高效利用。因此，企业高质量的信息披露有助于为企业进行 ESG 投资获得更多的融资。企业的 ESG 信息披露是指 E、S、G 层面信息的披露，即指企业在 ESG 信息披露政策及标准的指导下开展 ESG 信息披露、输出 ESG 数据，ESG 评级机构根据 ESG 数据对企业 ESG 表现进行评价，第三方评价会指导与激励企业进一步完善 ESG 实践，形成正循环。总之，ESG 信息披露质量是决定 ESG 理念能否落实的重要因素。

近年来，中国企业 ESG 信息披露情况持续改善，主动进行 ESG 信息披露的上市公司数量和比例逐年增加，且上市公司更加注重以单独发布的 ESG 相关报告的形式及时向公众传递企业的 ESG 管理绩效与 ESG 发展理念，强化 ESG 信息披露。但是，从披露质量的角度来看，仍然存在较多问题，还有较大的改善空间。下面，本章将从完整性、规范性和可靠性三个角度总结和分析中国 ESG 信息披露中所存在的问题,并提出相关对策建议。

第一节　中国 ESG 信息披露的完整性问题

ESG 信息披露的完整性是指企业在向投资者、利益相关者和其他利益相关方披露其环境、社会和治理相关信息时,信息内容全面、透明,并涵盖关键的 ESG 指标和数据。完整性是 ESG 信息披露的一个重要要求,只有当企业提供系统全面的 ESG 信息时,投资者和利益相关者才能更好地全方位地了解企业的 ESG 表现和风险管理能力。完整的 ESG 信息披露可以帮助投资者做出更明智的投资决策,促进企业的可持续发展和社会责任,进而促使投资者将更多的资金投入 ESG 投资方向。ESG 信息完整性一方面要求所有上市公司都披露 ESG 相关信息,另一方面要求企业披露与其业务相关的所有重要 ESG 信息,包括但不限于环境影响、社会责任、员工关系、供应链管理、治理结构、董事会组成和薪酬等方面的信息。从完整性的角度来看,目前中国的上市公司 ESG 信息披露主要存在两方面的问题。

一、不同类型上市公司的 ESG 披露情况存在较大差异

从企业的市值规模看,总体上市值与企业的 ESG 披露意愿成正相关。截至 2023 年 7 月 5 日,在剔除上市公司不足一年的新股和特别风险提示后的 4 408 家上市公司中,共有 1 710 家公司公布了泛 ESG 报告。① 从市值与披露率的关系来看,这里我们先将所有公司按市值大小进行排序,然后按照公司数量等分为 10 组,最后计算每组公司的 ESG 披露率,如图 8-1 所示。从图中可以看出,当市值处于 35 亿~141 亿元时,披露率只有 10.20%;随着市值等级不断升高,每组的 ESG 披露率逐渐上升,当市值处于 2 692 亿~216 945 亿元时,披露率达到 77.10%。这也说明与高市值公司相比,低市值上市公司的 ESG 披露意愿较低。

此外,根据证监会的行业分类目录,从行业差异的角度来看,披露 ESG 报告绝对数量最高的行业依次是制造业、金融业,以及信息运输、软件和信息技术服务业,分别为 912 家、106 家和 105 家。其中,制造业披露数量最多的原因主要是该行业的企业数量最多,达到 2 906 家,远高于其他行业。但如果按照行业披露比例进行排序,ESG 披露率前三的行业依次是金融业、卫生和社会工作业以及文化、体育和娱乐业,分别为 89.08%、75.00% 和 65.52%。其中,金融业披露比率最高的原因主要是由于对 ESG 理念认同感更强以及监管部门的要求相对严格,例如上交所对金融类公司要求强制披露 ESG 报告。

---

① 泛 ESG 报告,包括上市公司发布的 ESG 报告、社会责任报告以及可持续发展报告等。

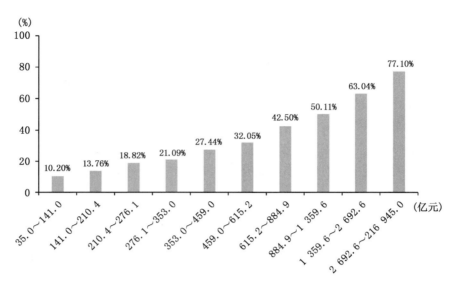

资料来源：根据巨潮网与 Wind 数据库整理。

图 8—1　上市公司市值等级与 ESG 信息披露率

表 8—1　　　　　　　　　　　　证监会行业分类与 ESG 信息披露率

行业	公司数量	发布 ESG 报告公司数量	ESG 披露率（%）（降序排列）
金融业	119	106	89.08
卫生和社会工作业	12	9	75.00
文化、体育和娱乐业	58	38	65.52
房地产业	100	56	56.00
采矿业	75	41	54.67
交通运输、仓储和邮政业	108	57	52.78
电力、热力、燃气及水生产和供应业	120	62	51.67
农、林、牧、渔业	41	17	41.46
建筑业	99	36	36.36
批发和零售业	172	62	36.05
水利、环境和公共设施管理页	81	26	32.10
制造业	2 906	912	31.38
信息运输、软件和信息技术服务业	344	105	30.52
教育	11	3	27.27
综合	11	3	27.27
住宿和餐饮业	8	2	25.00

行业	公司数量	发布 ESG 报告 公司数量	ESG 披露率(%) (降序排列)
科学研究和技术服务业	84	21	25.00
租赁和商务服务业	58	14	24.14

资料来源:根据巨潮网与 Wind 数据库整理。

二、上市公司偏重公司治理和环境议题的披露

近年来,上市公司在环境、社会责任与公司治理三个方面的指标中的信息披露完整性和积极性不断提升,但是这三个领域的 ESG 披露并不均衡。以中证 800 成分股①为例,针对公司治理(G)的信息披露情况最好,环境(E)信息披露次之,社会责任(S)的信息披露率最低,如图 8-2 所示。从披露主题的增长趋势来看,公司治理指标总体处于 60.57%的高位,增长相对较为平缓;环境指标披露率的上涨速度最快,从 2018 年的 29.98%上升到 2022 年的 57.78%,5 年间共上涨了 27.80%;而社会指标披露率持续以稳定的幅度增长,但依然是披露最为薄弱的指标。

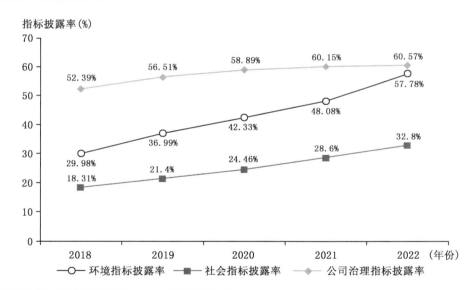

数据来源:根据商道融绿与 Wind 数据库整理。

图 8-2　中证 800 成分股 ESG 指标披露率

此外,我们还从文本分析的角度考察了上市公司 ESG 各议题披露的差异。具体而言,我们首先以 MSCI、Wind、商道融绿、华证、中证等主流 ESG 评级机构的一级指标、二级指

---

① 中证 800 指数由沪深 300 和中证 500 指数成分股组成,综合反映了中国 A 股市场大中盘市值公司的证券价格表现。

标、三级指标为种子词;其次,基于东方财富网股吧的社交媒体文本通过 Word2Vec 算法对种子词进行扩充,得到 389 个环境议题的关键词、273 个社会议题的关键词、320 个公司治理议题的关键词;再次,我们将所有 A 股上市公司披露的 ESG 报告进行汇总,并统计每个议题关键词在 ESG 报告中的词频;最后,我们将所有词与相应的词频绘制成了词云图,如图 8-3 所示。从图中可以看出,总体而言,企业对环境保护和公司治理议题披露的相对较多,而对社会责任的披露则相对较少。

资料来源:根据巨潮网数据计算整理。

图 8-3　A 股上市公司泛 ESG 报告各议题关键词词云图

三、上市公司在 ESG 细分议题信息披露中的不平衡

类似地,ESG 的细分披露指标方面也存在不平衡的问题。在环境议题方面,中证 800 指数样本公司的表现参差不齐,如图 8-4 所示。在环境领域的五大核心议题中,公司在环境政策制定和污染物排放监控方面得分较高,这主要归因于政策和法规对这两个议题的监管力度较大,强制信息披露要求较多。但是在能源与资源消耗方面,公司表现不佳,原因是这一议题缺乏约束性规范。此外,应对气候变化和生物多样性保护作为环境领域的新兴议题,公司信息披露和管理水平还有待提高。总体来看,虽然公司在环境政策和污染排放等传统议题上的信息披露有所改善,但在能源与资源消耗、生物多样性等新兴议题上,仍需加大投入并完善环境管理体系,提升企业的环境绩效。

在社会议题方面,中证 800 指数样本公司的表现存在一定的差异,如图 8-5 所示。社会议题共有六大核心领域,包括员工发展、供应链管理、客户权益、产品管理、数据安全和社区。在这 6 个议题中,公司在产品管理和维护客户权益方面得分较高,这向来是上市公司关注的重点。而在供应链管理这一传统短板领域,公司表现仍然较为薄弱。除此之外,尽管

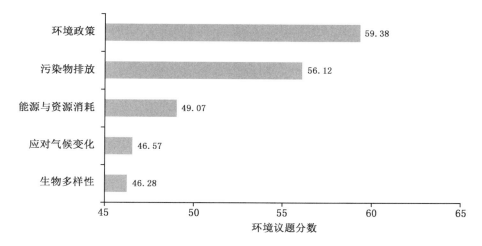

资料来源：根据商道融绿与 Wind 数据库整理。

图 8—4　中证 800 成分股环境议题 ESG 绩效对比

近年来数据安全日益受到重视，但公司在这方面的得分并不理想。总体来看，上市公司需要在推动供应链管理和数据安全等方面加大工作力度，以全面提升企业的社会责任履行水平。

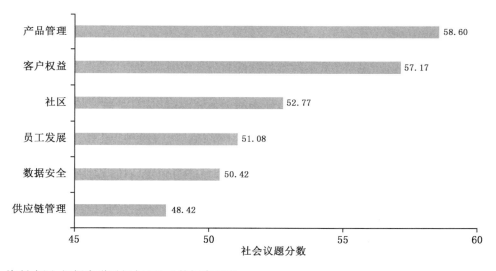

资料来源：根据商道融绿与 Wind 数据库整理。

图 8—5　中证 800 成分股社会议题 ESG 绩效对比

在治理议题部分，共有 3 个 ESG 核心议题，分别为治理结构、商业道德和合规管理。如图 8—6 所示，在治理议题框架下，中证 800 指数样本公司在治理结构方面的表现最好，商业道德和合规管理则相对落后。具体来看，治理结构议题涉及公司治理机制的建立健全，上市公司在此方面已积累了较强的披露和管理水平。但是,商业道德和合规管理作为企业日常经营中的重要环节,公司在培育道德文化、建立合规体系等方面仍需努力,整体表现有待改进。总体而言,上市公司需要进一步完善道德合规体系,强化商业道德和合规绩效,以提升企业治理的质量和水平。

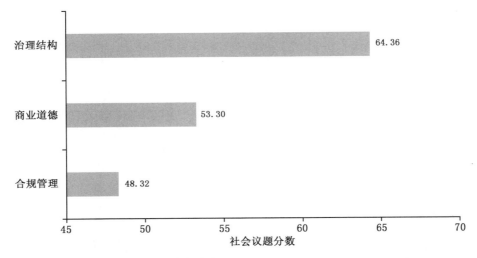

资料来源:根据商道融绿与 Wind 数据库整理。

图 8—6　中证 800 成分股治理议题 ESG 绩效对比

可见,上市公司不仅在环境、社会和治理议题上存在较大的差异,而且在每个议题下的细分议题存在较大差异,公司在完整性方面存在较大的改善空间。

第二节　ESG 信息披露的规范性问题

ESG 信息披露的规范是指企业或组织在环境、社会和治理方面披露相关信息的一套标准和规范。ESG 信息披露的规范旨在帮助企业和投资者更好地了解和评估企业的环境、社会和治理绩效,以及与可持续发展目标的相关性,同时提高不同企业之间 ESG 指标的可比性。ESG 信息披露的规范通常由国际、行业或地区的机构、标准制定组织或监管机构制定和推动。这些规范可以包括指引、原则、框架和报告要求等内容,以确保企业在 ESG 信息披露方面遵循一定的标准和透明度。ESG 信息披露的规范对企业和投资者都具有重要意义。对企业而言,遵循规范可以提高企业的透明度和信任度,增强企业的可持续竞争力。对投资者而言,规范化的 ESG 信息披露可以提供更全面的信息,帮助他们评估企业的长期价值和风险,以更好地进行投资决策。从规范性的角度来看,现阶段中国的上市公司 ESG 信息披露主要存在两方面的问题。

一、不同公司选择 ESG 信息披露的标准不同

现阶段我国具有多种类型的 ESG 信息披露制度，主要可分为强制披露制度、半强制披露制度以及自愿披露制度。强制披露制度主要针对重点排污单位及其子公司，强制要求其披露相关环境信息；半强制披露制度主要针对重点排污单位之外的上市公司，对其放宽信息披露标准，要求其遵守相关标准或在不遵守相关标准时给予一定的解释；与之相似，自愿信息披露制度对上市公司的信息披露主要采取鼓励方式。

同时，目前市面上有多种 ESG 披露标准，如全球可持续发展标准委员会编制的《可持续发展报告指南》（GRI Standards）、中国社会科学院编制的《中国公司社会责任报告编写指南》（CASS-CSR4.0）、国际标准化组织编制的《ISO26000：社会责任指南（2010）》等。现今我国并未强制要求所有上市公司遵循统一的 ESG 信息披露标准。尽管我国也出台了一系列旨在鼓励和引导企业进行 ESG 信息披露的政策文件，但大多数针对 E、S 和 G 的某一方面，缺乏从全国层面出台统筹企业 ESG 信息披露的内容规范和具体的披露指引，导致上市公司 ESG 信息披露指引多而分散。在大量的 ESG 披露指南面前，很多公司并不清楚应该遵循哪个披露标准。参见前文图 7—12，截至 2023 年 7 月 5 日，在 A 股所有披露类 ESG 报告的 1 710 家公司中，使用 GRI Standards 作为 ESG 披露指引的占比最高，达到 45.5%，其次是联合国可持续发展目标 SDG，也达到 29.0%，排在第三位的是社科院编制的《中国企业社会责任报告编写指南》，占比为 19.2%。除此之外，上市公司还会对标评级机构的要求，导致披露参考标准更加分散多元化。

此外，ESG 评级机构用于评估公司 ESG 表现的标准有很大差异，公司从这些评级机构所得到的信号也往往差异较大。如图 8—7 所示，我们以 Wind 对每家公司的 ESG 评分为横轴，然后将每家公司的华证、嘉实和富时罗素（FTSE）的评分绘制在纵轴上。理论上，如果当 4 家评级机构的 ESG 评分完全相关时，那么图中的 3 点应该位于坐标系的 45°线上；但实际上，图中的散点较为分散地分布在图中较宽的区域中，这说明 4 家主流的 ESG 评级机构的评分的相关度较低。相比之下，穆迪和标准普尔的信用评级相关性为 0.99（Berg 等，2019）；这说明不同评级提供商对公司 ESG 表现水平的评估差别很大。

二、上市公司 ESG 信息的定量指标披露不足

现阶段，上市公司倾向于披露定性指标以及原本就包括在财务报告中的指标，而定量指标披露不足。例如，上市公司对于环境议题方面更多地披露"是否讨论气候变化风险""是否成为主要的污染单位""是否讨论气候变化机会"等定性指标，对于公司治理议题方面则更多地披露"高管薪酬""是否设有监事委员会主席""员工持股比例"和"研发成本"等原本在财务报告中公布。而对于"资源消耗量""节省用电量""客户投诉数量""工伤率""监事出席率""独立董事占董事会总人数比例"等定量指标的披露较少。由此可见，公司倾向于

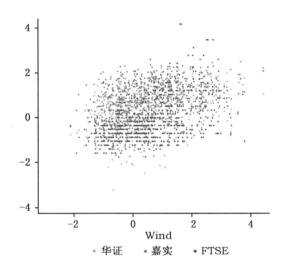

资料来源：根据多家数据库手动搜集整理。

图 8—7　华证、嘉实、FTSE 与 Wind 的 ESG 评分散点图

披露定性且原本就在财务报告中披露的指标。

过多地披露描述性的指标而不是定量化的数据，将降低不同公司之间的可比性，这为 ESG 的广泛应用带来困难。因为大量主观描述降低了 ESG 报告的参考价值，起不到促进投资者关注责任投资的作用，反而会使他们对企业的真实 ESG 水平产生误判。对投资者而言，想要对 ESG 表现突出和不尽如人意的公司进行区分，并不容易。这也让 ESG 因子难以运用到资产定价中。其次，不同评级提供商传递给公司不同的信息，让公司对自身状况和市场预期没有清楚的认知。最后，评价不一致会限制有关 ESG 因子对资产定价的实证研究。

产生该问题的原因在于，多元化的 ESG 披露标准和指南，以及部分非强制的 ESG 信息披露制度，导致企业选择对自己有利的 ESG 信息进行披露，同时选择难度较低的指标。没有规范的指标体系和严格的约束机制，企业将优先选择于已有利的披露标准和披露指标。此外，在定量指标的披露规定上，大多数披露标准较少或未指明具体的计算方法，缺乏指导性和可操作性，增加上市公司的 ESG 信息披露成本，导致企业的 ESG 信息披露大多采用定性指标。

第三节　中国 ESG 信息披露的可靠性问题

ESG 信息披露的可靠性是指企业在向投资者、利益相关方和公众披露其环境、社会和治理相关信息时，所提供的信息的真实性、准确性和可信度。其中，真实性是指企业披露的 ESG 信息应该真实反映其实际情况，不得故意歪曲或隐瞒重要信息，这要求企业提供可被验证和核实的数据和信息；准确性是指要求披露的 ESG 信息应该准确无误地反映企业的

ESG 绩效和相关政策、措施和目标,企业应该确保数据的收集和报告方法符合行业标准和最佳实践;可信度是指企业的 ESG 信息披露应该是可信的,即投资者和利益相关方可以依赖这些信息来做出决策。可信度可以通过独立审计、第三方认证和透明度来增强。提高 ESG 信息披露的可靠性对于企业来说具有重要意义。可靠的 ESG 信息披露可以增强企业的透明度和信任度,吸引更多的投资者和利益相关方,提升企业的声誉和竞争力。同时,可靠的 ESG 信息披露也有助于投资者和利益相关方更好地评估企业的风险和机会,做出更明智的投资和合作决策。从 ESG 信息可靠性角度看,目前,上市公司主要存在策略性披露正面信息和"漂绿现象"两个问题。

一、策略性披露正面信息

由于部分非强制化的 ESG 信息披露制度,使得上市公司倾向于披露对自己有利的正面影响的信息,即策略性地披露 ESG 正面信息。根据中国上市公司协会的调查结果(见图 8—8),2021 年,在单独发布 ESG 相关报告的样本公司中,66.46％的公司会去"信用中国"等权威网站查询公司及控股子公司的负面信息。同时,多数公司对负面信息或数据的披露较为谨慎,仅有 5.62％的公司非常愿意披露负面数据和改进方案。这种非强制的信息披露制度使得不同公司在进行 ESG 信息披露时水平参差不齐,这也导致了 ESG 信息披露参考价值的降低。

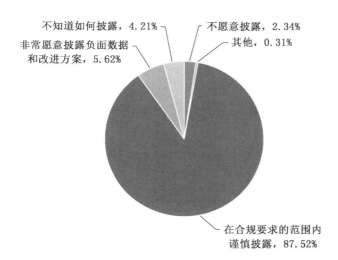

资料来源:中国上市公司协会。

图 8—8　上市公司 ESG 信息策略性披露

企业 ESG 表现既包括正面的信息,也包括负面的信息。上市公司选择性披露正面的 ESG 信息可能破坏 ESG 信息披露的透明度和可靠性。如果投资者怀疑企业的 ESG 信息披露缺乏全面性和客观性,那么 ESG 信息披露就会失去可信度,同时对投资者和公众产生误导作用。这种误导作用会降低投资者的信任度和企业形象的声誉。众所周知,ESG 信息与企业长期价值创造密切相关。如果上市公司选择性披露正面的信息,而忽略了负面的信息,那么企业就有可能忽略了自身 ESG 问题的存在和改善空间,这可能影响企业的长期可持续发展和价值创造。因此,ESG 信息披露的不透明性不仅会影响企业的声誉和长期发展,而且会引发投资者和利益相关者之间的争议和不信任感。如果上市公司选择性披露正面的信息,而忽略了负面的信息,那么投资者容易对企业的 ESG 表现产生偏差和误判,失去对企业真实情况的准确把握,而产生逆向选择问题,即投资者将不再相信企业的 ESG 实践,这将进一步导致企业无法通过资本市场为企业的 ESG 投资进行融资。

二、企业 ESG 信息披露中的"漂绿现象"

(一)"漂绿现象"概念

在上市公司 ESG 信息披露的实践中,还存在口是心非的问题,也被称为"漂绿现象"(greenwashing)。"漂绿"一词是"绿色"(green)和"漂白"(whitewash)两个词的混合体,是企业虚假宣传环保以及粉饰其行为的代称(Bowen,2014)。具体而言,漂绿现象指的是企业在 ESG 信息披露中故意夸大或美化其环境、社会和治理绩效,以塑造更为良好的形象。这种现象可能出现在企业的可持续发展报告、年度报告、公告和宣传材料中,通过使用虚假数据、夸大事实和绿色营销手段等方式实现。漂绿现象的特点包括:一是环境专业领域的漂绿。企业过分强调其环境表现,如宣称减少碳排放、增加可再生能源比例等,但实际上并未采取实质性的行动或改善,甚至还做出污染环境的行为。二是社会责任的虚假宣传。企业过度强调其社会责任的履行,如慈善捐赠、员工福利等,但事实上这些行为可能只是表面的做法,并未真正融入企业的核心价值观和运营实践中。三是治理问题的掩盖。企业可能掩盖其治理问题,如不公平的董事会结构、缺乏独立性和透明度等,以便在 ESG 信息披露中强调其良好的治理绩效。

就 ESG 信息披露而言,"漂绿"在企业界与金融界都不同程度地存在着。在企业界,对碳排放相关数据和披露进行漂洗成为"漂绿"的主要表现形式。主要表现为夸大环境绩效、淡化环境问题、夸大社会绩效,甚至无中生有创造 ESG 功绩等现象比较突出。在金融界,"漂绿"的显著特点主要包括三个方面:一是在绿色金融发展的宣传上夸大其词,对绿色信贷、绿色债券、绿色保险和绿色基金缺乏严格的界定或界定标准不统一,不仅造成横向可比性极低,而且造成许多冠以绿色金融名号的金融机构和金融产品名不副实;二是夸大绿色金融环保绩效,或环保绩效效率缺乏令人信服的证据支撑;三是言行不一,从事有悖于 ESG 和可持续发展理念的投融资业务。

目前,学术界关于"漂绿"的研究和关注较少。对于漂绿行为,黄溶冰(2020)的研究发现,审计师与存在漂绿行为的上市公司存在合谋行为。Thomas 等(2022)发现美国公司在面临短期盈利压力和长期环境效益时,会增加污染以实现更多盈利。Raghunandan 和 Rajgopal(2022)基于美国共同基金数据,发现 ESG 主题基金所持有的投资组合相对非 ESG 基金管理的公司,在遵守劳动法和环境法方面的表现更差。对于漂绿行为的动机,黄溶冰和赵谦(2018)、Delmas 和 Burbano(2011)认为,漂绿是一种具有负外部性、目的是降低企业成本的行为,以规避监管或树立良好形象。肖芬蓉和黄晓云(2016)的研究发现,绩效差的企业、地方国企更有可能"漂绿"。关于漂绿行为的影响,Cai 和 He(2014)研究发现,企业故意隐瞒名不副实、模糊视线的"漂绿"行为对于企业声誉、财务绩效、股票表现都有不利影响。此外,企业避重就轻、流于形式的漂绿行为显然使企业的环境信息披露失去了有效性,演变为一种"投机"行为(Lyon 和 Maxwell,2011)。对于漂绿行为的规制,外部的媒体监督和绿色认证可以阻断"漂绿"带来的印象管理,减少环境信息的不对称。研究表明,环境规制对于"漂绿"行为的治理也能发挥很大的作用(Smith 和 Font,2014)。强制性制度压力,管理控制性环境制度会发挥成本效应显著抑制企业"漂绿"行为,而模仿性同行压力以及激励性环境规制则会助长企业通过"漂绿"获利。

(二)中国"漂绿现象"的典型案例

1. 案例一:神农集团表面宣传 ESG 绩效,背后却存在多项违规

为了帮助理解和分析 ESG"漂绿现象",我们选取了云南一家有代表性的农林牧渔上市公司——神农集团(SN),通过分析该集团近年来的财务报告、相关新闻,具体描述该公司的 ESG"漂绿行为"。

在 ESG 信息表述方面,该公司宣称,在食品安全领域(S),SN 集团积极推进智能化屠宰,建立可追溯的屠宰加工体系,成为云南省首家通过农业农村部评审的"生猪屠宰标准化建设示范单位",打造出具有社会影响力的"SN 放心肉"品牌,以此吸引消费者。在环境保护领域(E),根据公司 2022 年报,SN 集团投入环保资金 4 409.85 万元,约占其营业收入的1.33%。值得注意的是,此类投入绝大多数是基于公司未来的合规风险以及设备升级的必要投入,短期内反映在公司的成本端,而后续所带来的污染治理成本下降、合规投入减少将为集团降低经营成本,进而提升估值。

但在公司经营实践中,SN 集团在 2022 年发生了多起行政处罚和司法诉讼案件,可以看出公司的治理水平(G)存在一定缺陷。2022 年 SN 集团子公司 WDSN 猪业发生诉讼纠纷,最终造成公司猪场建设用地减少,赔付人民币 750 000 元,承担诉讼费用 4 400 元,同时存在未达整改要求的额外赔偿风险。更为重要的是,环保绩效是该公司重点宣传的,但实际上,SN 集团旗下子公司 WD 猪业未落实环保政策,排放污染物,导致龙潭村饮用水及生活用水污染,在未被发现之前,该行为并未自行停止。而之后经人举报,楚雄彝族自治州生态环境局于 2022 年 5 月对 WD 猪业处罚人民币 159.3 万元,该罚金直接影响集团的支出,同时该事件被新闻媒体广泛报道,严重影响了集团声誉,对集团产品的销量产生影响。

可见,SN 企业一方面不断宣传 ESG 理念,提升品牌形象;另一方面,在实际行动中仍然存在未落实环保政策、排放污染物的情况,导致龙潭村饮用水及生活用水污染,同时存在

公司治理缺陷,遭受多次处罚,这是典型的 ESG 漂绿行为。

2. 案例二:多家 ESG 主题基金重仓 ESG 降级的茅台股票

在 2021 年第三季度,全球大型指数公司 MSCI(明晟)更新了 A 股上市公司最新的 ESG 评级结果。此次 MSCI 共调整和公布了 238 家 A 股公司的最新 ESG 评级。其中,A 股蓝筹代表——贵州茅台,其 ESG 评级由 B 级降到了 CCC 级,成为全球 20 大市值公司中获得最低 MSCI ESG 评级的企业。

作为全球投资组合经理采用最多的投资标的,MSCI 的 ESG 评级结果俨然是全球各大投资机构决策的重要依据。对上市公司而言,获得较高的 ESG 评级是被纳入 MSCI ESG 主题指数中的通行证。更高的 ESG 评级是上市公司稳健经营、规范治理的价值体现,被认为在长期可能带来更好的经济回报;同时,也意味着将受到更多投资者的青睐和更多资本的关注。

然而,在 A 股市场上,贵州茅台凭借过去一年的股价涨幅,市值虽然遥遥领先,并已跻身全球市值 TOP 20 公司之列,但自 2018 年 4 月被 MSCI 的 ESG 评级纳入后,其在国际上的 ESG 评级一直处于末尾。更为尴尬的是,在市场上仍有为数不多的 ESG 基金中,仍有不少将贵州茅台作为重仓股之一。Wind 数据显示,2021 年中报中,×××ESG 责任投资股票基金、×××ESG 主题投资混合基金、×××ESG 主题股票、×××ESG 量化先行混合、×××ESG 通用指数等多只公募产品重仓了贵州茅台。以×××ESG 责任投资股票基金为例,其在 2021 年中报中持有贵州茅台 2.46 万股,持仓市值 5 053.31 万元,是其第一大重仓股。

作为全球资本市场中最权威的 ESG 评价体系之一,MSCI ESG 评级受到了市场的广泛关注。据了解,MSCI 会根据 ESG 评级结果,筛选成分股并构建不同主题的 ESG 指数,这些指数会被大量 ESG 基金跟踪,进而为相应成分股带来海量资金的追捧。而此次贵州茅台获 MSCI ESG 下调至最低等级,反映了其在 ESG 投资趋势下,面临更加严峻的 ESG 挑战。根据 MSCI 公布的数据显示,贵州茅台于 2021 年 7 月被降级,在饮料行业的 53 家企业中处于落后地位。

公开资料显示,MSCI 的指标体系主要由 3 大范畴(pillars)、10 项主题(themes)、35 个 ESG 关键议题(ESG key issues)和上百项指标组成,根据环境(气候变化、自然资本、污染物与废弃物、环境机会)、社会(人力资本、产品责任、利益相关方反对、社会机会)、治理(公司治理、商业行为)进行不断细分。因为 ESG 关键议题对不同行业具有不同的影响程度,所以 MSCI 会按照不同的权重将这些议题分配到每个行业。

在 MSCI 看来,贵州茅台在公司治理、商业行为、产品安全与质量、职业健康与安全、包装材料及废弃物、产品碳足迹等议题方面的管理与表现均处于同行落后水平;在水资源方面的管理与表现处于同业平均水平;没有议题领先于同行。由于交易所并未强制要求进行 ESG 方面的信息披露,而只是对部分社会责任信息进行基础规范,截至 2021 年第四季度,贵州茅台未曾发布专项的非财务报告(包括社会责任报告、ESG 报告或可持续发展报告),

也没有披露过详细的 ESG 信息,一直到 2022 年 3 月,贵州茅台才开始发布第一份专项的 ESG 报告。以其 2020 年年度报告为例,贵州茅台按照交易所报告要求,简要披露了有关公司治理、董事会运作、员工情况、精准扶贫、环境绩效及社会责任的基本信息,在其长达 120 页的年报信息中,这些章节占到的数量不到 9 页。截至 2021 年第四季度,A 股市场获得行业领先评级的企业(AA 级或 AAA 级)仅有两家,分别是药明康德、阳光电源;比亚迪、伟星新材、洛阳钼业、招商银行、华泰证券、云南白药、上海医药则为 A 级,也处于较为前列的位置。尽管贵州茅台 ESG 评级一直"吊车尾",但其在 A 股市场上长期受到追捧。2018 年 4 月被纳入 MSCI 相关指数后,贵州茅台虽然 ESG 评级较低,但股票市值一路狂飙,截至 2021 年 12 月 31 日,累计股价已上涨 261.41%,其间最高涨幅曾一度突破 302.39%。

从该典型案例中可以看出,对于部分金融机构,虽然名义上是 ESG 主题基金,但在整体市场趋势和收益的诱惑下,也可能违背主题基金设立的初衷,而从事漂绿行为。

此外,根据《南方周末》发布的 2022 年"中国漂绿榜",有多家知名企业,如特斯拉、三元食品、华统股份、新华制药等企业存在漂绿行为。[①]

第四节　规范 ESG 信息披露的对策

一、制定中国 ESG 披露标准规范

在 ESG 发展过程中,中国企业和金融机构尽管已经进行了积极的探索实践,但由于缺乏统一的规范标准,所以使得中国的 ESG 发展仍然不够规范和系统。因此,迫切需要根据国际 ESG 标准框架和中国国情情况,建立系统、规范的 ESG 披露标准体系。

具体来看,首先需要明确 ESG 信息披露的统一标准,确保不同机构和企业采用一致的 ESG 数据指标,以提高信息披露的可比性和数据质量。其次,在现有国际 GRI 标准框架基础上,结合中国资本市场和上市公司的特点,制定强制性的 ESG 信息披露指引和关键指标体系,对于未进行充分披露的公司需要进行解释性说明。最后,监管部门应该发布政策鼓励上市公司采用第三方审计认证 ESG 报告,确保企业 ESG 信息披露的真实性和可信度。

建立统一和规范的 ESG 标准,将有利于系统性地推动中国企业重视和改善 ESG 表现,不仅可以提升中国企业的国际影响力和在全球市场的认可度,而且将促进中国资本市场的长期健康发展。中国有必要尽快行动起来,参考国际经验和本地实践,制定系统完备、符合本国情况的 ESG 信息披露标准体系。

---

① https://mp.weixin.qq.com/s/Ha7lUIab99Zg-fkYvmpwDw.

二、加强 ESG 信息披露监管

(一)探索完善上市公司 ESG 信息披露评价机制

建议相关部门在推动建立 ESG 信息强制披露制度的同时,还需要着手探索和完善上市公司 ESG 信息披露的评价机制,以更加系统、规范地引导企业行为。具体来说,在制定 ESG 关键指标披露标准后,可以要求上市公司必须对未进行有效披露的指标进行解释性说明,推动自愿披露向半强制披露过渡。随着披露制度的不断改进和完善、信息披露内容日益规范化和定量化,监管部门可结合国际通行做法,适时研究建立科学合理的上市公司 ESG 信息披露评价方案,降低企业的合规成本和监管压力。在评价机制逐步稳定和成熟后,还可以考虑不同行业的特点,对 ESG 信息披露质量优异、可持续发展理念落实良好的上市公司给予融资和并购审批等方面的政策支持,以充分调动企业的内生动力。同时,对存在问题的公司实施重点监管,督促其认真履行信息披露义务,不断提升 ESG 数据质量。

(二)基于 ESG 信息披露情况研究引入分类监管制度

在 ESG 信息披露评价机制经过一定时间的运作后逐步稳定和成熟,监管部门可以继续研究在资本市场引入分类监管制度。根据不同行业的特点、企业的规模类型、ESG 理念的落实程度等情况,实行差异化监管。对 ESG 信息披露质量高、可持续发展理念到位的公司给予更多的政策支持,激励其持续改进。对存在问题的公司实施重点监督检查,督促其完善信息披露机制。分类监管既符合监管的科学性和专业性原则,又可以持续推动上市公司提高 ESG 数据质量和企业价值。

三、完善 ESG 投资的生态建设

ESG 不是单一概念,而是一个复杂的生态系统,由多个参与方共同推动。监管机构制定 ESG 信息披露政策,企业按要求披露 ESG 数据,投资机构开展 ESG 投资并披露相关信息,第三方机构提供 ESG 评级和研究服务,学术机构为 ESG 生态系统提供人才和研究支撑。各方通过分工合作、相互促进,共同推动 ESG 生态系统的有效运行。接下来,应进一步落实政策,搭建交流平台,鼓励各方深度参与,为 ESG 的健康发展提供制度保障。只有协调发展、形成合力,才能促进 ESG 在中国的规范化实践,使可持续投资真正成为高质量发展的重要抓手。

(一)规范金融机构的 ESG 信息披露

监管机构需要确保金融机构充分披露可持续性信息,这对于企业贯彻 ESG 发展理念、提高 ESG 信息透明度至关重要,也是未来经济可持续发展的关键。金融机构在现代经济中扮演着核心角色,它们不仅直接影响经济建设进程,而且与经济和社会的可持续发展密切相关。因此,金融机构如何践行 ESG 发展理念、如何披露 ESG 金融信息,对于支持经济的可持续发展至关重要。

目前,全球监管机构普遍高度重视 ESG 金融领域的发展,并致力于建立相关政策和规范来推动 ESG 金融发展。其中一个重要做法是通过制定前瞻性的监管制度,要求 ESG 金融机构和金融产品进行披露,并明确表达监管态度,以帮助投资者了解这些产品的可持续影响,并评估其是否符合投资需求。

通过规范金融机构的 ESG 信息披露,可以防止虚假宣传,并引导资金流向 ESG 经济活动。因此,建议中国的金融监管机构合作起来,在推广 ESG 投资的同时,规范金融产品和金融机构的 ESG 信息披露,以防止误导性陈述。这样可以确保金融机构的投资行为真正产生 ESG 效益,并衡量其可持续性影响和贡献。同时,相关行业组织可以考虑制定自律规则和提供指引,引导金融机构进行可持续相关投资,并披露 ESG 金融信息。

(二)发展适应中国国情的 ESG 评价体系

为了推动中国可持续投资的发展壮大,并提升中国企业的投融资吸引力和竞争力,除了需要更加完善的信息披露外,还需要规范性引导投资评价机制。目前,境内外投资者主要受到 MSCI、富时罗素等境外评级机构的影响,然而,这些境外机构的评级方法并不公开透明,有些评价标准也不符合中国国情。

近年来,我国发展了多种 ESG 评价体系,包括中证 ESG 评价体系、商道融绿 ESG 评价体系和社会价值投资联盟 ESG 评价体系等。尽管这些体系的评价指标和计算方法存在差异,导致评价结果不完全一致,但总体上符合本国国情和发展趋势。由于不同信息使用方的评价出发点和时间维度不同,对同一事件或信息的评价结果也会有所不同,因此在所有人眼中形成统一的评价并不现实。然而,随着中国 ESG 信息披露的普及和统一,市场对 ESG 信息披露的评价指标也会逐渐趋同。尽管评价方法可能不完全一致,但对信息的理解总体上会达成共识。

为了支持中国证券监管部门或行业自律组织构建符合中国国情的 ESG 评价体系,我们应鼓励市场机构基于公开透明的评价标准开展 ESG 评价工作。这样可以确保中国企业得到适应中国国情的客观公正评价,维护其国际形象,并推动提升中国 ESG 投资的标准化水平。

(三)开展 ESG 投资宣传教育

在 ESG 生态链中,个人投资者和最终消费者扮演着重要角色。个人投资者的选择会影响投资机构的负责任投资行为,而最终消费者的选择也会影响上市公司的负责任经营。目前,一些消费者对购买产品背后的社会、环境和经济影响越来越敏感,这在一定程度上促进了公司践行 ESG。公司通过 ESG 信息披露展示自身优势,回应投资者和消费者的可持续需求。同时,公司也会更加规范自身行为,以吸引更多的投资和消费。

为了进一步培养广大投资者和消费者的可持续发展意识,建议各金融机构和投资者保护机构开展 ESG 投资培训或宣讲。同时，企业和消费者权益保护组织可以对消费行为和生活方式进行 ESG 相关培训。这样可以让人们意识到自己在 ESG 链条中的重要性，从而推动机构投资者制定并执行 ESG 投资战略，促使企业进行更全面、更广泛的可持续信息披露。

· 第四篇 ·

ESG 评级体系

第九章 全球 ESG 评级体系

本章提要:本章以明晟(MSCI)、路孚特、富时罗素、Vigeo Eiris 四家代表性的全球 ESG 评级机构所开发的四个评级体系为例,从评级对象、评级指标与选择逻辑、评级数据与权重设置、评级结果展开,讨论全球主流的 ESG 评级体系。首先,对评级对象的研究主要基于各机构的评级范围以及对中国市场的包含情况;其次,分析了各机构所用评级指标的覆盖范围,发现 ESG 评级机构越发重视气候变化、水资源、生物多样性、人权、数据隐私、企业透明度等话题;然后,从数据出发,将各机构的数据来源分为公开资料、公共及第三方数据库、人工收集三类并详细叙述,并按步骤介绍数据处理方法;接着,对权重的研究按照制定方法论——处理行业与地区差异——咨询专家三步展开论述,并以披露较详细的 MSCI 与 Vigeo Eiris 为例详细介绍;最后,介绍了评级结果的构成与呈现形式。

第一节 ESG 评级简介和全球主流评级机构

一、ESG 评级简介

ESG 评级,意为第三方机构对一家公司或一个投资组合有关环境、社会、公司治理三个维度所披露的信息及表现进行打分评级,将零碎的指标型数据变为综合得分,以此对公司或投资组合进行可持续发展能力的全面评估,让投资者更好地了解他们所投资的公司的长期前景,进而做出更好的投资决策。

ESG 评级一般由商业机构和非营利组织共同参与,通过数据处理和专家打分等方式,评估企业如何将其承诺、绩效、商业模式和组织架构与可持续发展目标相匹配。ESG 评级结果的使用者以投资公司为首,通过对持有的各种基金和投资组合包含的企业进行筛选或评估,达到降低投资风险、资产可持续增值的目的;求职者、客户和其他利益相关方也可以使用该评级体系来评估自身各类业务之间的关系。而对于被评级的企业而言,可以使用该评级体系来更好地了解自己的优势、弱点、风险点和机遇点,从而让自己的商业战略适应于社会期望和生态边界。同时,企业也会在评级压力下提升信息披露水平,增强其可持续发展能力。本节将对全球范围内现有的评级机构与 ESG 评级发展历程进行梳理,并介绍目前较为主流的四大 ESG 评级机构的基本情况和评级对象。

二、全球主流评级机构

ESG 评级机构的发展历史可以追溯到 20 世纪后半叶,随着社会对环境、社会和治理问题的关注逐渐增加,投资者开始寻求更全面的信息来评估企业的可持续性和社会责任。全球第一家 ESG 评级机构 Vigeo Eiris(现被穆迪公司收购)成立于 1983 年,该机构致力于为投资者、公共部门、私营机构和非营利机构提供 ESG 研究和服务。到了 20 世纪 90 年代,一批 ESG 评级机构发展起来,直至今日,全球 ESG 评级机构已超过 600 家。其中,明晟(MSCI)、路孚特(Refinitiv)、富时罗素(FTSE Russell)、Vigeo Eiris 等机构发布的评级体系具有较大的国际市场影响力,在全球范围内应用度较高。

(一)明晟(MSCI)

MSCI 成立于 20 世纪 60 年代,是全球投资领域关键决策支持工具和服务的供应商,其旗下编制了多种指数,涵盖股权、固定资产、对冲基金、股票市场等。如图 9—1 所示,1988 年,MSCI 就开始在 ESG 方面的研究;1990 年其发布首只 ESG 指数——MSCI KLD 400 指数;自 1999 年起 MSCI 基于 ESG 行业实质性风险评价的角度给公司进行 ESG 评级;2010 年 MSCI 收购了 Risk Metrics,成立了 MSCI ESG Research,并以 IVA 模型为蓝本搭建了自己的 ESG 评级体系。2018 年 6 月,MSCI 正式将中国 A 股纳入 MSCI 新兴市场指数和 MSCI 全球指数,并在 2019 年 3 月将中国 A 股在 MSCI 全球基准指数中的纳入因子增加到 20%。目前,MSCI ESG 的评级对象包括所有被纳入 MSCI 指数的上市公司,截至 2020 年 6 月,MSCI ESG 评级覆盖了全球约 8 500 家企业和超过 68 万只全球股票和固定收益证券,是全球范围内应用最广泛的评级体系之一。

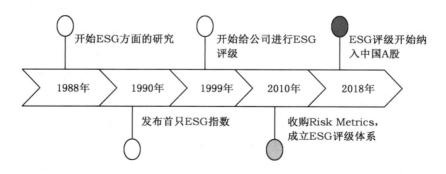

资料来源:MSCI 官网。

图 9—1　MSCI 对 ESG 评级业务的开展历程

(二)路孚特(Refinitiv)

路孚特公司是全球最大的金融市场数据和基础设施提供商之一,提供信息、洞察和技术,帮助客户执行关键投资、交易和风险决策。路孚特的前身是汤森路透的金融与风险管理部门,彼时的汤森路透通过收购 Asset4 公司并基于其评价体系开展 ESG 评级业务。2018 年,黑石集团将汤森路透的金融与风险管理部门收购成为一个独立的公司路孚特;2021 年,路孚特又被有着 240 多年历史的伦敦证券交易所收购。目前,路孚特在 190 个国家和地区拥有超过 40 000 名客户及 400 000 名终端用户,年收入达 62.5 亿美元。截至 2020 年,路孚特 ESG 评级的数据范围包括全球范围内超过 7 000 家上市公司,囊括 400 多个不同的 ESG 指标。

(三)富时罗素(FTSE Russell)

富时罗素隶属伦敦证券交易所集团(LSEG)信息服务部门,在 2015 年由伦敦证券交易所收购美国指数公司弗兰克罗素(Frank Russell)与自身的国际指数业务富时(FTSE International Business)相整合而成立。富时罗素是全球领先的指数编制公司,计算成千上万的指数,用以衡量和基准化 70 多个国家和地区的市场与资产类别,业务范围覆盖全球 98% 的可投资市场。富时罗素指数的专业知识和产品已被全球机构和散户投资者广泛使用,约 20 万亿美元的资产以富时罗素指数为基准。30 多年来,领先的资产所有者、资产管理者、ETF 提供者以及投资银行选择富时罗素指数作为其投资表现的基准,并创建 ETF、结构性产品以及基于指数的衍生品。富时罗素拥有超过 20 年的 ESG 数据经验,为投资者提供必要的模型和数据工具,以了解公司运营和产品相关的 ESG 风险和机会。

(四)Vigeo Eiris

Vigeo Eiris 成立于 1983 年,是一家为投资者、公共部门、私营机构和非营利机构提供 ESG 研究和服务的全球性公司,也是全球第一家 ESG 评级公司,被称为 ESG 分析的全球先驱。2019 年,穆迪公司(Moody's Corporation)收购了 Vigeo Eiris,以此将 ESG 因素纳入其分析、工作流程解决方案和研究中,并为实体的可持续融资计划提供独立意见。换句话说,Vigeo Eiris ESG 成为穆迪公司 ESG 解决方案的一部分。

三、ESG 评估机构评级对象

目前较有影响力的 ESG 评级机构服务范围覆盖全球大量国家和地区,包括发达市场与新兴市场,评级对象涵盖股票、固定收益证券、基金、政府等。这些评级机构在资本市场的评级对象,既有共同点也存在差异。如表 9-1 所示,MSCI 自 2007 年起陆续建立 ESG 领先指数、ESG 通用指数、美国 ESG 精选指数等评价指标后,目前的评级对象已包括全球 8 500 家公司以及 68 万多只股票和固定收益证券;同时,MSCI 也具有一套对基金与政府评级的方法论。路孚特利用原有的 ASSET4 的评级体系进行了改进与替代,目前的评级对象包括全球范围内超过 12 500 家上市公司和私营公司。富时罗素的 ESG 评价包括全球 47 个发达市场和新兴市场约 7 200 只证券,评价范围覆盖全球数千家公司以及一系列指数。

表 9－1　　　　　　　　　　　　**各机构评级对象及中国公司覆盖情况**

评级机构	评级覆盖范围	中国公司覆盖情况
明晟	全球 8 500 家公司,以及超过 68 万只股票和固定收益证券、基金	A 股上市公司约 900 家
路孚特	超过 7 000 家上市公司和私营公司	A 股上市公司 300 多家
富时罗素	全球约 7 200 只证券	A 股上市公司约 800 家
Vigeo Eiris	超过 10 000 家公司	未公开

资料来源:各公司官网。

近年来,随着中国的资本市场蓬勃发展,A 股总市值已经超过 90 万亿元人民币,逐渐吸引了 ESG 评级机构的广泛关注。2018 年,A 股开始被纳入 MSCI 指数进行 ESG 评估。目前,MSCI ESG 评级覆盖了 A 股约 900 家公司,占 MSCI ACWI IMI 指数的 97.87%,加上固定收益证券覆盖共 1 200 只左右,覆盖彭博全球综合固定收益指数的 98%。路孚特的 ESG 评级从 2018 年对新兴市场的研究开始,并逐渐由 179 个中国公司扩大到对 MSCI 中国中盘指数,包含 300 多家中国上市公司。富时罗素在 2019 年宣布进一步扩大在亚太地区的可持续发展投资分析后,目前评级对象已覆盖约 800 家 A 股上市公司。Vigeo Eiris 的评级对象包括 10 000 多家公司,但并未披露中国上市公司的覆盖情况。

第二节　全球主要 ESG 评级指标与选择逻辑

ESG 评级指标是度量被评估者可持续性实践的标准和载体。ESG 评级机构通过其构建的指标体系对被评估者不同维度的表现进行刻画并得到最终评级结果。本节将对四大评级机构所用指标的数量及关注领域展开讨论,分别从环境、社会、公司治理的角度比较不同机构间评级指标的异同与选择逻辑。

一、四大机构评级指标

目前,主流的 ESG 评级指标体系分为三级(见图 9－2):第一级指标为环境、社会、公司治理三大支柱,分别对应 E、S、G 三个字母的内涵;第二级指标根据各评级机构对每一支柱中内容重要性的理解,再结合数据的可获得性而设定了数个主题,体现评级机构所关注的领域;第三级指标是对主题的细化,更依赖数据的获取与量化的难易程度,称为关键性议题,是计算 ESG 评级得分的落脚点。在实操中,ESG 指数的编制有赖于基于底层的数据和具体的打分机制,为各关键性议题赋分,然后逐级汇总,最后成为一个总的 ESG 评级分数(指数)。

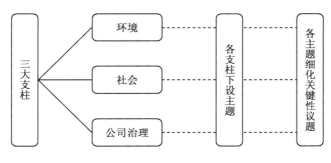

图 9—2　ESG 评级体系

从指标数量来看,各评级机构普遍较为关注企业在环境与社会领域的表现,而公司治理维度的指标则囿于数据的可获得性,刻画角度较少。表 9—2 显示了 MSCI、路孚特、富时罗素、Vigeo Eiris 四家评级机构的关键性议题选取,其中,环境、社会、公司治理三大支柱的关键性议题数量之比约为 3∶3∶2,反映出全球评级机构对环境和社会议题的关注度不相上下,而对公司治理维度的关注则相对较少。

表 9—2　　　　　　　　　　　　　　各机构评级指标

评级机构	支柱	主题	关键性议题
MSCI	环境	气候变化	碳排放、气候变化脆弱性、影响环境的融资、产品碳足迹
		自然资源	生物多样性和土地利用、原材料采购、水资源短缺
		污染和废弃物	电子废弃物、包装材料和废弃物、有毒排放和废弃物
		环境机遇	清洁技术机遇、绿色建筑机遇、可再生能源机遇
	社会	人力资本	健康与安全、人力资本开发、劳工管理、供应链劳工标准
		产品责任	化学安全性、消费者金融保护、隐私与数据安全、产品安全与质量、负责任投资
		利益相关者异议	社区关系、争议性采购
		社会机遇	融资可得性、医疗保健服务可得性、营养和健康领域的机会
	公司治理	企业治理	董事会、薪酬、所有权和控制、会计
		企业行为	商业道德、税务透明度

续表

评级机构	支柱	主题	关键性议题
路孚特	环境	排放	排放、污染、生物多样性、环境管理系统
		创新	产品创新、绿色收入和研究
		资源利用	水、能源、可持续包装、环境供应链
	社会	社区	行业同等性
		人权	人权
		产品责任	负责任市场营销、产品质量、数据隐私
		劳动力	多样性和包容性、生涯发展和培训、工作条件、健康和安全
	治理	CSR 政策	CSR 政策、ESG 报告和透明度
		管理能力	公司结构、补偿
		股东	股东利益、反对股权收购
富时罗素	环境		生物多样性、气候变化、污染和资源、水资源
	社会		消费者责任、健康与安全、人权与社区、劳动力标准
	公司治理		反腐败、企业管理、风险管理、纳税透明度
Vigeo Eiris	环境	环境变化	环境战略、意外污染、生物多样性、绿色产品、动物实验、水资源、能源、大气排放、废弃物、当地污染、运输过程、产品的使用和处置、供应链中的环境标准
	社会	人力资源	社会对话、员工参与、重组、职业规划、报酬
		人权	健康与安全、工作时间、基本人权、基本员工权利、非歧视、童工和强迫劳动
		社区建设	社会和经济发展、产品和服务的社会影响、慈善事业、产品安全
	公司治理	公司治理	董事会、审计与内部控制、股东、高管薪酬
		商业行为	客户关系、给客户的信息、供应商关系、供应链中的社会标准、反腐败、反竞争、游说、产品安全

资料来源：各公司官网。

二、环境支柱

环境支柱的 ESG 评级指标主要围绕两方面展开：一是企业环境现状，旨在衡量企业现阶段的环境表现及环境风险暴露程度，相关议题包括碳排放、水资源短缺、废弃物处理、能源消耗、绿色产品等；二是企业环境投入，旨在衡量企业为环保转型付出的努力以及绿色转型潜力，以此刻画企业面临环境风险的应对能力，相关议题包括清洁技术机遇、可再生能源机遇、绿色收入和研究等。

从本书所分析的四家机构来看，碳排放相关的气候问题、水资源、生物多样性是其共同研究的关键性议题,这三项议题与人类的未来息息相关:碳排放是全球变暖的直接元凶,目前全球变暖的速度比有记录以来的任何时候都要快,由此引发的自然灾害日益频繁,给人类和地球上所有其他形式的生命带来许多风险。《巴黎协定》的签署、联合国气候变化大会的召开都体现了近年来各界人士对碳排放议题的重视,评级机构考察环境指标时自然也将碳排放作为不可或缺的一环。水资源是地球上最宝贵的资源之一,但全球范围内存在着水资源短缺、水污染等问题,目前全世界约有 21 亿人无法获得安全管理的水。对企业而言,良好的水资源管理可以改善员工的工作环境,减少供应链中的水风险,降低企业的运营成本、风险和法律责任。近年来,随着各个国家和地区陆续出台关于水资源的法规和标准,对水资源的考虑成为衡量企业环境风险的重要标准。生物多样性是维持地球生态平衡和健康的关键因素,许多企业的供应链依赖于生物多样性,尤其是农业、食品和药品等行业。ESG 评级中的生物多样性绩效反映了企业在降低生态系统崩溃和生态风险方面的能力,评级机构认为,合理利用生物多样性可以确保供应链的可持续性,降低产业和供应链的风险。

从评级指标的差异来看,评级机构会选用包装原材料、废弃物、环境管理系统、能源、运输、供应链等议题,形成各自环境支柱的评级特色。例如,MSCI 突出关注企业面临的绿色机遇,从清洁技术、绿色建筑、可再生能源方面的机遇对环境维度展开评分。图 9-3 显示了四大评级机构所用环境指标的覆盖情况,由图可知,除前述议题外,评级机构对能源、碳足迹、污染相关内容的关注度较高,对原材料、运输、绿色机遇相关内容的关注度较低,仅 1 家机构选取了相关指标。

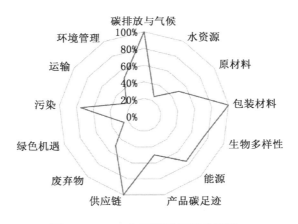

图 9-3　2023 年环境指标覆盖情况

三、社会支柱

评级机构将公司对社会的贡献分成三个部分:劳工、客户与社区。在劳工方面,常用的指标是劳工的健康与安全,以及与劳动力标准的管理相关的话题:劳工的健康安全是劳动力参与生产活动、拉动经济增长的前提,也是人力资本得以持续积累的必要条件;劳动力标准的管理则聚焦于童工、强迫劳动等重大社会问题,蕴含着企业对保障儿童教育、保障工人权利领域的贡献。在客户方面,评级机构关注产品质量、负责任营销等话题,因为产品质量不佳与不负责任的营销相当于竭泽而渔,会消耗企业的声誉,从而对企业经营的可持续性造成负面影响。在社区方面,评级机构关注与社区的关系和人权,具有较为典型的西方特征。此外,不同的评级机构也会关注到诸如人力资本升级(员工生涯发展)、数据隐私、工作时间、慈善事业等议题,形成各自的评级特色。

图 9－4 显示了四大评级机构所用社会指标的覆盖情况。如图所示,评级机构对社区、健康与安全相关指标进行了普遍的关注,对人权和数据隐私的重视程度也较高,而对工作时间、负责任投资、报酬的关注则较少。这一指标特征体现出评级机构对企业社会责任的评估主要基于其对外部的贡献,考察企业直接或间接回馈社会与社区的贡献,而在对自我员工的保障上有待进一步提高,尤其是应当加大对员工闲暇与收入的关注。

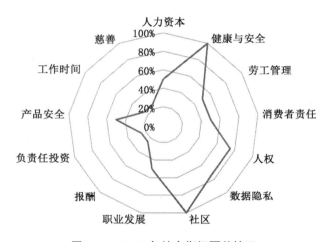

图 9－4　2023 年社会指标覆盖情况

四、公司治理支柱

公司治理相关的议题数量相对较少,这些议题反映了企业内部的管理情况。根据图 9－5 所示,四大评级机构较为关注的部分在于企业透明度。该指标刻画了对企业信息披露方面的评估,将此指标纳入评估有助于倒逼企业披露关键信息,减少信息不对称,帮助投资者更好地识别潜在的风险,从而降低未来可能的损失。目前,许多国家和地区已经出台了相关的法规和法律要求,要求企业公开披露其 ESG 信息,未来企业在这一指标上的得分将不断提高。

评级机构采用的其他指标多样性较为明显:MSCI 注重薪酬与会计相关的财务指标,路孚特重视 CSR 政策与 ESG 报告相关的内容,富时罗素提出了反腐败的指标,Vigeo Eiris 则在公司治理维度下综合考虑了审计、高管薪酬、客户关系、供应商关系等指标。

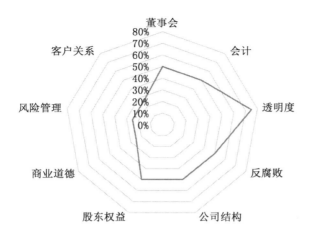

图 9-5 2023 年公司治理指标覆盖情况

第三节 评级数据与权重设置

几乎所有投资者都认为,数据来源的可信度是决定评级质量的最重要因素,其次才是方法论的质量和对物质问题的关注。[①] 而权重则决定了以指标数据计量 ESG 总得分的方式,也是评级机构的核心研究对象。因此,本节将对上述评级机构的评级数据来源及处理方法以及权重设置进行研究。

一、数据来源

现有的全球 ESG 评级机构大多本身就是金融服务供应商,且隶属于大型集团;MSCI 为丰富其评级数据库,收购了 Carbon Delta 等数据供应商;路孚特作为曾经汤森路透的一个部门,拥有其丰富的数据资源;富时罗素隶属于伦敦证券交易集团,这是英国的一家金融市场运营商,也是英国主要的证券交易所之一,拥有丰富的金融数据;而 Vigeo Eiris 则被穆迪公司收购。可以看出,这些 ESG 评级服务商或是依托其背后的大型集团而共享其数据库,或是依赖收购第三方数据库的方法获取评级所需数据。

目前,企业公开资料是所有机构都采用的 ESG 数据来源,同时也是最重要的数据来源,主要包括企业年度报告、季报、可持续报告、代理报告、企业社会责任报告、10K 报告、公司官网、企业内部政策、集体谈判协议等。这一类数据最容易获得,通常借助爬虫与自然语言处理技术即可采集。同时,由于此类数据会受到监管机构与审计机构的审核,其真实性与数据质量相对较高。

---

① 该结论出自 Sustainability 在 2019 年的一份调查报告。

另一类主要的数据来源是公共及第三方披露的其他信息,如政府官网、非政府组织(NGO)、证券交易所文件、利益相关者网站、新闻媒体等,这类数据通常由第三方发布并大多数呈现结构化的特点,也包括监管处罚与新闻舆情等企业被动披露的数据,质量较为可靠,在每家评级机构的数据来源中皆有体现。其中,富时罗素的全部数据来源仅包括以上两种公开数据。

第三类数据来源为人工收集,例如路孚特共有700多名经过培训的内容分析研究员在全球范围内收集数据,Vigeo Eiris则通过人工联系公司的方式,以问卷形式获取公司非公开披露的非机密信息。这类数据较公开可获得数据具有更为复杂的特点,同时依照此法形成的数据库也成为评级机构特色的数据来源,以体现其评级体系的独特性。

如表9—3所示,从具体的机构使用数据来看,各评级机构的数据来源皆包括企业官网、报表与新闻媒体的数据,而对于其他数据来源的采用度则差异较大,反映了不同评级机构多元化的数据获取方式。其中,仅个别机构会采取主动与企业联系,并发放问卷的方式收集数据——此类数据由直接沟通获取,具有较高的数据质量与可比性。与企业的直接联系不足是目前评级机构在数据获取上急待提升之处。

表9—3　　　　　　　　　　　　　　四大评级机构所用数据来源

评级机构	数据来源类型	数据来源
MSCI	公开资料	公司年报、可持续报告、代理报告等
	公共及第三方信息	100余个专业化数据库、政府、非营利组织、新闻媒体、监管机构、证券交易所
路孚特	公开资料	公司官网、公司年报、企业社会责任报告
	公共及第三方信息	非政府组织、证券交易所、新闻媒体
	人工收集	700多名经过培训的内容分析师人工收集
富时罗素	公开资料	公司季报、企业社会责任报告、会计披露、监管机构、证券交易所、非政府组织、新闻媒体
Vigeo Eiris	公开资料	公司年报、企业社会责任报告、10K报表、企业行为准则和道德规范、内部政策、集体谈判协议
	公共及第三方信息	利益相关者网站、Factive新闻数据库、新闻报道
	人工收集	向企业发放ESG问卷

资料来源:各公司官网。

二、数据处理方法

各评级机构为了保证数据的质量并使之能够纳入评级模型,通常对收集的数据进行处理,这些处理方法包括数据检查、数据清洗、数据整合与标准化、数据趋势分析等。

数据检查指的是评级机构通过在数据点内置错误检查逻辑工具与自动质量检查筛选器等方式对数据的质量进行监督检查,以帮助数据分析师和数据工程师及时发现和修复问题,确保数据的准确性和一致性。这类数据工具又可分为数据规则工具、数据比对工具、缺失值和异常值检测工具、数据统计分析工具等,来检查数据是否符合特定的规则条件、数据是否存在差异与不一致、数据是否丢失与重复、数据中存在哪些异常情况和趋势。一些高级数据错误检查工具采用机器学习算法,利用模式识别和异常检测技术来自动识别数据中的异常和错误。评级机构通常结合使用这类工具,帮助保证数据质量,减少因数据错误而引起的 ESG 评级偏误。

数据清洗指的是评级机构对于数据检查环节检测出的问题,采取对应的步骤对评级数据进行后续处理。对缺失值的处理方法主要包括删除缺失值、进行插值填充或使用其他数据源进行补充;对异常值的处理进行验证,确定是不是数据记录错误,然后根据需要进行修正或删除;对一些不合逻辑的数据,如污染排放与公司产量负相关的数据,评级机构会进行数据源验证以确保数据的可靠性,并进行修正。

数据标准化的过程是指评级机构制定一套标准或指南,用于规范 ESG 数据的收集和报告。数据标准化的步骤如图 9—6 所示,主要包括:(1)数据映射和匹配。不同数据源可能使用不同的词汇和术语来描述类似的 ESG 指标。评级机构会进行数据映射和匹配,将不同的术语转化成统一的标准词汇,以确保数据在整合过程中的一致性。(2)量化定性数据。评级机构一般通过专家打分的方式或建立某种量化框架,将 ESG 数据变为可计算的定量数据。通过将数据的定义、计量单位、时间范围等方面统一到一个维度上,以确保不同数据源提供的数据在标准上保持一致,从而可以进行比较。(3)单位转换。ESG 数据可能来自不同地区或国家,使用不同的度量单位。评级机构会对数据进行单位转换,将其统一到标准的度量单位,以确保数据在同一度量上进行比较。

图 9—6　数据标准化的步骤

数据趋势分析可以了解公司在一段时间内的表现变化,有助于评估公司在 ESG 方面的改进或退步,一般步骤包括时间序列分析、季节性分析、周期性分析和季节检测等,以了解企业潜在的总体趋势与周期性变化。

由于不同的 ESG 评级机构采用不同的数据处理步骤,而对于同一步骤也存在不同的数据处理方法,因此,同一家公司在不同的 ESG 评级机构中可能有不同的得分和评级等级。

三、权重设置框架

ESG 评级通过对每个指标赋予一定的权重，并通过加权的形式得到最后的评级结果。指标权重是影响评级结果的重要因素，相比收集的数据具有更高的主观性。设定权重的过程通常包括如图 9—7 所示的三步：(1)制定权重设置方法论。评级机构会根据其自身的方法论和研究流程来确定不同的 ESG 因素的权重。(2)评估行业和地区差异。ESG 因素的重要性在不同行业和地区可能有所不同。例如，废气排放对于重工业和对于金融业的重要性有显著差距，在重工业具有更重要的地位；水资源议题则对于缺水地区具有更重大意义，应当被赋予更高的权重。评级机构会考虑这些差异，并根据行业特点和地区情况来调整权重，以确保更准确地反映公司的可持续性表现。(3)咨询专家意见。评级机构可能咨询行业专家、学者和利益相关者，以获取不同观点和意见，以确保权重设定是客观的和全面的。

图 9—7　权重设定步骤

全球评级机构通常首先依照 GICS 等标准将公司分为不同行业，并设置通用指标与行业指标，共同构成该行业的总体指标；其次，依据每一指标对该行业的影响程度或影响时间赋予权重。影响程度大小的刻画基于国际认可或行业一般水平，影响时间的刻画取决于出现风险或机遇的时间的缓急。由于权重的设置与评级机构的研究结果息息相关，目前并非所有的评级机构都愿意披露其权重设置框架与逻辑，因此，本节将以 MSCI 与 Vigeo 为例，对其披露的权重设置框架进行简单介绍。

MSCI 基于自己的研究，设定了如表 9—4 所示的权重矩阵：考虑行业和地区差异，对影响力较大、出现风险与机遇的逾期时间较短的指标赋予更高权重，并由行业团队负责人和 ESG 方法论委员会批准确定。利用该框架，定义为"高度影响"和"短期"的关键议题的权重将比定义为"低度影响"和"长期"的关键议题的权重高 3 倍。

表 9—4　　　　　　　　　　　　　**MSCI ESG 评级权重设置标准**

	短期(少于 2 年)	长期(5 年以上)
行业产生重大影响	最高权重	
行业产生较小影响		最低权重

资料来源：MSCI 公司。

Vigeo Eiris 设定权重时考虑指标国际重要性，其通过研究国际参考文本中对议题重要性的评估建立权重设置框架，并根据权利性质、利益相关者风险、公司风险将整体权重分为 W0 至 W3，总体权重标准如表 9—5 所示。

表 9—5 　　　　　　　　　　　　　**Vigeo Eiris ESG 评级权重设置标准**

利益相关者权利的性质和期望	利益相关者的风险	公司的风险	ESG 标准权重
在国际参考文本中被视为基本的利益相关者权利,如人权、员工权利	如果公司不管理其职责,该行业的利益相关者将面临高度风险。从环境角度来看,企业正在使用大量原材料或排放大量污染物(高环境足迹)	公司面临声誉、人力资本、运营效率或法律风险的高风险	W3 高度相关
在国际参考文本中被认为很重要,如反竞争、负责任的演讲	如果公司不管理其职责,该行业的利益相关者就会受到适度的影响。从环境角度看,企业正在适度使用原材料或适度排放(适度的环境足迹)	公司面临声誉、人力资本、运营效率或法律风险的中等风险	W2 中度相关
社会的次要利益和期望,如慈善事业	利益相关者处于边缘地位(低环境足迹)	公司面临声誉、人力资本、运营效率或法律风险的较低风险	W1/W0 低相关

资料来源:Vigeo Eiris 公司。

第四节　评级结果

各评级机构通过多个数据点,构建了不同的 ESG 评级指标,并赋予相应的权重,最终目的在于得到公司或投资组合的 ESG 总体评价,并应用到资本市场中。在得到总体评级结果时,各机构会进行特定的人工处理,将评级结果分为不同档次。

一、评级得分计算

ESG 评级的最终得分通常要经过多个步骤的分数调整,不同机构采取的调整方式不尽相同,但通常包括以下几种:一是计算由前述指标的加权得分构成的 ESG 关键议题得分,作为总得分的基础;二是进行得分的行业调整,具体做法是分行业设定行业基准得分,并根据平均得分、最高得分、最低得分进行标准化处理;三是对于评级对象的负面信息进行额外关注,搜集其负面舆论与新闻事件,并以此形成 ESG 争议得分。最终根据上述几种得分调整得到评级对象最终的 ESG 评分,并在内部委员会审核或与被评估对象联系后对所有评级对象划分档次。例如,MSCI 根据评级对象在行业的相对评分,将评级结果分为 AAA 到 CCC 共 7 档,首尾两档分别代表行业领先与落后水平,中间三档表示 ESG 得分处于行业平均水平;路孚特将评级分数平均划分到 12 个区间中,从领导者到落后者依次为 A+、A、A—……D—共 12 档;富时罗素用 0~5 分的数字化评级刻画每家公司的整体 ESG 表现,便于将 ESG 评级量化应用于投资策略中;Vigeo Eiris 同样采取打分制,将评级分数归类到 60~100 分的先进水平、50~59 分的稳健水平、30~49 分的有限水平与 0~29 分的弱水平中,以此对不同公司的评级进行分档。

二、评级结果应用

(一)投资者

ESG 评级结果帮助投资者评估潜在投资标的的可持续性表现、风险暴露程度以及可持续发展机会。较高的 ESG 评级通常意味着公司在可持续性实践方面表现良好,在环境、社会和治理方面的积极实践可能带来创新、新市场机会以及与消费者和合作伙伴的更紧密联系,更有潜力在长期内取得稳定的业绩。而低 ESG 评级表明公司面临可持续性挑战,如法律诉讼、供应链问题或声誉损害,这些因素可能对公司的长期价值产生负面影响,从而增加投资风险。此外,ESG 评级结果对投资者的应用还体现在可持续投资策略的实施上——越来越多的投资基金和指数以 ESG 标准进行筛选和构建,为投资者提供与可持续性目标相符的投资机会。投资者可以选择将可持续投资考虑为其投资组合的一部分,从而支持和推动更加负责任的企业实践。

(二)被评估企业

ESG 评级结果可以帮助企业识别并改进可持续性绩效,以及提升企业声誉。一方面,通过对环境、社会和治理方面的评估,企业可以更好地了解自己的强项和薄弱环节:ESG 评级较差的部分意味着公司在该领域面临挑战,如能源消耗、员工满意度或治理结构。企业可以利用这些信息制订改进计划,加强在关键领域的表现,提高可持续性绩效。另一方面,企业通过改变提升 ESG 评分,可以通过透明地披露 ESG 绩效,提升其在投资者与合作者眼中的吸引力,也可以获得消费者与员工的信任。可持续性实践有助于塑造积极的企业形象,显示企业对重大 ESG 议题的关心。此外,越来越多的国家和监管机构要求公司披露其在 ESG 方面的表现,ESG 评级结果对企业还有助于满足不同国家和行业的法规要求,甚至避免可能的罚款和法律问题。

(三)政策制定者

政策制定者通过 ESG 评级结果了解企业在可持续性领域的实际绩效信息,并评估不同行业和公司的可持续性风险和机会,通过了解行业内的佼佼者和需要改进的领域,政策制定者可以更有针对性地制定政策,推动公司改善可持续性绩效。例如,在能源行业,政策可以强调减少碳排放和提升能源效率;在金融行业,政策可以关注信息披露和治理标准。政策实施后,ESG 评级结果作为一种监测和评估工具,政策制定者可以根据 ESG 评级的改变,判断政策是否取得了预期的效果、是否需要进行调整或改进。另外,政策制定者可以通过比较不同国家和地区的 ESG 评级结果,了解不同政策和实践对可持续性绩效的影响。这有助于吸取其他国家和地区的经验,共同推动全球可持续发展议程,建立更加一致的标准和准则。

第十章 中国 ESG 评级体系

本章提要：通过第九章的陈述，可以看到国外的 ESG 评级发展较快，目前已经形成相对成熟的评级机构和评级体系。并且，随着中国资本市场的日益国际化，全球 ESG 评价机构如 MSCI、富时罗素等也逐渐加强了对中国 A 股公司的覆盖。但值得注意的是，由于国内外在价值观、法律法规、产业特征等方面均存在较为显著的差异，因此国内机构在构建 ESG 评级体系时，不能"生搬硬套"地直接将国外的 ESG 评级体系应用于国内，而是应结合我国市场、行业、政策制定等方面的实情，积极探索并构建具有中国特色的 ESG 评级体系。出于以上考虑，本章通过查阅整理相关资料，在对当前国内的 ESG 评级现状与评级模型予以总览说明后，按照 ESG 评级体系的构建逻辑，从评级模型与评级对象、评级指标选取逻辑、数据来源与权重设定、评级结果方面依次进行阐述，使用总结归纳、多方比对、图文结合等多种方式，旨在探究国内 ESG 评级体系构建背后所遵循的逻辑与规律，同时为下一章对于 ESG 评级体系的再评级提供支撑依据。

第一节 评级模型与评级对象

相较于国外而言，国内的 ESG 评级起步较晚，直到 2016 年后才得到较为迅速的发展，比国外主流机构晚了至少 20 余年。商道融绿提供了中国最早的上市公司 ESG 数据库，于 2015 年首次推出自主研发的 ESG 评级体系。此后，随着 ESG 的理念逐渐被人们所接受，人们开始意识到 ESG 原则将对国内资本市场的资源配置活动发挥引导性作用，加之我国对"双碳"目标的持续推进，构建符合我国社会发展现状的本土化评级体系就显得至关重要。截至目前，国内已有上百家机构参与研发 ESG 评级，代表性的机构包括社会价值投资联盟（简称"社投盟"）、中央财经大学绿色金融国际研究院（简称"中财绿金院"）、中诚信绿金科技（北京）有限公司（简称"中诚信绿金"）、上海华证指数信息服务有限公司（简称"华证"）、中证指数有限公司（简称"中证"）、润灵环球（RKS）、万得（Wind）、妙盈科技等自律组织、指数编制机构以及金融科技公司。但由于国际上对于 ESG 的评级标准尚未达成一致，因此导致不同评级机构在构建评级模型时主观性较强，在基础数据来源、评级框架、指标选取及权重设定上均有显著差异,从而呈现多元化的发展格局。但从构建逻辑上看,仍可以将评级模型划分为"三级模型"和"筛选—评分模型"两种类型。下面,本节将分别对这两类国内 ESG 评级实践中比较常用的评级模型进行详细介绍,并总结归纳截至目前,国内 ESG 评级机构的评级情况,进而反映国内 ESG 评级的发展现状。

一、评级模型

(一)支柱—实质性议题—指标三级模型

国内 ESG 评级机构在构建评级模型时,大多会借鉴海外成熟的评级机构,采用三级的细分指标体系,即"支柱—实质性议题—指标三级模型"的应用最为广泛。该模型遵循"从上而下构建、从下而上计算"的原则,在搭建评级体系时,首先确定评级体系的支柱,然后逐层选取各支柱下的关键性议题和指标。而在计算分数时,首先对底层指标赋值,设置指标权重;其次逐层向上加权求和算出 ESG 总分,并根据总分划分等级。需要指出的是,三级模型真正强调的是 ESG 评级体系的搭建逻辑,而非局限于三级指标本身。比如个别机构还使用了更为精细化的四级指标体系,华证指数公司在 2022 年 11 月对其 ESG 评级体系做出更新,在原有的 ESG 评价框架内,考虑到中国特色及具体实践经验,将评级模型由三级指标体系升级为四级指标体系,但"从上而下构建、从下而上计算"的逻辑并未改变。下面,本节将根据支柱类别、ESG 分数构成和适用范围的标准对三级模型进行分类,具体阐述 ESG 模型构建背后的理论依据。

1. 按支柱类别分类

(1)非财务信息。ESG 本质上是一种衡量企业环境、社会、治理绩效而非财务绩效的投资理念和企业评价标准,其目的是对企业在促进经济可持续发展、履行社会责任方面所做出的贡献进行评估。因此,绝大多数评级机构直接以环境、社会、治理为三个支柱,参照国际组织、证券交易所或国际知名评级机构的评级标准,差异化选取指标和权重,逐层构建评级模型。

(2)财务信息+非财务信息。尽管以非财务绩效为主要考察目标的 ESG 评级体系的占比相对较大,但也有机构持不同观点,认为 ESG 并非一个全新概念,只是在不断发展的过程中将可持续发展理念逐渐聚焦到环境、社会和治理三大主题上而已,故在对企业进行 ESG 评级时,不必完全局限于这三个维度,甚至应该将企业的财务信息也纳入评级体系中。和讯网是国内最早开展社会责任报告测评的机构,它根据利益相关者理论,以股东责任、员工责任、供应商、客户和消费者权益责任、环境责任和公共责任为五大支柱,由此计算企业的社会责任评分;盟浪可持续数字科技(深圳)有限责任公司在社投盟"义利 99"评估标准的基础上进一步深化,独创 FIN-ESG 评级模型。该模型是第一个将企业财务评估和非财务可持续发展价值评估相结合的综合评价模型,不仅局限于 E、S、G 三个方面,而且系统考察了企业的财务表现(F)、企业的创新发展方式(I)和企业的商业伦理和价值观(N),进一步丰富了 ESG 评级的内涵。

2. 按 ESG 分数构成分类

(1)ESG 分数＝管理实践分数。ESG 主要考察的是企业在环境、社会、治理方面的管理实践能力,因此一些机构在构建 ESG 评级模型时,只将能够反映企业管理实践能力的指标纳入其中,而对于企业的风险暴露水平或争议性事件得分则单独列出,仅作为投资者决策时的一项参考,并不参与 ESG 的分数构成。对于这些机构而言,所谓的 ESG 评级模型实际上包含两个模型,分别为 ESG 评级模型和 ESG 风险模型。例如,华证的评级模型包括 ESG 评级和 ESG 尾部风险两部分,其中,ESG 尾部风险模型是从违法违规、负面经营事件、大股东行为、过度扩张、财务造假五个维度构建的,旨在帮助投资者规避不必要的风险。中证则根据 ESG 争议性事件性质、影响程度与范围、事件发生时间等原则制定了 ESG 争议性事件风险等级标准,当企业发生重大 ESG 争议事件时,及时对评级结果做出调整。

(2)ESG 分数＝管理实践分数＋风险管理分数。管理实践分数主要反映长期内 ESG 对企业基本面的影响,而事实上,企业在短期内也有可能面临 ESG 风险事件,不仅给投资者带来经济损失,而且有损于企业的声誉形象,不利于企业的长远发展。因此,仅将企业的 ESG 风险水平作为一个单独板块似乎无法满足投资者的需求,也无法全面反映企业在 ESG 领域的整体水平。基于此,一些评级机构认为风险得分也应该是 ESG 分数的一部分,即将能够反映企业应对风险能力的指标或风险事件得分直接纳入 ESG 评级模型中,此时两个模型合二为一,企业的 ESG 分数实为企业在管理实践上的正向得分以及企业在风险管理上的负向得分之和。在国内主流的 ESG 评级机构中,商道融绿、中财绿金院、中诚信绿金、Wind、CNRDS 等机构均采用这种思路来构建 ESG 评级模型。尤其是商道融绿,格外重视对负面事件的评价,在每个维度下,都包含了反映负面事件的二级指标和三级指标;而 Wind 则单独开辟了"争议性事件得分"板块,即 ESG 分数＝管理实践得分×W1＋争议性事件得分×W2。由此可见,国内的评级机构在计算 ESG 分数时,不仅在内容构成上有所差异,而且在对风险争议事件的处理上有所不同。

3. 按适用范围分类

(1)通用版。通用版 ESG 评级模型实质上指的是评级机构开发的基础模型,评级机构首先按照一定的原则确定评级模型的搭建逻辑,比如支柱的类别选择和 ESG 分数的构成选择,然后在确定议题和指标的环节中,选取所有行业均需度量的关键性议题和指标。根据商道融绿和 Wind 所公布的资料,能源消耗、气候变化、废弃物排放、员工权益与福利、公司治理、商业道德几乎是所有行业均需选取的关键性议题。此外,该模型也是行业版 ESG 评级模型的构建基础。正是在通用版 ESG 评级模型的基础上,评级机构才能根据不同行业的特性对模型进行调整,使评级模型能够更加准确地刻画被评级企业在其所处行业内的 ESG 表现,增强评级结果的客观性。

(2)行业版。考虑到不同行业所面临的 ESG 风险差异较大,使用同一套评级方法无法对处于不同行业的企业 ESG 表现进行精准衡量,得到的结果也不具有可比性,故评级机构会针对不同行业构建 ESG 评级子模型。首先,确定行业划分准则。经整理资料可得,国内机构大多参考的是 GICS(全球行业分类系统)、证监会上市公司行业分类或《国民经济行业分类(GB/T 4754 - 2017)》分类原则,妙盈科技则使用了自主研发的妙盈行业分类系统(MICS)。其次,通过调整指标内容和权重的方式构建评级子模型。前者指的是在构建评级体系时,挑选对于该行业而言最为重要的议题和指标;后者是指根据行业对各指标设置不同的权重。在实际应用中,包括华证、中证、商道融绿、Wind 等在内的多家机构同时采用这两种方法。其中,商道融绿不仅在计算企业的 ESG 管理实践分数时将评级指标划分为通用指标和行业特定指标,而且在评估企业的 ESG 风险暴露水平时还设置了行业基准风险和Beta 乘数,以保证企业 ESG 风险评分的行业特异性。

(二)筛选—评分模型

筛选—评分模型是社投盟根据我国 A 股市场特点所构建的一种新模型。社投盟是我国最早推动公司可持续发展价值评估和应用的先行者,其开发设计的 ESG 评级模型与其他机构截然不同。该模型按照"先筛选后评分"的逻辑,将 ESG 评级模型分为"筛选子模型"和"评分子模型"两部分。首先,根据"筛选子模型",从产业政策、特殊行业、财务问题、负面事件、违法违规、特殊处理六个方面对评估对象做出是非判断,被评级对象一旦符合其中任何一个指标,就直接淘汰,无法参与后续的评估环节,这也是筛选—评分模型和其他 ESG 评级模型的重要区别之一。其次,根据"评分子模型"对评估对象进行量化评分。"评分子模型"依据"3A 三力三合一"原理,从目标的驱动力、方式的创新力、效益的转化力三个方面打分,评价结果设置 A、B、C、D 四档,共十个基础等级(AAA、AA、A、BBB、BB、B、CCC、CC、C 和D),并用"+"和"-"号微调得到十个增强级别(AA+、AA-、A+、A-、BBB+、BBB-、BB+、BB-、B+和 B-)。进一步地,根据行业特点将评分子模型区分为通用版、金融专用版和地产专用版。此举旨在号召企业做到"义利并举",在创造经济效益的同时,勇于承担社会责任。

二、评级对象

在初步了解国内 ESG 评级机构的模型构建逻辑之后,本节以表格的形式总结归纳了当前国内主流评级机构的评级情况,主要是 ESG 评级结果的发布时间、覆盖时间以及覆盖范围,并从横向和纵向两个角度深入分析,旨在得到国内 ESG 评级对象选取的发展规律。

从横向的评级对象构成来看,在确定评级对象时,国内 ESG 评级机构主要考虑两点:一是企业的信息披露程度。考虑到充足的数据来源是 ESG 评级的前提,然而,我国 ESG 发展时间较短,企业主动进行信息披露的意愿不强,且相关政策大多以引导、鼓励为主,未对企业的 ESG 信息披露做出强制性要求。因此,ESG 评级机构倾向于选择信息披露程度更深、质量更高的企业。一般情况下,证券交易所会对上市企业提出相关要求(如香港证券交易所强制要求上市企业披露 ESG 报告)，即同未上市企业相比，上市企业尤其是大型企业、央企控股的上市企业在信息披露方面的表现更好，便于后续的评级操作，因而这些企业也成为评级机构的主要评级对象。二是评级对象的代表性。在众多的上市企业中，存在一些能够反映市场整体趋势或股票价格的成分股，如沪深 300、中证 800 等。这些成分股在股票市场上的表现相对更好，具有"风向标"的属性，因此即便一些评级机构在评级时未能覆盖全部的 A 股上市企业，也会将成分股作为长期稳定的评级对象，例如，社投盟以沪深 300 成分股作为评级对象、润灵环球以中证 800 成分股为评级对象，中金则以中证 800 和中证 1000 作为评级对象(见表 10—1、表 10—2)。

表 10—1   国内评级机构对于股票市场的评级情况

评级机构	发布时间	覆盖时间	覆盖范围
商道融绿	2015 年	2015 年起	超过 1 700 家上市公司，2020 年起覆盖全部 A 股上市公司
社投盟	2018 年	2016 年起	沪深 300 成分股
中财绿金院	2019 年	未公开	全部 A 股上市公司
妙盈科技	2019 年	2017 年起	超过 9 500 家上市公司
华证	2019 年	A 股：2009 年起 港股：2019 年起	全部 A 股上市公司，超过 670 家港股上市公司
嘉实基金	2020 年	2017 年起	全部 A 股和港股上市公司
润灵环球	2020 年	2019—2021 年	中证 800 成分股
中诚信绿金	2020 年	2021 年起	超过 5 600 家 A 股、港股上市公司
中证	2020 年	2020 年起	A 股和港股上市公司
Wind	2021 年	2017 年起	全部 A 股和港股上市公司
盟浪	2021 年	2016 年起	超过 4 500 家上市公司
中金	2022 年	未公开	中证 800 和中证 1 000 指数成分股
国证	2022 年	未公开	全部 A 股上市公司

资料来源：作者整理。

表 10—2   国内评级机构对于债券市场的评级情况

评级机构	发布时间	覆盖时间	覆盖范围
中财绿金院	2019 年首次发布；2020 年上线 ESG 三优信用模型 2.0 版	未公开	(非)上市债券发行主体
妙盈科技	2019 年	未公开	超过 5 000 家发债主体
中债	2020 年 10 月	2017 年起	超过 8 000 家债券发行主体
中诚信绿金	2020 年 11 月	2021 年起	超过 5 000 家发债主体

评级机构	发布时间	覆盖时间	覆盖范围
Wind	2021 年 6 月	2017 年起	公募信用债发债主体
华证	2023 年 3 月	2020 年起	超过 8 000 家债券发行主体

资料来源：作者整理。

从纵向的时间脉络上看，国内 ESG 评级机构的评级对象基本经历了"以股票市场为主——向债券市场扩展——涵盖基金投资组合"的发展过程。

第一，以股票市场为主。根据上述分析，企业的 ESG 信息披露是选取评级对象时的重点考虑原则，因此，大多数评级机构的评级对象以股票市场为主，并且经历了由成分股向全 A 股企业甚至港股企业覆盖的过程。如表 10－1 所示，本节按照时间顺序展示了国内主流评级机构对于股票市场的评级情况，绝大多数机构实现了 A 股全覆盖。

第二，向债券市场扩展。由于大部分评级机构的评级对象均以上市公司为主，忽略了以债券发行主体为代表的非上市公司，因此中债金融估值中心指出，我国在 ESG 的评级上存在"重股票轻债券"的问题。鉴于此，该机构主要以发债主体作为评级对象，覆盖国内债券市场约 5 000 家公募信用债发行主体，其中，上市公司约占 13％，其余均为非上市公司。此外，华证也在 2023 年正式推出了专门针对债券的评级体系，中财绿金院则从发布初始便同时关注了上市公司和发债主体。根据表 10－2 所示，在 13 家主流评级机构中，共有 5 家评级机构在关注股票市场的同时也对债券市场予以关注，进而延展了国内 ESG 评级的覆盖范围。

第三，涵盖基金投资组合。除上市公司、非上市债券发行主体外，一些机构还尝试将 ESG 评级范围进一步扩展到基金投资组合，如中金、中财绿金院、Wind。其中，中财绿金院于 2020 年 9 月在"2020 中国金融学会绿色金融专业委员会年会暨中国绿色金融论坛"上首次发布"中国公募基金 ESG 评级体系"。该评级体系主要参考了国际知名评级机构（MSCI 和 Morning Star）的评级标准，并同时兼顾不同种类基金产品的自身特征，评级对象由发布了 2019 年年报的公募基金逐渐扩展至全体 A 股及 AA 信用评级以上的债券发行主体，进一步推动了资产管理行业的深化改革和资本市场的可持续发展。[①]

第二节　评级指标

通过上一节的总结分析，可以发现国内的 ESG 评级机构不仅数量众多，而且所采用的评级模型不尽相同。但从议题和指标选取的原则和内容来看，仍存在许多相似之处。因此，本节通过查阅梳理文献资料，整理分析国内主流评级机构所选取的共有议题和指标，同时介绍具有本土化特色的指标构建与应用，旨在揭示指标构建背后的深层次逻辑，从而为

---

① https://iigf.cufe.edu.cn/info/1012/3934.htm.

构建具有中国特色的 ESG 评级体系提供参考。

一、指标选取原则

(一)科学性原则

各评级机构在选取 ESG 议题和指标时,遵循的是科学性原则,即建立一套科学合理、便于操作并行之有效的综合评价指标体系,以确保所选的议题和指标符合国际组织、证券交易所等的披露要求。本节将介绍国内主流评级机构所遵循的一些科学性原则,具体包括国际组织、证券交易所、政策指引、国外评级机构四个信息来源,见表 10-3。

表 10-3 国内机构评级的科学性原则

参照标准	具体文件
国际组织	全球报告倡议组织《可持续报告编写指南》(第四版)
	国际标准化组织 ISO26000
	可持续会计标准委员会
	负责任投资原则
	联合国可持续发展目标
证券交易所	深交所《上市公司社会责任指引》
	上交所《上市公司环境信息披露指引》
	联交所《环境、社会及管治报告指引》(2019 年修订版)
政策指引	证监会《上市公司治理准则》修订版
	七部委《关于构建绿色金融体系的指导意见》
	国家发改委科技部《关于构建市场导向的绿色技术创新体系的指导意见》
国外机构	MSCI、Morning Star 等

资料来源:作者整理。

(二)本土化原则

本土化原则是指选择具有本土特色的 ESG 评级指标。由于国内外在经济发展水平、制度背景、政策规定等方面差异显著,导致人们对于 ESG 核心理念的理解不同,因此,国内的评级机构在构建评级体系时,不能一味模仿国外知名评级机构的评级方法,理应结合我国国情,挑选具有本土特色的议题和指标,从而更加准确地对中国企业的 ESG 表现做出评价。例如,在衡量员工权益时,国外机构往往使用"工会"这一指标,而国内外工会组织在职能上显然不同,故国内机构应选择更加贴合我国实际的可披露职工代表大会举办情况、员工社保和公积金缴纳等指标,而非直接借用"工会"指标。国内的一些知名评级机构在构建评级体系时也考虑到了这个问题,如华证在社会方面,用精准扶贫数据替代人权政策,并紧跟时事,于 2022 年 5 月将三级指标"扶贫"改为"乡村振兴";Wind 也考虑到我国的发展现状和政策引导,将高新技术企业认证、帮扶人口数量、每股社会贡献值等指标纳入评级体系,使其评级体系能够真正反映中国企业在当前的时代背景下,为促进环境、社会、治理方面的可持续发展而做出的贡献。

(三)重要性原则

重要性原则泛指在构建 ESG 评级体系时,应对可选择的指标进行"重要性判断",从而选出这一维度下更为重要的议题和指标。而不同评级机构对于"重要"的定义不同,总体来说,可以分为财务重要性、影响重要性和投资者关注三个维度。

1. 财务重要性

虽然 ESG 主要反映的是企业的非财务信息,但根据国际评估准则理事会(International Valuation Standards Council,IVSC)在《展望报告:ESG 与商业估值》中的陈述,ESG 数据的意义不仅限于"非财务信息",而且有"财务预示信息"。[①] 因此,在构建 ESG 评级体系时,不仅要选择能够衡量企业非财务表现的指标,而且应考虑对企业财务表现有重要影响的 ESG 因素。具体而言,评级机构需要根据 ESG 财务重要性特征来筛选出与企业价值创造有关的 ESG 指标,从而将企业的 ESG 表现与经济绩效联系起来。中金 ESG 评级体系是财务重要性原则的典型代表,该评级机构以 ESG 的财务重要性为基础,以被评公司未来一段时间内的财务表现和风险表现为评级目标函数,将财务重要性的内涵贯彻至指标选取、权重设置等整个评级过程。

2. 影响重要性

影响重要性是指根据指标在行业内的影响程度和影响时间选取指标。具体而言,评级机构在确定核心议题和指标后,会根据企业所处的行业、地理位置、监管环境等因素对指标进行增减,以保留影响程度更高、影响时间更短的指标。

3. 投资者关注

从 ESG 评级的职能上看,ESG 评分的一个重要功能是为投资者决策提供帮助,帮助投资者更好地了解企业的可持续发展表现。随着近年来国内投资者对 ESG 重视程度不断提高,使得投资者关注也成为评级机构选取指标时必须遵循的原则之一。在环境层面,评价体系应包含大众广泛关注的可持续发展、环境保护、低碳等问题;在社会层面,应聚焦于员工福利、权益保障等与员工切身利益息息相关的指标;在治理层面,应反映投资者所关注的公司治理问题,如信息披露质量、风险管理、治理异常等,这将直接影响投资者对公司可持续经营能力的判断,最终影响投资者决策。

(四)可得性原则

可得性原则指的是在构建 ESG 评级体系时,应考虑数据的可得性问题。考虑到目前我国的信息披露现状仍处于"半强制＋自愿"的发展阶段,相较于国外而言,企业信息披露的

---

① https://www.ivsc.org/wp-content/uploads/2021/09/Perspectivespaper-ESGinBusinessValuation.pdf.

主动性不强且质量较低,因此,在构建适用于我国企业的 ESG 评级体系时,应剔除基本框架中数据不易获得的指标,选择披露率更高、更容易量化的指标。一方面,从数据类型入手,尽可能选择定量指标而非定性指标。例如,在环境方面,用可量化的环境排污指标或环保投入指标来代替"绿色环保宣传"此类的定性指标,减少 ESG 评价过程中的个人主观性。另一方面,从数据质量入手,不仅要保证数据的可获得性,而且要兼顾数据质量的可靠性。有些指标如数据安全、隐私保护等披露率较低、内容格式不规范,导致在评级过程中很难制定统一的评判标准,可能使最终的评级结果存在偏差。

(五)权威性原则

为保证指标体系的权威性,在构建 ESG 评级体系的过程中,通常使用专家商定的方法,经过专家的多轮商讨,有助于挑选出更为合适、科学的议题和指标,同时增强评级体系的信服力。

二、指标选取内容

在了解评级指标的选取原则后,本节从非财务表现和财务表现两方面出发,通过整合国内主流 ESG 评级机构的评级体系,旨在得出国内机构在选取各维度的议题和指标时是否存在相似之处即拥有共同议题,进而揭示指标体系构建背后的深层逻辑。

在具体的处理过程中,由于国内评级机构的评级体系之间差异较大,故进行以下两点调整:

第一,根据议题或指标的含义判断是否拥有共同议题而非名称。这是因为即便针对同一问题,各机构之间的处理方法也有所不同。以生物多样性为例,一部分机构直接将"生物多样性"作为环境维度下的一级议题,而另一部分机构则把其划分到一级议题"资源利用"下的二级指标中去,但实际上从指标内容来看,评级机构在构建评级体系时,均考虑到了"生物多样性"这一重要话题。倘若仅将议题名称作为判断依据或拘泥于指标所处的层级,则显得不够客观,且无法帮助我们聚焦于真正重要的 ESG 话题。因此,本节以评级机构所公布的全部指标为依据(可能受限于评级机构披露的不完整性),根据指标含义进行适当的归纳整合,若各评级体系中均包含某项内容,则视为它们拥有共同议题,并对共同议题的名称进行高度概括。

第二,我们在整合过程中发现,只有极个别议题可以达到被全部机构包含的要求,因而放宽了对"共同议题"的定义,只要该议题在全部机构中的出现频率达到 50% 以上,就定义为"共同议题"。进一步地,在得到共同议题的基础上,本节还整理了各议题下的常见指标。最后,为了使整合结果更加直观,本节在指标整合的基础上,通过绘制雷达图的方式,进一步量化了各议题在评级机构的 ESG 评级体系中出现的百分比。

(一)衡量公司的非财务表现

在总结各评级机构对于能够衡量公司非财务表现指标的选取上,本节主要整合了华证、中证、国证、商道融绿、中财绿金院、中诚信绿金、Wind、润灵环球、嘉实基金、妙盈科技、中金、CNRDS 共 12 家评级机构的 ESG 评级体系,并从环境、社会、治理三个维度展开阐述。这 12 家评级机构不仅在国内占据主流地位,而且均使用了"支柱—议题—指标三级模型",其中支柱即为"环境、社会、治理",因此具有较强的代表性。

1. 环境维度

环境维度的指标主要反映企业在生产经营过程中对环境造成的影响,以及针对这种影响的风险管理能力,旨在考察企业是否实现了既定的环境目标并履行了相应的环境保护责任。图 10—1 展示了上述评级机构在环境维度方面所选择的议题以及该议题在全部评级机构中所占的比例。按照议题的重要性程度即百分比的大小,可以得到出现频率超过 50% 的共同议题有污染物排放、气候变化、环境机遇、环境管理、资源利用和生态保护,表 10—4 则进一步展示了这 6 个议题下的常见指标选取情况。

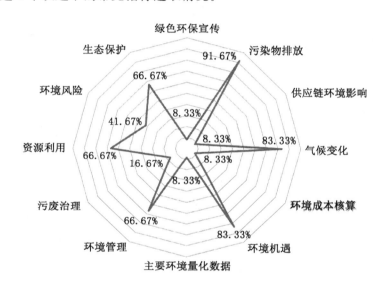

图 10—1 环境维度指标选择及百分比

表 10—4 国内评级机构在环境维度方面的指标选择情况

维度	共同议题	常见指标
环境	污染物排放	废水、废气、固体废弃物、尾矿、污泥、有毒有害气体、电子垃圾、工业排放
	气候变化	温室气体排放、碳排放、气候变化风险管理
	环境机遇	绿色建筑、绿色工厂、绿色产品、绿色技术、绿色金融、绿色业务、绿色办公、循环经济
	环境管理	环境管理体系、环境管理目标、环境管理制度、环境风险管控、环保处罚
	资源利用	水资源、能源消耗、物料消耗
	生态保护	生物多样性

资料来源:作者整理。

2. 社会维度

社会维度的指标主要根据利益相关者理论,反映企业对于员工、客户、供应商、社区等利益相关方的管理能力与管理绩效,从而考察企业是否履行了对利益相关方的责任,以及在协调多方利益主体之间关系上的表现。同理,表 10-5 显示,在社会维度方面,国内 ESG 评级机构所关注的重点话题为社会贡献、员工、供应链管理、产品责任、客户以及数据安全和隐私保护。特别地,根据图 10-2 可知,社会贡献和员工议题的覆盖率达到 100%,说明这两大议题对国内 ESG 评级的重要性极高,且"社会贡献"议题充分展现了 ESG 评级中的本土化元素。在国外的 ESG 评级体系中,关于慈善的话题讨论度相对较高,而对于国内而言,则更加关注企业对整体社会所做出的贡献,尤其是近年来我国经历了"脱贫攻坚——乡村振兴"的发展过程,更加重视企业在扶贫、推动农村普惠金融发展、促进乡村振兴等战略性问题上的表现。

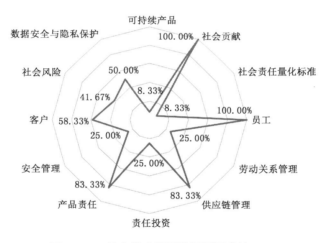

图 10-2 社会维度指标选择及百分比

表 10-5   **国内评级机构在社会维度方面的指标选择情况**

维度	共同议题	常见指标
社会	社会贡献	社区投资、社区建设、普惠金融、扶贫、捐赠、慈善、乡村振兴、科技创新
	员工	员工健康与安全、员工发展与培训、员工权益、员工福利、员工参与度与多样性、员工薪酬、员工激励
	供应链管理	供应链劳工管理、供应链监督体系、供应商管理、分包商管理
	产品责任	质量认证、产品/服务质量管理、产品安全和质量、产品召回与申诉
	客户	客户权益、客户责任、客户满意度、客户价值、客户信息保护
	数据安全与隐私保护	数据安全与隐私制度、数据安全管理政策、数据安全事故

资料来源:作者整理。

3. 治理维度

治理维度的指标主要考察企业是否具备可持续经营的能力。一方面,通过"董事会独立性、董监高治理、高管薪酬"等指标反映企业的治理结构、权利分配情况,从而判断企业目前的治理架构是否符合可持续经营的要求;另一方面,通过"商业道德、高管违规、财务风险"等指标考察企业在经营过程中潜在的经营性风险,以帮助投资者做出正确的投资决策,尽可能避免可能出现的"灰犀牛""黑天鹅"事件。根据表 10—6 可知,国内 ESG 评级机构在治理维度上的共同议题按照重要性排序依次为治理结构、风险管理、信息披露、治理异常商业道德。其中,治理结构的覆盖率达到 100%,体现出治理结构对公司可持续发展的决定性作用。具体而言,在治理结构下,基本涵盖了股东、董事会、监事会、管理层方面的治理情况,并且专门对企业的 ESG 治理能力做出考察。

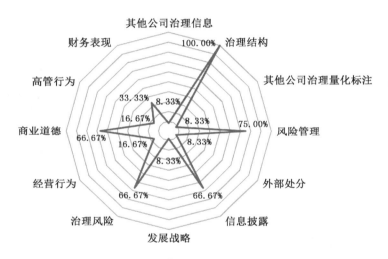

图 10—3　治理维度指标选择及百分比

表 10—6　　　　　　　　国内评级机构在治理维度方面的指标选择情况

维度	共同议题	常见指标
治理	治理结构	董事会治理、监事会治理、董监高制度、股东治理、管理层稳定性、投资者关系、ESG 治理
	风险管理	风险内控、道德规划、ESG 风险管理
	信息披露	信息披露质量、财务可信度、信息透明度、ESG 信息披露
	治理异常	法律诉讼、偿债能力、大股东质押比例、税收争议、债务争议
	商业道德	商业道德与行为规范、反贪污和贿赂、反垄断与公平竞争、举报制度

资料来源:作者整理。

(二)衡量公司的财务表现

除环境、社会、治理维度的非财务信息外,一些机构在构建评级体系时还考虑了财务信息。其中,盟浪的"FIN-ESG"评级体系是典型代表,它选择"财务、创新、价值准则"作为二级议题,分别考察企业的经济绩效、创新能力和在商业伦理方面的表现,然后挑选了一系列三级指标,主要包括"盈利能力、资产质量、成长能力、商业模式、企业文化"等。但值得注意的是,其他部分机构虽然没有直接将企业的财务表现作为环境、社会、治理的平行议题,但也对财务指标进行了简单涉及。如图 10－3 所示,在治理维度下,财务表现指标的出现频率达到 33.33％。具体地,中财绿金院和 CNRDS 分别将"财报品质""财务表现"作为治理维度下的二级指标;中证将"财务质量""财务风险"作为治理维度下的三级指标。而盟浪在创新维度下选择的"研发能力""产品服务"指标实则在其他评级机构的指标体系中也能看到,并非盟浪 ESG 评级体系的特有产物。这再次证明了造成国内评级机构评级体系差异的根本原因可能并非主题内容的选择,而是针对同一主题的不同指标设置方法,这将导致后续权重设置、计算方式等的不同,最终对 ESG 分数产生影响。

第三节　数据来源与权重设定

评级机构在根据指标选取原则以及自身对 ESG 理念的认识选取评级指标后,ESG 评级体系的搭建基本完成。接下来进入实操阶段,为衡量企业在各个指标上的表现,评级机构需要通过各种方式获取足够多的底层数据,并对数据进行后续处理,以保证数据的可用性。并且,在此基础上,还需设置评级体系的权重,具体包括内部权重设定(由指标上升到议题/由议题上升到维度)和外部权重设定(各议题/维度之间或管理实践表现和风险得分之间)两部分内容,然后计算得出最终的 ESG 分数。本节将主要介绍国内主流 ESG 评级机构在数据来源与数据处理、权重设定方面的常见方法和设置逻辑。

一、数据来源

由于当前我国的 ESG 信息披露体系尚处于起步阶段,一方面国内企业在 ESG 信息披露方面的主动性不强,沪深交易所对于 A 股上市公司也并未采取强制披露的措施,仍以引导为主。在这种情况下,企业为了建立良好声誉可能存在"漂绿"动机,其主动披露的企业社会责任报告并不能客观地反映企业在 ESG 领域的表现。另一方面,国际上尚未形成统一的 ESG 披露框架,这导致企业在披露 ESG 信息时,在内容格式、度量标准、口径等方面存在诸多差异,给指标计算带来一定的难度。因此,绝大多数评级机构在计算指标得分时,所参考的数据来源不仅限于企业年报、社会责任报告等主动披露数据,而且通过采取技术手段,获取了来自监管处罚、社交媒体、传统新闻等方面的数据,使数据来源在富有中国特色的同时,增强了指标得分的客观性和信服力。

在具体的操作过程中,由于以上数据大多来源于企业年报、社会责任报告、监管处罚公告和媒体舆情等文本数据,因此,一些评级机构使用领先的 AI 和大数据技术来爬取、识别、采集 ESG 信息,对底层数据库予以补充。此外,Wind 和盟浪还对数据进行了人工校验、交叉验证等,以确保数据的客观性和真实性;进一步地,为增强数据的透明度,Wind 开辟了公司沟通渠道,使被评级企业可与 Wind ESG 评级基于公开信息进行交流。下文将从企业主动披露数据和被动披露数据两方面进行更详细的介绍。

(一)企业主动披露数据

企业的主动披露数据均为公开信息,包括企业的财务报告,如年度报告、半年报、季度报告等;还有 ESG 报告,具体名称主要为企业社会责任报告、环境社会及管治报告、可持续发展报告;以及公司的其他各种公告、(不)定期报告、官网信息等。

(二)企业被动披露数据

企业的被动披露数据主要包括第三方发布的 ESG 信息,包括政府机构,如证监会、生态环境部、国家金融监督管理总局、工商局等多个国家监管部门网站上对上市公司违规违法的公告;社会机构,如公益组织、学术组织、行业协会等发布的报告;传统新闻媒体关于企业处罚的报道,以及来自社交媒体和其他渠道获得的数据,如 CNRDS 虽然由政府机构和社会组织获取的数据几乎没有,但它构建了自己的特色数据库,主要是对政府监管机构、社会组织的分析数据。

表 10－7 进一步展示了国内主流 ESG 评级机构的数据来源情况,并按照数据来源的丰富度从高到低进行排列。根据该表可以看出,商道融绿和妙盈科技的数据来源最为丰富,CNRDS 和润灵环球的数据获取来源则相对狭窄。

表 10－7　　　　　　　　　国内主流 ESG 评级机构的数据来源情况

评级机构	企业主动披露数据			企业被动披露数据		
	财务报告	ESG 报告	其他公告或公开信息	政府机构	社会机构	媒体报道
商道融绿	✓	✓	✓	✓	✓	✓
妙盈科技	✓	✓	✓	✓	✓	✓
华证	✓	✓	✓	✓	较少	✓
国证	✓	✓	✓	✓	较少	✓
中财绿金院	✓	✓	✓	✓	较少	✓
中证	✓	✓	无	✓	✓	✓
Wind	✓	✓	无	✓	✓	✓
嘉实基金	✓	✓	✓	✓	✓	✓
中诚信绿金	✓	✓	✓	✓	无	✓

续表

评级机构	企业主动披露数据			企业被动披露数据		
	财务报告	ESG 报告	其他公告或公开信息	政府机构	社会机构	媒体报道
盟浪	✓	✓	✓	✓	无	✓
中金	✓	✓	✓	较少	较少	较少
CNRDS	✓	✓	✓	几乎无	几乎无	✓
润灵环球	✓	✓	✓	无	无	无

资料来源：作者整理。

二、数据处理

在确定数据来源并成功获取底层数据后，需要对数据进行一系列的后续处理。通过总结归纳国内主流 ESG 评级机构的数据处理方式，发现大致需要经过下列五个步骤（见图10—4）。

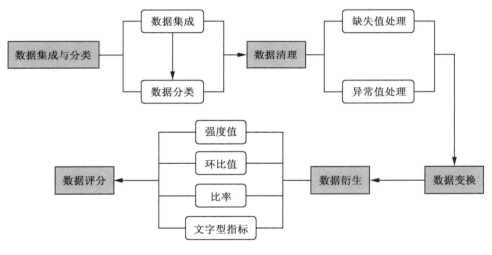

图 10—4　数据处理过程

(一)数据集成与分类

获取底层数据之后，首先需要按照一定的规则对不同的 ESG 数据进行集成，其次根据是否为结构化数据或定量数据等标准对集成后的 ESG 数据进行分类。这是因为在后续的处理过程中，对于不同类别的数据需要采取不同的处理方法。

(二)数据清理

缺失值和异常值是数据处理中经常遇到的问题，为保证数据的准确性，需要使用各种统计方法对缺失值予以补充，并进行异常值的识别和处理。针对 ESG 数据缺失的问题，盟浪研究院院长李文给出了三种解决办法：对正向指标直接赋零值、使用与之相近且易获得数据的其他指标予以代替以及采用统计推断等数学方法模拟缺失值，基本上囊括了目前评级机构在处理缺失值时普遍采用的方法。[①]

(三)数据变换

数据变换指的是根据评级机构的需求将数据转化成适用形式，包括利用各种技术对非结构化数据进行处理，例如，华证基于 NLP 技术、语义分析等技术，利用算法实现了对指标的赋值。

(四)数据衍生

为服务其研究需要，个别评级机构还在原始数据上衍生了许多新数据，例如，中金使用定量的方式新增了强度值、环比值、比率、文字型指标计数处理等不同形式的衍生数据，进一步提高了单项指标对企业 ESG 表现的刻画精度。

(五)数据评分

数据评分是指在完成上述步骤后，根据企业的 ESG 表现对各指标进行评分，为计算最终的 ESG 分数做准备。

三、权重设定

(一)权重设定的原则

1. 科学性原则

科学性原则是指借鉴国际机构的经验做法，以均衡、适用的原则确定各指标的权重。

2. 重要性原则

权重设定时需要遵循的重要性原则类似于前文中的指标选取，主要包括财务重要性和行业重要性两点。财务重要性指的是通过判断指标与企业财务表现的显著性水平，根据财务重要性强度赋予权重。例如，中金在设置权重时，考虑到事件型指标中的正面指标可能存在无法准确刻画公司实际 ESG 管理能力的问题，而负面指标则由于较高的关注度使得其对公司 ESG 评价和经营绩效所产生的影响更大，因此对负面指标进行升权处理。行业重要性指的是按照行业分类确定权重。具体而言，在划分行业后，首先根据各指标对该行业的影响时间和影响强度设置内部权重，影响时间越短或影响程度越高则权重越高；其次，对不同维度进行重要性的判断和比较，设置外部权重。此外，个别机构在设置权重时不仅考虑被评级公司所处的行业，而且考虑它的地理位置、具体业务等因素，使权重设定符合公司实际且具有独特性。

3. 可得性原则

---

① https://www.susallwave.com/consulting-news/news-detail/1648960362701643777.

可得性原则也是设置权重时必须考虑的原则之一,即根据数据类型和数据质量设置权重。对于不易判断、主观性较强的定性数据和获得质量较差的数据赋予较低的权重。以中金 ESG 评级体系为例,该机构在设置权重时,考虑到环比类指标数据受基期影响较大,数据序列容易出现极端值,因此为了减少数据波动所造成的不利影响,将环比类指标进行降权处理。

(二)权重设定的方法

1. 层次分析法

使用层次分析法,根据 ESG 指标的重要程度、企业的管理现状和评分结果等标准生成判断矩阵,并逐层设置、调整指标权重,旨在降低评分结果的偏差。具体地,中诚信绿金、CNRDS、社投盟等评级机构在实际运用中均参考了该方法。

2. 熵权法

根据 ESG 指标的变异程度,用信息熵计算出各指标的熵值,即对评级结果的影响,再通过熵值计算出指标的权重,一般行业特征指标的权重可通过熵权法确定。

3. 历史回测法

根据历史数据选择 ESG 维度对应指标的最佳权重,例如,可以选取企业短期的股价波动风险和长期的经营稳定性风险作为目标变量进行回测分析,通过对企业长期影响程度判断指标的重要性进行赋权。

4. 德尔菲法

实质上为专家测评法,即邀请专家团队就权重设定问题进行多轮商讨,以减少权重设定过程中的个人主观性,增强权威性和说服力。

第四节　评级结果

在经过构建 ESG 评级模型、选取指标、数据处理和权重设定一系列流程后,便可计算出被评级对象的 ESG 分数,然后根据分数划分等级,得到最终的 ESG 评级结果,在反映企业 ESG 表现的同时,为投资者决策提供有力参考。本节将主要介绍 ESG 评级结果中等级划分的数量与原则、评估频率以及评级结果的应用三部分内容。

一、等级划分的数量与原则

一般情况下,为反映被评级对象的相对 ESG 表现,国内评级机构在计算得出 ESG 总分后,会对分数进行标准化处理,然后按照一定的规则划分等级。ESG 分数越高,即评级越高,代表被评级对象的 ESG 表现越好。但个别机构如中金、嘉实基金只计算出 ESG 分数,并未根据分数划分等级。表 10－8 详细展示了国内主流评级机构的 ESG 分数范围及等级划分情况。此外,在具体的运用过程中,需要注意以下四个问题:第一,评级机构在划分等级时,有些机构只设置了基础等级,而有些机构则在此基础上增加了调整等级,比如盟浪使用"＋""－"对 9 个基础等级进行微调,得到 19 个增强等级。第二,个别机构(如 Wind)的 ESG 分数与等级之间并非一一对应关系,这可能是因为评级机构根据企业的行业特性对评级结果进行了一定的调整。第三,由于在计算 ESG 分数时,不同行业使用了不同的评级子模型,故行业间的评级结果可比性较差,但行业内评级结果的可比性较强。第四,根据表10－8可知,不同评级机构在划分等级时所遵循的原则不一,因此无法直接根据评级等级进行对比,需要结合该机构评级划分的具体数量来综合考虑。

表 10－8　　　　　　　　国内主流评级机构的 ESG 等级划分情况

评级机构	ESG 分数范围	等级划分
华证	0～100 分	AAA～C 九级
中证	未公开	AAA～D 十级
商道融绿	0～100 分	A＋～D 十级
中金	0～10 分	无
中财绿金院	未公开	A＋～D－十二级
润灵环球	0～10 分	AAA～CCC 七级
Wind	0～10 分	AAA～CCC 七级
中诚信绿金	未公开	AAA～C 七级
国证	未公开	AAA～D 十级
嘉实基金	0～100 分	无
盟浪	未公开	AAA～C 九级

二、评估频率

表 10－9 总结了当前国内主流评级机构对于 ESG 评级结果的更新频率,发现评级机构主要按照日度、月度、季度和年度进行更新,其中,华证和妙盈科技的更新频率相对最高。而其他的评级机构虽然未达到日频更新的程度,但是会在被评级对象发生重大 ESG 争议事件时,对评级结果及时进行调整,尽可能避免投资者遭受不必要的经济损失。

表 10－9　　　　　　　　国内主流评级机构对评级结果的更新频率

更新频率	评级机构
日度	华证、妙盈科技
月度	中证
季度	国证、Wind、商道融绿、中金
年度	中财绿金院、中诚信绿金、润灵环球

三、对评级结果的应用

了解当前中国的 ESG 评级现状以及评级机构的评价逻辑和 ESG 理念,旨在帮助我们更好地去理解并应用 ESG 评级结果。尤其是国内不同评级机构间评级体系差异较大,导致即便是针对同一家企业,不同的评级机构也可能给出截然不同的评级分数。以美的集团为例,社投盟、商道融绿、中财绿金院三家评级机构给出的评级等级分别为 A＋、B－、D＋,即同时处于行业领先、行业平均和行业落后的位置,这无论是对外界评估企业 ESG 绩效还是投资者决策都带来一定的困难,而理解评级机构背后的评价逻辑则可以帮助投资者根据自身的实际需求来进行有选择的参考,避免混淆。下面,本节将分别站在投资者和企业的角度,具体分析 ESG 评级结果的主要作用和重要性。

(一)对于投资者

ESG 评级是对企业在环境、社会、治理等方面可持续发展能力的综合考量,且相对于传统的财务指标,该指标更能反映企业在长期内应对各种未知风险的能力。因此,基于 ESG 评价结果,投资者不仅可以了解企业当前的 ESG 绩效,评估其在促进经济可持续发展、履行社会责任等方面的贡献,而且可以对企业的长期发展能力做出判断,通过关注 ESG 评级等级的变化来及时调整投资行为,尽可能避免不必要的风险和损失,从而做出更加理性的投资决策。

(二)对于企业

大量的研究和案例表明,良好的 ESG 表现会给企业带来诸多好处。首先,在以 ESG 为代表的可持续发展理念逐渐引领全球的时代背景下,较高的 ESG 分数更容易为企业树立良好形象,提高声誉,进而帮助企业赢得投资者的信任,降低融资约束成本(邱牧远和殷红,2019)。其次,ESG 分数越高,代表企业在 ESG 领域投入的资金和精力越大,而 ESG 本身便具有可持续经营的属性,因此良好的 ESG 实践一方面便于企业提早发现其生产经营过程中存在的问题,进而提高经营效率;另一方面有利于提高企业应对危机的能力,从而降低风险、促进其长远发展(李小荣和徐腾冲,2022)。最后,ESG 的根本落脚点在于自省,通过各种外界约束使企业真正意识到 ESG 问题的重要性,识别并管理潜在的可持续风险,在追求财务绩效的同时,主动承担起对环境、社会、治理等方面的责任,为实现可持续经济的总体目标而贡献力量。

第十一章　主流 ESG 评级机构的再评估

本章提要：ESG 理念在公司经营治理中的重要性日益突出，第九章与第十章对国内外 ESG 评级体系已经进行了详细分析，发现国内外 ESG 评级机构在指标与模型构建、数据介绍、行业特征和国情特色等 ESG 体系搭建方面渐趋相近，但依然存在较大的差异。因此，本章聚焦覆盖中国 A 股上市公司的 8 家国内主流 ESG 评级机构，基于 2009—2021 年各大机构 ESG 评级数据与上市公司数据，运用质性研究与实证分析相结合的方法，从科学性、可靠性、透明性、相关性和预测性五大维度对 8 家评级体系进行再评估。再评估结果表明，妙盈科技与中诚信绿金的 ESG 评级再评估结果较好，特别是在相关性和预测性方面，而 Wind 和商道融绿在五大维度的表现上大致相近，华证、中证、CNRDS 和润灵环球的 ESG 评级在不同方面有待进一步完善。本章的研究为投资者在面对多样化 ESG 评级机构信息下的辩证性决策提供参考，也为推进兼顾国际化与本土化的中国 ESG 评级体系建设提供一定的经验与借鉴。

第一节　引　　言

环境、社会和治理（ESG）主要衡量企业可持续发展程度的非财务性绩效，其相关理念与推动经济高质量发展、低碳化绿色转型的内涵高度契合。近年来，国内外已有超过 600 家 ESG 专业评级机构涌现，其提供的 ESG 评级在政府监管部门政策制定过程中以及关心社会责任的管理者和投资者的决策过程中发挥着重要作用，在众多研究中亦是如此。虽然现有研究就 ESG 评级对企业投资效率、企业创新、企业价值以及财务绩效等经济后果进行了大量的有益探讨（Gillan 等，2010；Friede 等，2015；史永东和王淏森，2023；方先明和胡丁，2023），但是，鲜有研究从 ESG 机构评级信息与结果的可靠性和科学性等引发结果差异的本质性问题进行关注与评估。当前，在关注中国 A 股上市公司的评级机构中，无论是在评级标准还是评级体系方面都存在较大差异，不同 ESG 评级机构对同一公司的评级结果存在分歧的现象屡见不鲜，这种分歧大大降低了 ESG 信息的可靠性与科学性（Chatterji 等，2016），给 ESG 投资者造成了较大的困惑。

现有研究指出,由于各家评级机构的标准及侧重点不同,对同一家企业的评级缺乏共识,具有明显的 ESG 评级分歧现象(Chatterji 等,2016;Berg 等,2022)。因此,ESG 评级生态体系本身的复杂程度所引发的种种困惑逐渐受到了监管机构与学术界的关注。在 ESG 评级分歧的原因方面,Berg 等(2022)的研究通过比较 6 家国外专业机构的 ESG 评级结果,将 ESG 评级分歧主要归因于范围差异(scope divergence)和测量差异(measurement divergence),权重差异(weigh divergence)则为次要作用。而 Dimson 等(2020)和 Billio 等(2021)的研究认为,权重差异是导致不同机构之间 ESG 评级差异的主要成因。但 Eccles 和 Stroehle(2018)以及 Liang 和 Renneboog(2017)发现,ESG 评级体系的构建标准、议题侧重点以及方法论等才是导致 ESG 评级分歧的重要原因。Lopez 等(2020)、Abhayawansa 和 Tyagi(2021)的研究表明 ESG 评级差异的原因之一是专业机构在 ESG 评级信息披露以及评分过程的透明性不高。Christensen 等(2021)则从公司的 ESG 信息披露透明性的角度指出了 ESG 评级结果的分歧原因。

从实践层面来看,欧盟委员会在就欧盟的 ESG 评级市场进行针对性磋商时提到"各家 ESG 评级机构在方法论、数据来源以及潜在的利益冲突方面缺乏透明度"以及"投资者对于 ESG 评级市场的运行缺乏信心"。此外,美国证券交易委员会的一份报告中指出,一些评级机构"(在评级过程中)可能未能遵循其制定的 ESG 评级体系或相关的政策和程序;未能确保 ESG 各层面的相关事实信息在应用时做到一致;未能充分披露评级过程中所使用信息的真实情况;或是在使用附属公司或非附属第三方所提供的数据进行评级时,未能保证有效的内部控制"。因此,相关投资者应当辩证地看待和评估特定 ESG 评分模型的有效性(Gregor 等,2015;Gibson 等,2021;马文杰和余伯健,2023)。此外,不少研究指出,科学的 ESG 评级结果在一定程度上能够影响企业决策,并预测企业未来收益和潜在风险(李小荣和徐腾冲,2022;Serafeim 和 Yoon,2022)。因此,在 ESG 评级分歧的影响后果方面,Avramov 等(2022)和 Christensen 等(2021)的研究均表明 ESG 评级分歧会影响企业的风险收益权衡和融资成本。而 Serafeim 和 Yoon(2022)则指出,如果存在 ESG 评级分歧,评级结果将难以准确反映和预测企业未来的市场信息。Chatterji 等(2016)认为,同一家公司被不同专业机构给予的 ESG 评级结果常常表现出较大的分歧度,从而降低了 ESG 信息质量与可信度,导致投资者难以获取企业真实的 ESG 表现情况。上述研究主要基于国外资本市场分析了 ESG 评级分歧的原因以及如何影响投资者判断和企业发展,这对进一步分析中国 ESG 评级体系及其发展方向的探索具有一定的借鉴作用。

目前,几乎没有研究对国内主流专业机构的评级体系的有效性进行科学评估与比较。因此,本书首次提出以下值得深入思考的问题:就目前国内主流 ESG 评级机构而言,其在构建 ESG 评级体系过程中具体指标的选取是否具备科学性? 所依据的数据是否具备可靠性? 相关信息披露是否具备透明性? 评级结果之间是否具备相关性? 评级结果对于企业发展是否具备预测性? 在通过质性对比与实证分析客观准确回答上述问题的基础上,本书的研究不仅能够为投资者在不同情境下的批判性决策提供实际参考,而且为推进兼顾国际化与本土化的中国 ESG 评级体系建设提供一定的经验与借鉴。

第二节 ESG 评级机构再评估体系与方法

一、ESG 评级机构的再评估体系介绍

首先,基于 ESG 的核心内涵与国内外相关主流准则,构建了"3+2"的"五性"ESG 评级再评估体系(如图 11—1 所示),并在此基础上对 8 个国内主流 ESG 评级机构对 A 股上市公司的评级情况进行科学、客观、全面的评估评价。其中,"3"是指 ESG 评级体系的底层基础:一是科学性,即对各机构的 ESG 评级标准与所选指标体系进行科学性评判;二是可靠性,即着重对现有评级机构的数据来源与数据处理方法进行可靠性评估;三是透明性,即评估各机构在 ESG 评级过程中在信息透明度中存在的问题。"2"是指相关性和预测性,即比较各机构对 A 股上市公司的 ESG 评级结果相关性,以及评级结果对于企业风险与企业股票收益进行预测性评估。

图 11—1 "五性"ESG 评级再评估体系

其次,为了量化"五性"再评估体系,考虑到数据的时代性与可获取性,进一步将"五性"一级指标细化为 18 个二级指标,具体如表 11—1 所示。

表 11—1 ESG 评级的再评估指标体系

一级指标	二级指标
科学性	与国际准则的一致性
	定量、定性指标搭配
	权重的科学性
	中国国情的适用性

续表

一级指标	二级指标
可靠性	公司披露信息来源
	是否涉及 NGO、新闻报道
	相关诉讼来源
	独特的方法论
透明性	方法学披露的详细程度
	各层指标公布的详细程度
	数据来源陈述的详细程度
	评级数据的易得性
相关性	平均相关性分析
	分维度相关性分析
	区分企业性质的相关性分析
	区分行业的相关性分析
预测性	评级对预期收益的预测性
	评级对 ESG 风险的预测性

二、ESG 评级机构的再评估方法

(一)研究模型与再评估步骤

针对前文阐述"3+2"的"五性"ESG 评级再评估体系,采用混合研究方法对各主流 ESG 评级机构的详细资料、数据进行质性和量化分析。具体而言,针对"3"中的科学性、可靠性和透明性,采用如下研究方法与步骤:第一,通过政策文件、学术论文、评级机构官网与公开资料以及社交媒体等获取各机构对上述三性的质性资料,初步拟定每个分维度评价特性下的指标选项。第二,采用德尔菲法,以匿名方式征询专家对初拟指标的意见和建议,经过多轮修改、汇总和反馈,得到较为一致的标准评价方案,据此构建 ESG 评级再评估指标体系。第三,在人工汇总各机构相关资料信息形成具体描述后,再邀请课题组 5 位专家顾问以匿名和背对背的方式对二级指标进行评分(0~10 分)。第四,将二级指标得分汇总到一级指标层面,依据各机构的总得分进行排名,其中排名前二的机构评定为 A 等级,排名三至五的机构评定为 B 等级,剩下 3 家机构评定为 C 等级。

对于相关性的评估,采用皮尔逊相关性检验方法,该方法是目前应用最为广泛的相关性检验分析方法,适用于线性相关连续变量间关联关系分析。具体而言,我们首先计算各机构之间 ESG 总评级结果的平均相关性、分维度(E、S、G)评分的平均相关性、分行业的平均相关性、区分企业性质的平均相关性。其次,在课题组专家顾问的指导下,根据上述平均相关系数对各机构的 ESG 评级结果进行打分与排名,其中排名前二的机构评定为 A 等级,排名三至五的机构评定为 B 等级,剩下 3 家机构评定为 C 等级。

对于预测性的评估,为了验证各机构的 ESG 评级结果对于企业预期收益、企业风险的影响,参考了 Gregor 等(2015)和 Gibson 等(2021)的研究做法,构建如下计量模型:

$$Return_{i,t} = \alpha_0 + \alpha_1 ESG_{i,t-1} + \alpha_2 Controls_{i,t-1} + \theta_j + \gamma_t + \varepsilon_{i,t-1} \quad (11-1)$$

式中,$Return_{i,t}$ 是指企业 i 在 t 年的资本市场表现,用股票收益(Return)与股票流动性(Liquidity)来衡量。具体地,股票收益参考刘柏和王馨竹(2021)的研究做法,以"考虑现金红利再投资的年个股回报率"来反映企业的股票收益;而股票流动性则借鉴 Amihud 和 Mendelson(1986)计算股票非流动性指标,具体计算公式为:

$$Liquidity_{i,t} = \frac{1}{D_{i,t}} \sum_{d=1}^{D_{i,t}} \sqrt{\frac{|r_{i,t,d}|}{M_{i,t,d}}} \quad (11-2)$$

式中,$|r_{i,t,d}|$ 是指企业 i 在 t 年的第 d 个交易日考虑现金红利再投资的个股回报率;$M_{i,t,d}$ 是指企业 i 在 t 年的第 d 个交易日所成交的具体金额(单位:百万元人民币);$D_{i,t}$ 表示企业 i 在 t 年的交易天数。$Liquidity_{i,t}$ 数值越大,意味着企业的股票流动性越低。$Controls_{i,t}$ 表示控制变量,本书参考 Gregor 等(2015)的研究,选取企业的资产负债率(Lev)、资产回报率(Roa)、现金流比率(Cash)、无形资产占比(Intangible)、账面市值比(Mb)、分析师跟踪人数(Ana)和研报跟踪数量(Report)等作为控制变量。θ_j 和 r_t 分别表示行业与年份固定效应,$\varepsilon_{i,t-1}$ 则代表随机扰动项。

$$Risk_{i,t} = \beta_0 + \beta_1 ESG_{i,t-1} + \beta_2 Controls_{i,t-1} + \theta_j + \gamma_t + \varepsilon_{i,t-1} \quad (11-3)$$

式中,$Risk_{i,t}$ 是指企业 i 在 t 年的潜在风险。本书采用以下三种方法来测算企业面临的潜在风险。

一是借鉴余明桂等(2013)的研究思路,以企业在每一观测时段内经行业调整的资产回报率波动性来衡量企业风险水平,具体计算公式为:

$$Risk\_1 = \sqrt{\frac{1}{N-1} \sum_{n=1}^{N} \left(adj\_roa_{i,n} - \frac{1}{N} \sum_{n=1}^{N} adj\_roa_{i,n}\right)^2} \quad (N=3) \quad (11-4)$$

$$adj\_roa_{i,n} = \frac{EBIT_{i,n}}{asset_{i,n}} - \frac{1}{X} \sum_{k=1}^{X} \frac{EBIT_{k,n}}{asset_{k,n}} \quad (11-5)$$

式中,n 取值范围为 1~3,是指观测时段内的年份;k 是指行业内第 k 家企业;X 表示行业内的企业数量。

二是以每家公司 Wind 的 ESG 争议事件得分以及商道融绿的 ESG 风险得分来刻画企业 ESG 风险。

三是以中证对上市公司统计的 ESG 争议事件数量来反映企业 ESG 风险。解释变量 $ESG_{i,t}$ 则表示各机构对 A 股上市公司的 ESG 评分情况。控制变量与式(11-1)一致。

最后在课题组专家顾问的指导下,对比各机构的 ESG 评级对企业收益和未来潜在风险的预测结果,然后对各机构进行打分与排名,其中排名前二的机构评定为 A 等级,排名三至五的机构评定为 B 等级,剩下 3 家机构评定为 C 等级。

（二）数据来源

本书选取 2009—2021 年中国 A 股的上市公司年度数据和 8 家国内主流 ESG 评级机构数据作为研究样本。其中,8 家主流评级机构包括 Wind、华证、商道融绿、中证、润灵环球、中诚信绿金、妙盈科技和 CNRDS。上市公司 ESG 评级数据来自各大机构与 Wind 数据库,上市公司的基本财务数据、股票收益与交易数据来自国泰安（CSMAR）数据库。此外,在预测性的实证分析中,我们对初始样本进行了如下处理:剔除上市不足一年的上市公司;为减弱离群值对研究结论的干扰,对所有公司层面的连续性变量在上下 1‰分位数上进行缩尾处理。

第三节　ESG 评级机构再评估结果分析

一、分维度再评估结果

（一）科学性评估

各评级机构在选取 ESG 议题和指标时,首先遵循的是科学性原则,即建立一套科学合理、便于操作并行之有效的综合评价指标体系,以确保所选的议题和指标符合国际组织、证券交易所等的披露要求。从本质上来讲,ESG 指标体系构造的每一个环节几乎都充满争议,例如,各个机构在具体指标的选取、聚合模型的选择、权重确定的随意性、缺失数据的处理等方面都具有显著的差异,这使得 ESG 评级结果的科学性受到了较大的质疑。因此,本书将结合各个机构的相关资料,依据表 11—1 中科学性原则下的四大维度进行综合评价。

总的来说,8 家主流 ESG 评级机构在评级标准和指标体系建设等方面,与国际准则或国内证监会的要求基本一致,但仍然存在部分问题导致各大机构的评级体系在科学性表现上存在较大的差异（见表 11—2）。具体来看,华证和妙盈科技两家专业机构在科学性上表现较好,位于第一梯队——A 等级;商道融绿、中证和 Wind 三家评级机构的科学性评估结果次之,位于第二梯队——B 等级;第三梯队——C 等级包括润灵环球、中证和 CNRDS 三家机构,其在科学性再评估方面各具特色,但是仍有部分问题尚待完善。

表 11—2　　　　　　　　　　　ESG 评级科学性再评估结果

A 等级	B 等级	C 等级
华证、妙盈科技	商道融绿、中诚信绿金、Wind	润灵环球、中证、CNRDS

对于上述结果的差异而言,接下来将从科学性原则下的四大维度进一步展开细致分析（见图 11—2）。

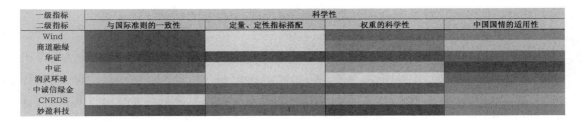

图 11－2　科学性二级指标色阶图

首先，从与国际准则的一致性角度来看，国内主流评级机构在构建 ESG 评级体系与国际组织所发布的相关准则保持一致是影响评级体系科学性、与国际 ESG 评级体系对接的重要因素（见表 11－3）。8 家评级机构大多能够以主流国际准则为基础，再结合国内相关政策指引与证券交易所要求，形成具有鲜明特色的差异化指标体系，但这有可能导致难以与国际 ESG 评级体系进行比较或对接的问题。其中，商道融绿和华证两家机构的 ESG 指标议题体系建立在对标国际准则中表现较好，例如，商道融绿作为中国本土首家数据登陆彭博终端的 ESG 评级机构，与其他本土机构相比，其指标选取的标准与 GRI、SASB 国际准则具有较好的贴合性。此外，CNRDS 的 ESG 评级体系虽然考虑了 ISO26000、GRI、SASB 等国际准则，关注议题也较为相近，但是囿于数据可得性，部分重要指标尚未考虑到，因此仍然有进一步完善和提升的空间。其他机构基本上遵循了相应的国际准则，并在此基础上凸显部分特色，如中诚信绿金、妙盈科技重视对争议事件的处理，但中诚信绿金没有收录部分实效性不强的议题等。

表 11－3　　　　　　　　　　　　　主流国际准则

参照标准	具体文件
国际组织	全球报告倡议组织《可持续报告编写指南》（第四版）
	国际标准化组织 ISO26000
	可持续会计准则委员会
	负责任投资原则
	联合国可持续发展目标

资料来源：作者整理。

其次，从指标搭配的角度来看，各大机构的指标选取基本遵循"定量＋定性"的指标组合原则，但是囊括的数据指标数量、定量指标的占比情况各有差异。根据我们收集的公开资料，Wind、妙盈科技、华证和商道融绿等专业机构对于定量数据的考量较为积极，多采用量化数据，最小化主观性判断，并且底层数据指标较为全面、广泛和准确，如华证的 130＋底层数据中定量指标占比近 70％，妙盈科技的底层指标更是超过 700 个。而其他机构则主要是以定性指标为主，或者定量指标占比情况不明晰，并且在部分议题上存在指标数量设置带有倾向性等问题,因此有待进一步完善指标体系的科学性。指标搭配与其权重设定、行业属性等联系紧密,进一步从行业指标权重设置的角度来看,各大专业机构大多基于 GICS 行业分类或申万行业分类的标准进行行业划分,并在此基础上设定行业评级模型,分行业来设置议题或指标权重。根据我们收集的公开资料,华证、商道融绿、妙盈科技和 Wind 四家机构对于行业评级模型和议题指标权重确定的科学性较好,每个行业都有差异化的 ESG 实质性议题设置,并包含部分具有行业区分度的代表性指标。例如,华证的行业分类超过 60 个,采用专家打分模型,根据指标的影响程度与影响时间赋予各子议题显著的权重差异;妙盈科技更是拥有自行研发的妙盈行业分类系统(MICS),分为 62 个二级行业,同时考虑公司具体业务、所处行业和地理位置,确定各议题的风险权重。其他机构在行业设置与议题指标权重上,部分存在议题归属维度不够精准、行业特色不明显或者介绍较为模糊等问题。由于缺乏统一的国内 ESG 评级议题指标与行业区分标准,使得公司间难以进行有效比较与衡量,因此可能导致所选指标在不同行业和地区之间的可比性较差。

最后,从与中国国情的适配性角度来看,国内主流 ESG 评级专业机构基本考虑到了中国国情的基本情况,并在国际 ESG 核心要义指标基础上,引入"乡村振兴"和"共同富裕"等多项带有中国特色的指标。其中,Wind、妙盈科技和中诚信绿金等专业机构在探索中国特色指标方面做出了较大的努力,对于构建中国 ESG 评级体系具有重要的参考价值。例如,根据我们收集的公开资料,相比于其他主流机构,中诚信绿金、Wind 和华证等结合中国国情设置了乡村振兴、共同富裕等"中国式现代化建设"议题。而其他机构虽然关注到中国特色指标,但是没有突出或者给予足够关注,主要依据国际准则进行评估。

(二)可靠性评估

专业评级机构在构建 ESG 评级体系时,除了需要对参考准则、议题指标选取和权重设置等方面的科学性给予重视外,数据的可得性、数据质量有效性和数据处理方法等问题的可靠性原则也应该重点考虑。所谓可靠性,主要是指在构建 ESG 评级体系时,专业机构要充分考虑底层数据来源是否全面、准确、及时和可靠,并借助相应的大数据技术以保证数据质量的有效性,同时在数据收集过程中也要重视数据处理方法是否得当,以确保数据能够符合和反映所确定的科学议题指标。因此,考虑到 ESG 评级机构在数据的采集与使用中的不规范操作会引发一系列问题,影响评级结果的准确性,本书将结合各个机构的相关资料,依据表 11-1 中可靠性原则下的四大维度对现有评级机构的数据来源与数据处理方法进行可靠性评估。

总的来说,8 家国内主流 ESG 评级机构在数据来源与数据处理方法等方面,大多具有较为明显的技术特色,并且遵循数据科学原则,但仍然存在部分问题导致各大机构的评级体系在可靠性表现上存在一定差异(见表 11-4)。具体来看,商道融绿和妙盈科技两家专业机构在可靠性再评估结果方面表现较好,位于第一梯队——A 等级;Wind、中诚信绿金和中证三家评级机构次之,位于第二梯队——B 等级;第三梯队——C 等级包括润灵环球、华证和 CNRDS 三家机构,其在可靠性再评估中的数据处理方面都各具特色,但是仍有部分数据质量有效性和全面性问题尚待进一步完善。

表 11—4   **ESG 评级可靠性再评估结果**

A 等级	B 等级	C 等级
商道融绿、妙盈科技	Wind、中诚信绿金、中证	润灵环球、华证、CNRDS

那么,对于上述结果的差异而言,接下来将从可靠性原则下的四大维度对其原因展开进一步分析(见图 11—3)。

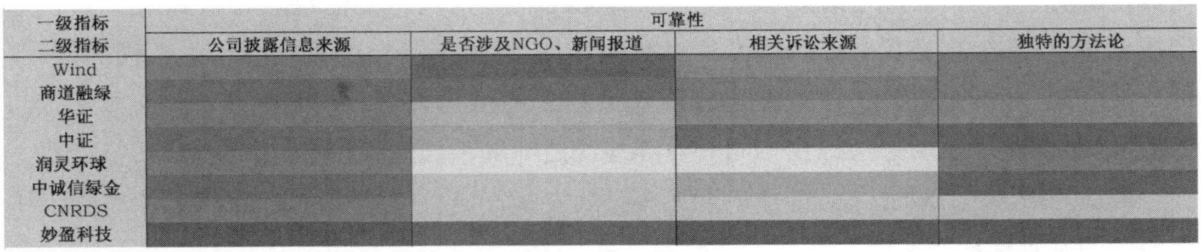

一级指标	可靠性			
二级指标	公司披露信息来源	是否涉及NGO、新闻报道	相关诉讼来源	独特的方法论
Wind				
商道融绿				
华证				
中证				
润灵环球				
中诚信绿金				
CNRDS				
妙盈科技				

图 11—3   可靠性二级指标色阶图

一方面,可靠的数据来源是进行 ESG 评级最为关键的底层逻辑,各大主流机构的数据来源主要包括企业主动披露数据和被动披露数据两方面的信息。从企业主动披露数据的角度来看,企业的主动披露数据均为公开信息,包括企业的财务报告,如年度报告、半年报告、季度报告等,还有 ESG 报告,具体名称主要为企业社会责任报告、环境社会及管治报告、可持续发展报告,以及各种公司公告、官网信息等。具体而言,各大机构基本能够从公开渠道获取上市公司的基本市场面信息,但是对其具体相应的来源介绍则具有明显差异。例如,根据我们收集的公开资料,商道融绿、中证、中诚信绿金和妙盈科技在对企业披露数据信息的具体来源介绍方面更具可靠性和陈述清晰,并且不单纯依赖主动披露,也会借助相应的大数据技术进行补充。而其他机构对于企业自主披露数据来源的介绍则较为宽泛,有待进一步补充说明。从企业被动披露数据的角度来看,企业的被动披露数据主要包括第三方发布的 ESG 信息,包括政府机构(如证监会、生态环境部、国家金融监督管理总局和工商局等)对上市公司违规违法的公告、社会机构(如公益组织、学术组织和行业协会等)调研、媒体报道和其他渠道获得的数据。具体来说,8 家专业机构在获取企业被动数据时主要考虑了政府监管机构的相关诉讼信息,但对于其他非官方组织或社会媒体等关注较少。这可能导致对企业 ESG 争议事件监控的精确度不足和实效性较低的问题。相反,妙盈科技、中证和 Wind 的数据来源则较为全面可靠,在该点表现较好。妙盈科技既从超过 850 个政府网站、监管机构、非营利性组织、学术组织以及超过 1 000 家新闻舆情等公开数据源监控企业 ESG 争议事件,同时更加重视在超过 1 500 万新闻以及社交媒体咨询中的 ESG 隐藏风险因子。中证纳入监管处罚等权威媒体、政府机构信公开信息,对 ESG 争议事件处理更加精细化。Wind 除了覆盖 13 000 余家政府及监管部门外，还涉及 8 000 余家新闻媒体、网络舆情信息源，以及 800 余家行业协会、NGO 等。

另一方面，独特且科学可靠的方法论是保证 ESG 评级结果准确性的重要工具，因此，评估各主流 ESG 评级机构所采用的方法论是否具备可靠性，对于鉴别 ESG 评级结果具有重要意义。总的来说，8 家专业机构都在积极探索构建中国 ESG 评级体系，其方法论都极具独特色彩、各有迥异，具有重要的参考和实践意义，但是多元化的方法论和评级标准不利于评级结果之间的比较。具体地，根据我们收集的资料所知，与其他机构相比，妙盈科技、中证和中诚信绿金在方法论的独特性与科学性、可靠方面表现较好。妙盈科技除了特色数据占比不低（如 AI 碳估算、气候在险价值、企业隐含温升等特色数据集），也会通过借助自研的 ESGhub 软件及时敦促企业积极反馈缺失数据，与大部分机构采用专家主观打分或非线性打分不同，妙盈科技采用量化打分，更具科学性和透明性。中证测算了绿色收入、绿色产出和社会贡献值等特色数据，并搭建了碳估计模型积极探索缺失数据补充，对于积极进行低碳转型的也有加分项。中诚信绿金构建了绿色低碳供应链和绿色物流体系、供应商 ESG 风险识别等指标，并且引入未披露因子综合分析替代的评分方法，补充受评主体未统计信息的因子的得分表现，提升 ESG 评级体系的全面性和评级结果的有效性。而华证、Wind、商道融绿和润灵环球的方法论可靠性次之，主要是以 ESG 主动管理和 ESG 风险暴露两方面构成，特别是对 ESG 风险预警和量化更为重视。其他机构则主要是在常规性方法论的基础上，引入部分本土化特色指标，缺乏创新评估方法引入。

（三）透明性评估

前文的质性分析表明，各机构在环境、社会责任和公司治理等方面的理解存在差异（Chatterji 等，2016），导致其在构建 ESG 评级体系过程中的科学性与可靠性存在差异，从而削弱其对投资者决策的参考价值（Gibson 等，2021；Avramov 等，2022）。然而，现有研究指出，ESG 评级过程的透明度在很大程度影响了利益相关方对机构评级结果的信任，因此，考虑透明性是对各机构 ESG 评级再评估的重要方面。所谓透明性，是建立公众信任和确保评级结果稳健性的关键，通过清晰的指标体系、数据披露、研究方法介绍以及不确定性权衡等，ESG 评级机构可以更好地与公众沟通，避免因不确定性而导致投资者对评级结果的不信任，同时也能使 ESG 评级体系完善过程更加明晰和灵活。因此，ESG 评级的过程应当公开透明，以显示评估结果的科学性。下文将结合各个机构的相关资料，依据表 11—1 中透明性原则下的四大维度对各机构在 ESG 评级过程中在信息透明度进行评估。

总的来说，8 家国内主流 ESG 评级机构在评级体系公开、数据信息披露和研究模型方法介绍等方面，虽然遵循了公开性原则，但是与国际主流 ESG 评级机构相比，其在公开标准、公开范围方面仍然存在部分问题，导致各大机构的评级体系在透明性表现上存在较大的差异（见表 11—5）。具体来看，Wind 和 CNRDS 两家专业机构在透明性再评估结果方面表现较好，位于第一梯队——A 等级；商道融绿、华证和妙盈科技三家评级机构次之，位于第二梯队——B 等级；其他机构则为第三梯队——C 等级。这几家机构虽然在透明性再评估中体现了公开性的基本要求，但是仍有在方法论介绍和数据来源等方面的透明度尚待完善。

表 11－5 　　　　　　　　　　　　　　　ESG 评级透明性再评估结果

A 等级	B 等级	C 等级
Wind、CNRDS	商道融绿、妙盈科技、华证	中诚信绿金、润灵环球、中证

那么，对于上述结果的差异而言，本报告接下来将从透明性原则下的四大维度对其原因展开进一步分析（见图 11－4）。

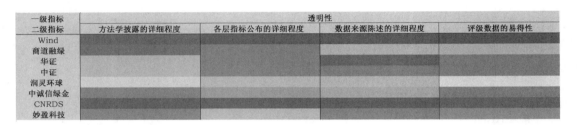

图 11－4　透明性二级指标色阶图

首先，从评级体系方法学披露的详细程度来看，各大机构对评级体系方法学的披露具有较强的机构特色，整体而言，对评级体系方法学透明度的重视不足，呈现两极分化的现象，有待进一步提高方法学透明度的重视程度。具体来看，根据我们收集的公开资料，CNRDS 和 Wind 两家机构作为国内出色的数据提供商，有赖于其突出的数据服务优势，对方法学披露的透明性表现较好。例如，相比于其他机构，CNRDS 披露的方法更为详细，包括权重分配的具体计算方法、行业调整计算方法以及指标整合方法。同样地，Wind 的评估方法和模型也十分注重公开透明，对于具体议题和不同维度所对应的权重均有较为详细的说明。商道融绿和妙盈科技对方法学的透明性再评估结果次之，两者对于评级标准和指标赋分流程说明都较为详细，评分方法框架也较为清晰，但是具体计算公式或者标准化方式则无说明。其他机构所披露的评级方法较为简略，大多只涉及评级步骤、关键指标议题组成，对其他内容的披露不足。

其次，指标组成与多元化的准确数据来源紧密相关。一方面，从对各级指标公布的详细程度来看，整体而言，8 家专业机构在较低层级指标数据方面的透明度较低，难以满足投资者对于具体 ESG 评级数据与结果的公开性和科学性诉求。具体地，根据我们收集的公开资料，从 ESG 指标打分到底层指标全透明展示，CNRDS 和 Wind 两家数据服务商均可以查阅到个股的具体明细数据以及该指标的详细得分，各级指标公布的透明度表现较好。而商道融绿、华证、中证和中诚信绿金四家机构虽然没有公布底层明细指标数据，但对于三级指标的评分信息做了相应的公开以飨用户。其他机构则大多只公布 E、S、G 三大维度或者议题单元的评分结果,透明度有待进一步提高。另一方面,从数据来源陈述的详细程度来看,整体而言,各大评级机构对于其评级所需数据的具体来源解释较为笼统,说明不充分。具体来说,根据我们收集的公开资料,Wind 和 CNRDS 在数据来源陈述方面的透明性表现较好,以自身的庞大精细数据库作为依托,每个具体底层指标的来源均十分透明清晰,而华证次之,虽然没有针对每个底层指标数据来源进行详细说明,但是披露了主要数据来源所占比重,较为客观地反映了其 ESG 指标体系的数据结构。其他机构仅简单介绍了整体数据的主要来源,但是缺乏精细度。

最后,从评级数据的易得性角度来看,整体而言,各大专业机构对于评分结果和具体评级数据的披露不够充分,并且数据可得性也不高,对普通中小投资者而言获取门槛较高。具体地,根据我们收集的公开资料,Wind 和 CNRDS 两家数据服务提供商在评级结果与具体评级数据方面的公开易得性表现较好,在其数据库网站能够批量下载。而华证、中证和妙盈科技三家机构次之,对于相应的评级数据虽然都能做到及时更新,但是数据对普通投资者或其他用户非完全公开,数据可得性有待进一步提高。部分专业机构对于评级结果与议题得分均不向外公开,在评级数据的透明性上表现较差。

(四)相关性评估

结合相关公开资料信息,我们已经利用质性分析法系统比较了 8 家国内主流 ESG 评级机构在评级体系的科学性、可靠性与透明性方面的差异。归根结底,ESG 评级结果才是利益相关者在资本市场进行投资交易中最为关切的焦点。然而,不同评级机构在对同一家公司进行科学的 ESG 打分评级时,出现显著差异结果的现象屡见不鲜。据《证券时报》报道,目前全球 ESG 评级机构数量已超过 600 家,但各大机构在评级质量可靠性、透明度和评级方法等方面水平参差不齐,国际主流 ESG 评级结果间的平均相关性不足 50%,国内各机构间的评级结果则更为离散。因此,考虑相关性对于提高 ESG 评级产品之间的可比性是关键。所谓相关性,是指各大机构的评级结果应当具有较高的相关程度,能够反映企业可持续发展能力趋势的性质。虽然 ESG 评级是衡量企业可持续发展的多维度评价指标,但是也应当在评级框架、重点议题、评级标准设定上制定一个标准化范式,使得各类 ESG 评级的结果具备一定的相关性以便直接比较。因此,本书将结合各机构对 A 股上市公司的 ESG 评级数据,依据表 11—1 中相关性原则下的四大维度对各机构在 ESG 评级结果方面的相关程度进行评估。

总的来说,8 家国内主流 ESG 评级机构在 ESG 综合得分平均相关性、分维度得分相关性、区分行业与企业性质的相关性等方面表现迥异,与国际主流 ESG 评级机构相比,各机构间的两两平均相关性系数较低(见表 11—6),这也从侧面印证了国内主流 ESG 评级机构的评级风格与评级结果存在较大差异。具体来看,中诚信绿金和妙盈科技两家专业机构在相关性再评估结果方面表现较好,位于第一梯队——A 等级;商道融绿、润灵环球和 Wind 三家评级机构次之,位于第二梯队——B 等级;第三梯队——C 等级包括中证、华证和 CNRDS

三家机构。

表 11—6   **ESG 评级相关性再评估结果**

A 等级	B 等级	C 等级
中诚信绿金、妙盈科技	商道融绿、润灵环球、Wind	华证、中证、CNRDS

那么,对于上述结果的差异而言,接下来将从相关性原则下的四大维度对其原因展开进一步分析(见图 11—5)。

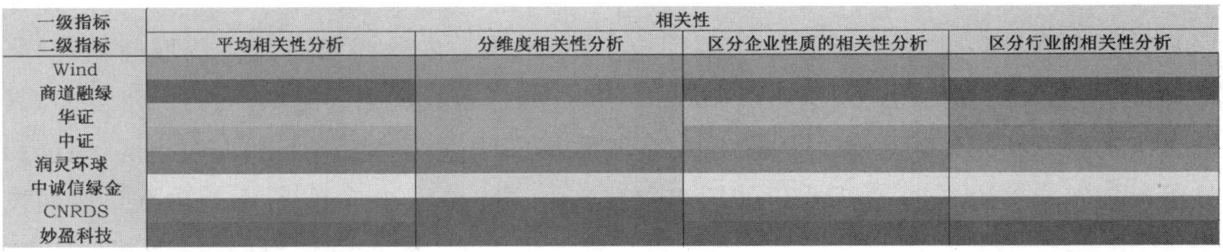

一级指标	相关性			
二级指标	平均相关性分析	分维度相关性分析	区分企业性质的相关性分析	区分行业的相关性分析
Wind				
商道融绿				
华证				
中证				
润灵环球				
中诚信绿金				
CNRDS				
妙盈科技				

图 11—5   相关性二级指标的色阶图

从 ESG 综合得分和分维度得分的平均相关性来看,根据表 11—7 的 Panel A 结果显示,8 家专业评级机构对上市公司的 ESG 综合评分结果的总体两两平均相关系数为 0.39,整体而言,相关性仍有待提高,不仅与 Brandon 等(2021)结合 7 家国际主流 ESG 评级机构得出 0.447 的平均相关性具有一定的差距,而且远低于穆迪投资者服务公司和标准普尔发布的信用评级之间的平均相关系数。主要原因可能是 8 家国内主流评级机构的 ESG 评级体系存在较大的差异,导致评级结果相关性较低。值得一提的是,尽管普遍认为存在 ESG 评级分歧,但表 11—7 中对两两相关性的分析也突出了 ESG 分歧中更微妙的模式,因为一些供应商评级之间的两两相关性可能相对较高。例如,妙盈科技和商道融绿的总评级与中诚信绿金和中证的总评级的相关性均超过 0.65,这种模式可能源于它们相似的评级风格。具体来看,本书发现中诚信绿金与其他评级机构的相关性较高,这在一定程度上揭示了中诚信绿金 ESG 评级体系和评级风格与其他机构均存在较高的"共识"。而商道融绿、妙盈科技和润灵环球次之,3 家机构的平均相关系数也都超过了 0.44。其他机构的平均相关系数较低,特别是有的评级机构与其他机构的相关系数仅为 0.137。另外,表 11—7 的 Panel B、Panel C 和 Panel D 的分维度得分相关系数矩阵结果也同样支持了上述结论,并且进一步研究可以发现,各机构在环境维度的平均相关性较高,而在社会与治理维度的平均相关性较低,这一结果差异可能是因为环境问题可以越来越多地被量化(如水的使用、温室气体排放),但用于量化社会与治理的标准可能在评级提供商之间有所不同,往往需要更多的价值判断,因此比环境评分更主观,这表明评分者之间存在更多分歧(即较低的相关性)。从具体机构结果来看,在环境维度,依然是中诚信绿金、润灵环球、妙盈科技与商道融绿的平均相关性表现较好;而在社会维度,除了上述 4 家机构外,中证也具有相对不错的表现;8 家专业机构在治理维度的相关性则比较平均,只有中诚信绿金较为突出。

表 11-7 ESG 综合得分与分维度得分的相关系数矩阵

Panel A:ESG 综合得分的相关系数矩阵								
	华证	Wind	CNRDS	润灵环球	中证	妙盈科技	商道融绿	中诚信绿金
Wind	0.372							
CNRDS	0.073	0.104						
润灵环球	0.366	0.434	0.113					
中证	0.402	0.352	0.149	0.394				
妙盈科技	0.288	0.441	0.155	0.621	0.376			
商道融绿	0.380	0.499	0.142	0.607	0.336	0.667		
中诚信绿金	0.534	0.549	0.225	0.559	0.654	0.579	0.560	
平均相关值	0.345	0.393	0.137	0.442	0.380	0.447	0.456	0.523

Panel B:环境维度的相关系数矩阵								
	华证	Wind	CNRDS	润灵环球	中证	妙盈科技	商道融绿	中诚信绿金
Wind	0.342							
CNRDS	0.250	0.221						
润灵环球	0.287	0.551	0.063					
中证	0.215	0.189	0.083	0.409				
妙盈科技	0.242	0.448	0.236	0.517	0.241			
商道融绿	0.359	0.502	0.076	0.616	0.236	0.505		
中诚信绿金	0.363	0.540	0.363	0.497	0.364	0.615	0.474	
平均相关值	0.294	0.399	0.185	0.42	0.248	0.401	0.395	0.459

Panel C:社会维度的相关系数矩阵								
	华证	Wind	CNRDS	润灵环球	中证	妙盈科技	商道融绿	中诚信绿金
Wind	0.142							
CNRDS	0.104	0.093						
润灵环球	0.211	0.363	0.074					
中证	0.273	0.224	0.058	0.286				
妙盈科技	0.170	0.323	0.106	0.527	0.382			
商道融绿	0.191	0.354	−0.010	0.411	0.261	0.485		
中诚信绿金	0.286	0.411	0.094	0.500	0.641	0.546	0.282	
平均相关值	0.197	0.273	0.074	0.339	0.304	0.363	0.282	0.394

续表

Panel D:治理维度的相关系数矩阵								
	华证	Wind	CNRDS	润灵环球	中证	妙盈科技	商道融绿	中诚信绿金
Wind	0.255							
CNRDS	−0.135	0.038						
润灵环球	0.171	0.221	0.310					
中证	0.425	0.185	0.100	0.202				
妙盈科技	0.190	0.270	0.186	0.327	0.254			
商道融绿	0.256	0.264	0.041	0.274	0.216	0.285		
中诚信绿金	0.604	0.320	0.054	0.306	0.626	0.291	0.324	
平均相关值	0.252	0.222	0.085	0.259	0.287	0.258	0.237	0.361

　　从不同企业性质的相关性角度来看(见表 11−8),首先,Panel A 是按照企业产权性质进行划分的相关性分析结果,可以看出,华证、Wind、中证、妙盈科技、商道融绿和中诚信绿金对于国有企业的 ESG 综合得分的平均相关系数更高,而 CNRDS 和润灵环球则对民营企业的相关性更高。原因可能是,与民营企业相比,国有企业往往更加关注社会责任承担、保障民生就业和环境减排等非经济目标(Wang 等,2022),这种非经济责任能够更好地得到国内 ESG 评级机构的认可。Panel B 是根据企业是否为污染型企业进行样本划分的相关性分析结果,可以发现各大专业机构在对污染型企业的 ESG 评分上具有更高的"共识",依然是中诚信绿金、商道融绿和妙盈科技三家机构与国内主流评级机构的评级风格最为贴合。

表 11−8　　　　　　　　　　　ESG 综合得分的分行业相关系数矩阵

Panel A:区分企业产权的相关性分析								
国有企业								
	华证	Wind	CNRDS	润灵环球	中证	妙盈科技	商道融绿	中诚信绿金
Wind	0.345							
CNRDS	0.088	0.134						
润灵环球	0.321	0.436	0.093					
中证	0.424	0.401	0.097	0.406				
妙盈科技	0.365	0.520	0.110	0.593	0.470			
商道融绿	0.378	0.569	0.090	0.580	0.407	0.689		
中诚信绿金	0.543	0.593	0.177	0.567	0.683	0.659	0.576	
平均相关值	0.352	0.428	0.113	0.428	0.413	0.487	0.470	0.543

续表

民营企业								
	华证	Wind	CNRDS	润灵环球	中证	妙盈科技	商道融绿	中诚信绿金
Wind	0.377							
CNRDS	0.065	0.091						
润灵环球	0.369	0.428	0.144					
中证	0.383	0.333	0.165	0.370				
妙盈科技	0.229	0.407	0.177	0.631	0.302			
商道融绿	0.343	0.452	0.165	0.620	0.279	0.630		
中诚信绿金	0.535	0.563	0.245	0.539	0.631	0.487	0.511	
平均相关值	0.329	0.379	0.150	0.443	0.352	0.409	0.429	0.502

Panel B:区分是否污染企业的相关性分析

污染企业								
	华证	Wind	CNRDS	润灵环球	中证	妙盈科技	商道融绿	中诚信绿金
Wind	0.428							
CNRDS	0.130	0.218						
润灵环球	0.447	0.515	0.042					
中证	0.429	0.369	0.151	0.517				
妙盈科技	0.324	0.532	0.220	0.630	0.420			
商道融绿	0.440	0.565	0.148	0.632	0.383	0.693		
中诚信绿金	0.564	0.549	0.159	0.605	0.663	0.619	0.560	
平均相关值	0.395	0.454	0.153	0.484	0.419	0.491	0.489	0.531

非污染企业								
	华证	Wind	CNRDS	润灵环球	中证	妙盈科技	商道融绿	中诚信绿金
Wind	0.349							
NRDS	0.057	0.054						
润灵环球	0.340	0.407	0.196					
中证	0.391	0.345	0.162	0.353				
妙盈科技	0.273	0.403	0.120	0.623	0.358			
商道融绿	0.356	0.470	0.111	0.614	0.316	0.653		
中诚信绿金	0.535	0.547	0.186	0.593	0.658	0.560	0.553	
平均相关值	0.329	0.368	0.127	0.447	0.369	0.427	0.439	0.519

从分行业的平均相关性来看,在图 11-6 至图 11-9 中,我们绘制了 8 家 ESG 评级机构对 13 个行业的平均相关性,进一步探究 ESG 综合得分以及分维度得分之间的平均两两相关性是否在行业层面有所不同。根据图 11-6 的结果可以看出,ESG 综合得分的平均相关性在传播与文化产业中最低,其低平均两两相关性似乎是由社会评级(见图 11-8)和治理评级(见图 11-9)的低两两相关性所驱动的。相比之下,采掘业、批发和零售贸易、交通运输与仓储业的 ESG 综合得分表现出较高的相关性(见图 11-6),这表明 ESG 数据提供商似乎对该三大行业企业的总评级意见分歧最小。另一个有趣的发现是,评级机构对金融部门(金融、保险、房地产业)在治理维度的看法似乎也存在很大分歧(即相关性很低)。这些公司 ESG 评级的行业差异结果,有助于那些专注于行业的金融分析师区分他们对不同公司的评估和比较,因为分析师经常面临来自不同数据提供商的指标。

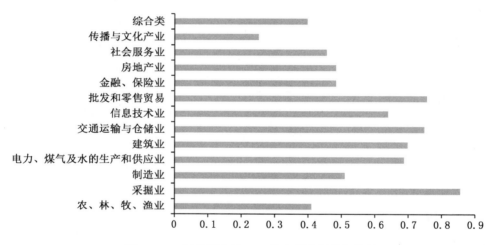

图 11-6　区分行业的 ESG 综合得分平均相关性

(五)预测性评估

无论是国际成熟市场还是国内资本市场,在可持续发展的背景下,ESG 被视为反映公司业务韧性与竞争力的重要标志,投资者逐渐开始重视 ESG 因素在投资考量体系中的地位。现有研究也指出,准确的 ESG 评级结果应该与股票价格和股票交易存在正相关关系(Dimson 等,2015;Sherwood 和 Pollard,2018;Garel 和 Petitromec,2021),并且具有更强 ESG 特征的企业会有较低的诉讼风险、下行风险和信用风险(Jagannathan 等,2018;Barth 等,2022)。因此,各评级机构的 ESG 评级结果应当是对企业发展具备预测性的。所谓预测性,是指有效的 ESG 评级结果既能够帮助投资者预测未来股票收益和降低股价波动性,也有助于投资者预测并规避未来的潜在风险。因此,本书将结合各个机构对 A 股上市公司的评级结果以及公司的相关财务数据,依据表 11-1 中预测性原则下的两大维度进行定量分析与综合评价。

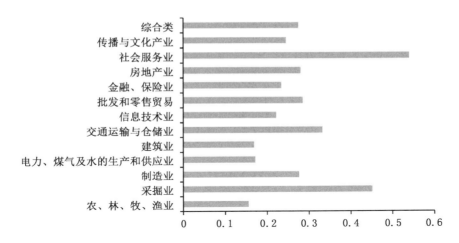

图 11－7　区分行业的环境维度(E)得分平均相关性

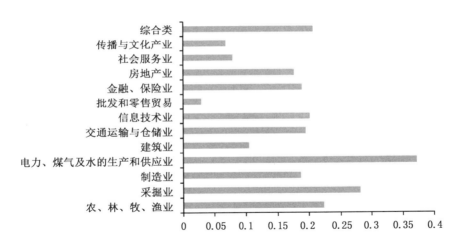

图 11－8　区分行业的社会维度(S)得分平均相关性

　　总的来说,8 家国内主流 ESG 评级机构的评级结果对企业未来预期收益和风险水平的预测能力仍然较弱,特别是在对企业未来潜在风险的预测能力上各大机构都较为接近,这也从侧面印证了国内主流 ESG 评级机构的评级体系尚未成熟,评级结果需要重新审视。具体来看,中诚信绿金和中证两家专业机构在预测性再评估结果方面表现较好,位于第一梯队——A 等级;商道融绿、妙盈科技和 Wind 三家评级机构次之,位于第二梯队——B 等级;其他机构则为第三梯队——C 等级。

表 11－9　　　　　　　　　　　　　　ESG 评级预测性再评估结果

A 等级	B 等级	C 等级
中诚信绿金、中证	商道融绿、妙盈科技、Wind	润灵环球、华证、CNRDS

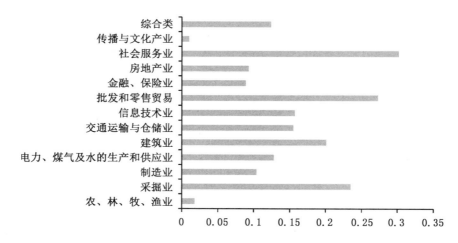

图 11-9　区分行业的治理维度(G)得分平均相关性

那么,对于上述结果的差异而言,接下来将从预测性原则下的两大维度对其原因展开进一步分析(见图 11-10)。

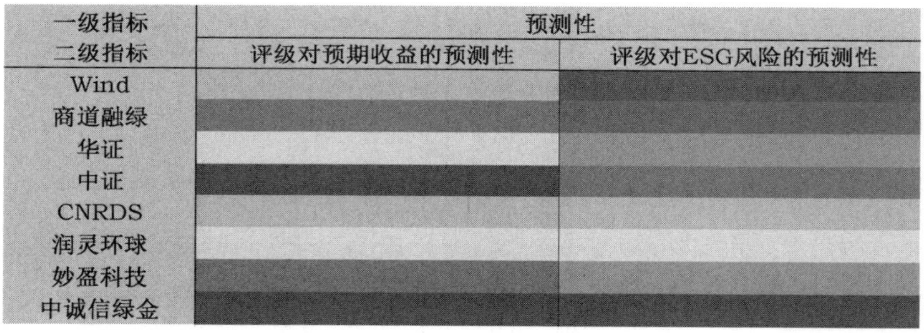

一级指标	预测性	
二级指标	评级对预期收益的预测性	评级对ESG风险的预测性
Wind		
商道融绿		
华证		
中证		
CNRDS		
润灵环球		
妙盈科技		
中诚信绿金		

图 11-10　预测性的二级指标色阶图

首先,在预测企业股票收益与资本市场表现方面,表 11-10 列示了各大机构 ESG 综合评分对企业未来一期股票收益的影响结果,而表 11-11 则列示了各大机构 ESG 评级对于企业未来资本市场表现的估计结果。根据表 11-10 可以发现,中证的 ESG 评分能够显著预测并提高企业未来一期的股票收益,妙盈科技和商道融绿 ESG 虽然也能够正向影响企业未来收益,但并不显著。有趣的是,部分机构的 ESG 评分似乎会显著降低企业未来收益,上述结果差异也从侧面揭示了各专业机构对 ESG 体系的构建标准存在较大差异,在揭示企业成长与盈利能力的同时,兼顾了很多其他相关话题,导致对企业未来股票收益的预测性有所降低。

表 11—10　　　　　　　　　**ESG 评级结果对企业未来收益的预测结果**

变量	Return							
	(1) 华证	(2) Wind	(3) CNRDS	(4) 润灵环球	(5) 中证	(6) 妙盈科技	(7) 商道融绿	(8) 中诚信绿金
ESG	−0.001 2**	−0.003 1	−0.000 7**	−0.022 1	0.082 7**	0.019 0	0.000 5	0.003 6***
	(0.000 6)	(0.007 2)	(0.000 3)	(0.015 6)	(0.032 3)	(0.068 3)	(0.002 2)	(0.001 3)
Constant	0.147 3***	0.184 7***	0.093 7***	0.291 6***	0.207 2***	0.052 9**	0.212 4**	0.108 5
	(0.040 6)	(0.047 7)	(0.013 4)	(0.107 1)	(0.041 4)	(0.025 4)	(0.106 9)	(0.066 9)
Observations	28 565	9 590	31 693	1 320	3 627	13 081	3 739	3 588
Adjusted R^2	0.305 8	0.035 7	0.445 1	0.013 4	0.023 0	0.223 0	0.076 6	0.081 8
Controls	YES	YES	YES	YES	YES	YES	YES	YES
Industry FE	YES	YES	YES	YES	YES	YES	YES	YES
Year FE	YES	YES	YES	YES	YES	YES	YES	YES

注:Controls 是指前文提到的一系列企业层面控制变量,具体包括企业的资产负债率(Lev)、资产回报率(Roa)、现金流比率(Cash)、无形资产占比(Intangible)、账面市值比(Mb)、分析师跟踪人数(Ana)和研报跟踪数量(Report)。

根据表 11—11 列示的回归结果,可以看出各大机构 ESG 评级对企业非流动性指标的估计系数均在 1% 水平上显著为负,说明各机构的 ESG 都能够显著提高企业未来一期的股票流动性,而股票流动性又是资本市场价格发现、信息匹配和资源配置的重要体现,在很大程度上揭示了企业的经营活力(陈辉和顾乃康,2017)。本书发现,各大机构的 ESG 评分均能够在一定程度上预测并增进企业未来的资本市场表现,特别是中证和妙盈科技体现的预测性更为突出,而 Wind 和润灵环球次之。因此,可以认为各大机构所发布的 ESG 评级信息是能够向市场投资者展示特质信息的,从而增加了企业的"曝光效应",显著提高了股票交易的概率。

表 11—11　　　　　　　　　**ESG 评级结果对企业未来股票流动性的预测结果**

变量	Liquidity							
	(1) 华证	(2) Wind	(3) CNRDS	(4) 润灵环球	(5) 中证	(6) 妙盈科技	(7) 商道融绿	(8) 中诚信绿金
ESG	−0.000 7***	−0.002 1***	−0.000 3***	−0.001 9***	−0.011 6***	−0.040 7***	−0.000 8***	−0.000 7***
	(0.000 1)	(0.000 6)	(0.000 1)	(0.000 4)	(0.002 3)	(0.004 3)	(0.000 1)	(0.000 1)
Constant	0.139 1***	0.079 3***	0.100 1***	0.025 8***	0.070 0***	0.067 6***	0.099 9***	0.092 7***
	(0.006 0)	(0.004 2)	(0.002 4)	(0.002 5)	(0.003 5)	(0.002 1)	(0.007 1)	(0.004 9)
Observations	17 865	5 189	17 906	1 001	1 685	6 905	1 727	1 706
Adjusted R^2	0.411 7	0.335 1	0.410 9	0.281 5	0.298 5	0.318 8	0.281 4	0.309 2
Controls	YES	YES	YES	YES	YES	YES	YES	YES
Industry FE	YES	YES	YES	YES	YES	YES	YES	YES

续表

变量	Liquidity							
	(1) 华证	(2) Wind	(3) CNRDS	(4) 润灵环球	(5) 中证	(6) 妙盈科技	(7) 商道融绿	(8) 中诚信绿金
Year FE	YES	YES	YES	YES	YES	YES	YES	YES

注:同表 11－10。

其次,在预测企业未来潜在经营风险与争议事件方面,具体地,本书分别选取企业经营风险($Risk\_1$)、ESG 风险得分($Risk\_w$ 和 $Risk\_s$)以及 ESG 争议事件数量($Controver-sial$)。表 11－12 是以企业在每一观测时段内经行业调整的资产回报率波动性所表征的经营风险作为被解释变量的回归结果,可以发现各大机构的 ESG 评级对企业未来一期经营风险($Risk\_1$)的估计系数均显著为负,这意味着各专业机构的评级结果能够在一定程度上预测并且降低企业未来的经营风险。通过对比估计系数与显著性水平,我们发现妙盈科技、中证和 Wind 三家机构表现出较强的风险降低能力,华证和商道融绿次之,其他机构对企业风险的监控与预测能力还需要进一步强化,这可能也与不同机构的评级体系中对风险信息的重视程度密切相关。

表 11－12　　　　　　　ESG 评级结果对企业经营风险的预测结果

变量	$Risk\_1_{t+1}$							
	(1) 华证	(2) Wind	(3) CNRDS	(4) 润灵环球	(5) 中证	(6) 妙盈科技	(7) 商道融绿	(8) 中诚信绿金
ESG	−0.002 9***	−0.016 5***	−0.000 2***	−0.003 2*	−0.041 8***	−0.081 2***	−0.002 0***	−0.002 0***
	(0.000 1)	(0.001 5)	(0.000 1)	(0.001 8)	(0.007 0)	(0.010 2)	(0.000 4)	(0.000 3)
Constant	0.291 1***	0.194 9***	0.091 7***	0.064 3***	0.115 5***	0.117 4***	0.191 8***	0.185 1***
	(0.009 1)	(0.009 7)	(0.002 8)	(0.010 1)	(0.009 6)	(0.004 5)	(0.020 6)	(0.014 2)
Observations	22 487	8 074	24 542	1 257	2 986	10 197	3 074	3 032
Adjusted R^2	0.186 6	0.173 9	0.152 3	0.207 9	0.151 2	0.160 1	0.198 0	0.182 7
Controls	YES	YES	YES	YES	YES	YES	YES	YES
Industry FE	YES	YES	YES	YES	YES	YES	YES	YES
Year FE	YES	YES	YES	YES	YES	YES	YES	YES

注:同表 11－9。

仅以企业经营风险来分析 ESG 评级对企业所面临不同风险的预测性可能并不全面,因此,表 11－13 的 Panel A 和 Panel B 是分别以 Wind 的 ESG 争议事件得分($Risk\_w$)以及商道融绿的 ESG 风险评估得分($Risk\_s$)作为被解释变量的估计结果,通过机构间的交叉验证来进一步揭示各大机构 ESG 评级结果对企业多元化风险的预测能力。根据 Panel A 的估计结果来看,华证、中证、CNRDS、妙盈科技和商道融绿的评级结果对 Wind 的 ESG 争议事件得分的系数均为正,但显著性有所差异,而只有 Wind 显著为负,这或许意味着 Wind 的 ESG 争议事件得分可能难以较好地揭示企业面临的实质性风险,Wind 在对 ESG 争议事件的筛选与评价方面有待完善。根据 Panel B 的估计结果,当以商道融绿 ESG 风险得分作为被解释变量时,可以看出 CNRDS、润灵环球、中证和妙盈科技的评级结果对其的影响系数均为负,这意味着商道融绿对企业 ESG 风险的衡量与其他机构是具有一定共性的,能够在一定程度上揭示企业面临的 ESG 风险。通过对比系数大小可知,妙盈科技、润灵环球和中证在预测和降低企业未来 ESG 风险方面表现较好,而其他机构的预测性较弱。

表 11－13　　　　　　　　　　ESG 评级结果对企业 ESG 风险的预测结果

Panel A:Wind 的 ESG 争议事件得分为被解释变量							
变量	Risk_w						
	(1) 华证	(2) Wind	(3) CNRDS	(4) 润灵环球	(5) 中证	(6) 妙盈科技	(7) 商道融绿	(8) 中诚信绿金
ESG	0.002 9***	−0.039 3***	0.000 1	−0.008 0	0.028 2***	0.023 2	0.002 4***	0.004 2***
	(0.000 3)	(0.005 2)	(0.000 3)	(0.006 2)	(0.010 2)	(0.023 9)	(0.000 8)	(0.000 5)
Constant	2.743 1***	3.152 9***	2.918 4***	2.927 1***	2.926 7***	2.937 4***	2.825 1***	2.771 6***
	(0.020 7)	(0.037 6)	(0.014 9)	(0.028 1)	(0.011 4)	(0.008 4)	(0.036 9)	(0.020 4)
Observations	12 902	9 361	12 719	1 318	3 625	13 036	3 709	3 587
Adjusted R^2	0.179 8	0.485 6	0.450 2	0.233 7	0.135 8	0.171 5	0.125 5	0.165 7
Controls	YES	YES	YES	YES	YES	YES	YES	YES
Industry FE	YES	YES	YES	YES	YES	YES	YES	YES
Year FE	YES	YES	YES	YES	YES	YES	YES	YES
Panel B:商道融绿的 ESG 风险评估得分为被解释变量							
变量	Risk_w						
	(1) 华证	(2) Wind	(3) CNRDS	(4) 润灵环球	(5) 中证	(6) 妙盈科技	(7) 商道融绿	(8) 中诚信绿金
ESG	0.074 8***	0.108 9	−0.007 6	−1.598 5***	−0.998 9***	−11.060 1***	0.065 2**	−0.098 8***
	(0.009 3)	(0.094 8)	(0.006 8)	(0.203 3)	(0.256 8)	(1.053 3)	(0.026 8)	(0.012 9)
Constant	95.565 3***	95.633 3***	96.624 2***	102.764 8***	101.224 0***	103.460 6***	97.879 2***	104.691 2***
	(0.714 3)	(0.676 0)	(0.384 8)	(0.869 0)	(0.341 8)	(0.359 6)	(1.231 2)	(0.634 5)
Observations	6 925	6 300	6 666	1 320	3 624	6 983	3 738	3 585
Adjusted R^2	0.157 6	0.881 7	0.878 9	0.233 7	0.155 5	0.294 9	0.272 3	0.291 2
Controls	YES	YES	YES	YES	YES	YES	YES	YES
Industry FE	YES	YES	YES	YES	YES	YES	YES	YES
Year FE	YES	YES	YES	YES	YES	YES	YES	YES

注:同表 11－10。

最后,我们还选取了未来一期中证的 ESG 争议事件数量来进一步解释本书的预测性。根据表 11－14 的回归结果可以看出,大部分机构对企业未来 ESG 争议事件的发生概率具有降低作用,其中,中证和 Wind 的预测性表现较好,而华证和中诚信绿金对 ESG 争议事件发生概率的降低次之。

表 11－14　　　　　　　　　　ESG 评级结果对 ESG 争议事件的预测结果

变量	controversial							
	(1)	(2)	(3)	(4)	(5)	(6)	(7)	(8)
	华证	Wind	CNRDS	润灵环球	中证	妙盈科技	商道融绿	中诚信绿金
ESG	−0.066 2***	−0.203 3***	0.001 4	−0.076 9	−0.867 7***	−0.424 3	−0.034 0***	−0.066 0***
	(0.010 5)	(0.044 7)	(0.004 1)	(0.061 1)	(0.123 7)	(0.345 4)	(0.009 1)	(0.007 1)
Constant	5.496 3***	2.032 2***	0.824 8***	1.552 3*	1.123 0***	0.951 2***	2.432 7***	3.358 0***
	(0.723 1)	(0.298 1)	(0.194 0)	(0.934 3)	(0.163 9)	(0.178 2)	(0.423 1)	(0.307 1)
Observations	4 123	4 263	4 280	651	4 025	3 855	4 007	3 588
Adjusted R^2	0.135 6	0.117 3	0.111 7	0.161 1	0.125 2	0.110 7	0.102 5	0.106 8
Controls	YES	YES	YES	YES	YES	YES	YES	YES
Industry FE	YES	YES	YES	YES	YES	YES	YES	YES
Year FE	YES	YES	YES	YES	YES	YES	YES	YES

注:同表 11－10。

二、ESG 评级再评估总体结果

根据上述对国内 8 家主流 ESG 评级机构在"3＋2"的"五性"分维度上的讨论与评估,我们得出了再评估的最终结果(见表 11－15)。总的来说,根据再评估总体结果可以看出,8 家专业评级机构的 ESG 评级在"五性"表现上各有优劣势。其中,妙盈科技的 ESG 评级再评估结果最好(3A2B),特别是在科学性、可靠性和相关性上均被评为 A 等级,但是其在透明性和预测性等方面依然有待提升。中诚信绿金的再评估结果也同样表现较好(2A1B2C),尤其是在企业和投资者均较为关心的相关性与预测性方面被评为 A 等级;当然,其缺点也较为突出,主要表现在科学性与透明性方面,因此需要进一步提高其评级体系的透明性以及相关方法论的完善。Wind 和商道融绿的表现旗鼓相当(均为 1A4B),Wind 在透明性方面表现较好,而商道融绿则在可靠性上略胜一筹。华证、中证和 CNRDS 的再评估结果相近,分别在科学性、预测性和透明性上具有优势,但与其他机构相比,则存在较为明显的短板。

表 11－15　　　　　　　　　　ESG 评级再评估总体结果

评级机构名称	科学性	可靠性	透明性	相关性	预测性	总体结果
Wind	B	B	A	B	B	1A4B
商道融绿	B	A	B	B	B	1A4B
华证	A	C	B	C	C	1A1B3C
中证	B	B	C	C	A	1A2B2C
润灵环球	C	C	C	B	C	1B4C
CNRDS	C	C	A	C	C	1A4C
妙盈科技	A	A	B	A	B	3A2B
中诚信绿金	C	B	C	A	A	2A1B2C

第四节　展望与建议

　　环境、社会与公司治理已经成为当前不容忽视的重要可持续发展战略,然而囿于统一的 ESG 评级标准尚未形成,国内不同专业机构对同一家公司的 ESG 评级通常具有较大的分歧,导致 ESG 评级结果的科学性和准确性较低,从而给投资者对公司信息的评判与相关投资决策带来困惑。因此,对国内主流 ESG 专业机构评级结果进行再评估,综合比较各自的科学性、可靠性、透明性、相关性和预测性,具有重要的现实意义。基于前文的质性分析与实证依据,本书提出如下政策建议:

　　第一,尽快建立与国际标准对标且贴合中国国情的 ESG 评级体系。制定统一的 ESG 评级标准可以确保评级结果的一致性和可比性。政府可以成立专门的机构或委员会,由相关部门、学术界、行业协会和评级机构的代表组成,共同制定统一的评级标准。此外,政府还应确保评级标准的透明度和公正性,可以设立评级机构注册制度,要求评级机构遵守统一的评级标准,在评级报告中向投资者和企业详细说明评级方法和数据来源,并定期进行自我审查和公开披露。

　　第二,加强 ESG 评级机构的监管。政府可以设立专门的机构或部门,负责对 ESG 评级机构的职责和义务,规范评级过程和方法等进行监管。监管机构可以要求评级机构定期向其报告评级活动的情况,包括评级方法、数据来源、评级结果等,以便监管机构对其进行审查和验证。此外,政府还可以加强对评级机构的执照和注册的审查,确保评级机构具备足够的专业能力和资质。对于不符合要求的评级机构,政府可以暂停或撤销其执照,以保护投资者和企业的利益。

　　第三,鼓励机构间的合作和数据共享。政府可以设立一个数据共享平台,供评级机构上传和下载企业的 ESG 数据,鼓励评级机构共享其研究成果和报告。通过提供评级指南和工具,帮助评级机构理解和应用评级方法。具体包括 ESG 评级的详细解释、操作指南,以及数据收集和分析的工具与模板。此外,政府还可以组织评级机构之间的合作项目,共同对一些重点企业进行评级。评级机构可以共同制定评级方法和指标、共享数据和经验,以减少评级结果的分歧以及提高评级的一致性。

·第五篇·

ESG 金融应用

第十二章　ESG 在基金市场中的应用

本章提要：本章首先从全球 ESG 基金投资市场概览开始，介绍了国内外 ESG 基金市场的整体发展趋势。其次是基金市场中的 ESG 投资策略及 ESG 指数，介绍了 ESG 投资的主要策略和选股原则，以及 ESG 指数的选股策略、评价体系和市场表现。从业绩角度来看，采取可持续主题投资策略的主动权益基金、采取"负面筛选＋正面筛选＋ESG 整合"的固定收益基金以及采用负面筛选和可持续主题策略的指数基金相对于同类基金均有较好的投资表现。最后关注了 ESG 基金在市场中的投资表现，包括纯 ESG 基金整体投资情况、单只 ESG 相关基金的投资对比以及 ESG 基金投资中的"漂绿"现象。我们发现，在重仓行业为食品饮料的 11 只基金中，全部持仓酒类企业，所有基金均持仓两家以上的白酒企业股票（其中之一均为贵州茅台）。

第一节　ESG 基金投资市场概览

一、全球 ESG 投资发展概览

起源于欧美市场的 ESG 投资理念，如今已经席卷全球各地，包括发展中国家。不同市场对于 ESG 投资的探索角度各不相同，这主要源于各地区的经济发展水平、文化背景、政策导向以及市场需求等方面的差异，如图 12—1 所示。

在欧美等领先市场，资方意识成熟，对 ESG 投资的重视程度较高。这些市场自下而上地推动 ESG 投资的发展，通过机构投资者的参与和倡导，形成了较为完善的 ESG 投资体系。

而在发展中国家市场，特别是中国和印度等行动市场，ESG 投资的理念也在逐渐得到认可和推广。这些市场受到政策或海外资本的驱动，积极借鉴发达国家在 ESG 投资方面的经验和做法，结合本国国情进行探索和实践。

起步市场如越南等，ESG 投资的出发点主要是为了避免经济发展中对环境造成的影响。这些市场在经济发展初期就注重环境保护和可持续发展，通过引入 ESG 投资理念和做

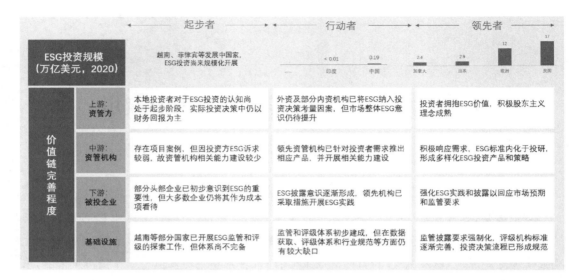

| | | 起步者 | 行动者 | 领先者 |

资料来源:GSIA;摩根大通亚太区 ESG 及公用事业证券研究团队;《中国责任投资年度报告》;BCG 波士顿分析。

图 12－1　全球 ESG 投资市场发展阶段

法,为未来的可持续发展打下基础。

　　总的来说,ESG 投资已经成为全球范围内的一种趋势,不同市场都在积极探索适合自身国情的 ESG 投资发展路径。随着全球经济的不断发展和进步,ESG 投资的理念和实践将会得到更广泛的认可和应用。

二、全球 ESG 基金市场发展情况

　　联合国责任投资原则组织(UNPRI)是一个国际投资者网络,由全球各地的资产拥有者、资产管理者以及服务提供者组成。这个网络的目标是帮助投资者理解环境、社会和公司治理等 ESG 要素对投资价值的影响,并支持各签署机构将这些要素融入投资战略、决策和积极所有权中。自 UNPRI 的原则在 2006 年提出以来,其签约方数量及其资产管理规模都呈现迅速增长的趋势。根据 UNPRI 的数据整理,截至 2023 年 6 月,已有 5 372 家机构签署了 UNPRI,而 2021 年签署方的资产管理规模更是超过了 121 亿美元(见图 12－2)。UNPRI 签约规模的扩大,充分体现了投资者越来越重视 ESG。投资者们逐渐认识到,ESG 因素不仅影响着公司的长期价值和盈利能力,而且影响着整个社会和环境的可持续发展。因此,越来越多的投资者开始将 ESG 因素纳入投资决策中,以实现长期的可持续发展和经济效益。

　　在晨星(Morningstar)公司对可持续发展相关基金的分类中,包括四大类别:ESG 基金、影响力基金、绿色行业基金以及类 ESG 基金。如表 12－1 所示,这些分类反映了不同类型的基金如何将 ESG 因素融入其投资策略中。

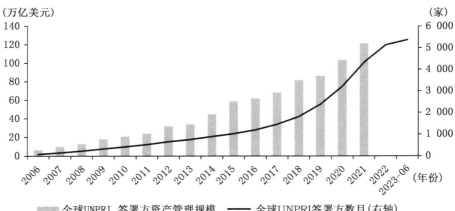

资料来源：UNPRI、Wind。

图 12－2　UNPRI 全球签署机构数量

表 12－1 晨星可持续发展基金分类

类 ESG 基金	可持续投资策略		
	ESG 基金	影响力基金	绿色行业基金
仅将 ESG 当作投资决策和组合构架的参考因素，而非将可持续投资作为核心策略	将 ESG 评估为投资策略： • 将 ESG 评价结果作为选股选券和组合构建的主要标准 • 包括采用 ESG 负面清单策略的基金 • 积极参与上市公司治理	将提升投资影响力作为投资策略： • 在追求业绩增长的同时，通过投资实现对特定社会、环境领域/主题形成正面影响 • 可采用 ESG 评价进行选股选券和组合构建 • 包括采用 ESG 负面清单策略的基金 • 积极参与上市公司治理	投资于与"绿色"经济相关的行业主题，例如： • 再生能源 • 环境服务 • 改善气候变暖 • 水能源 • 绿色交通 • 食物产业
全市场策略			

资料来源：Morningstar。

　　首先，ESG 基金将 ESG 因子作为主要选股选券标准。这就意味着，这些基金在投资决策中会优先考虑环境、社会和公司治理等因素，以确保投资组合与可持续发展目标相一致。其次，影响力基金通过财务投资给社会和环境带来正面影响。这些基金不仅关注投资回报，而且关注投资对社会和环境产生的积极影响。它们致力于寻找那些在实现可持续发展目标方面表现良好的企业进行投资。再次，绿色行业基金主要投资于可持续发展产业。这些产业包括可再生能源、清洁能源、环保科技等领域，致力于推动可持续发展和环境保护。最后，类 ESG 基金将 ESG 作为投资决策参考因素之一。虽然这些基金也考虑 ESG 因素，但它们并不将其作为主要投资策略。与其他三类基金相比,类 ESG 基金在可持续发展方面的承诺可能相对较弱。

总的来说,晨星公司的这四大类基金为我们提供了对可持续发展相关基金的分类。不同类型的基金根据其投资策略和目标,对 ESG 因素的重视程度也有所不同。通过了解这些分类,投资者可以更好地理解不同类型的可持续发展基金的投资策略和目标,从而做出更明智的投资决策。

在明确了可持续发展相关基金和 ESG 基金的定义后,让我们进一步探讨近年来基金市场的发展情况。2022 年年底,可持续基金的资产管理规模约为 2.8 万亿美元。这一数字相较于 2021 年的峰值有所下降,但仍高于 2020 年的约 2.5 万亿美元水平。尽管可持续基金的规模在 2022 年有所回落,但其占整体资产管理规模的比例略有增加。截至 2022 年年底,可持续基金约占总资产管理规模的 7%,这一比例已经连续 5 年逐年上升(见图 12—3)。这一趋势表明,尽管可持续基金的资产管理规模有所波动,但市场对可持续基金的需求仍然强劲。投资者对 ESG 因素的关注度不断提高,他们希望通过投资于可持续基金,实现投资回报与社会和环境价值的协调发展。

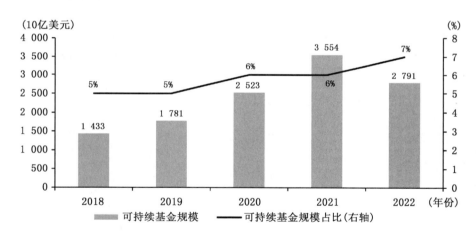

资料来源:Morgan Stanley、Morningstar。

图 12—3 可持续基金的资产管理规模

2022 年,全球 ESG 基金的总规模达到了 24 790 亿美元,全球 ESG 基金的总数达到了 7 012 只。然而,与上一年相比,无论是总规模还是发行个数都有所减少(见图 12—4)。在地域分布上,如图 12—5 所示,欧洲的 ESG 基金规模占据全球的领先地位,占总规模的 83.22%,成为全球 ESG 基金的主力场。而美国和亚洲(除日本)分别占据 11.45% 和 2.04% 的份额。在亚洲地区,除了日本之外,中国内地的 ESG 基金规模处于该地区的领先地位,占据了该地区 ESG 基金总规模的 68%。

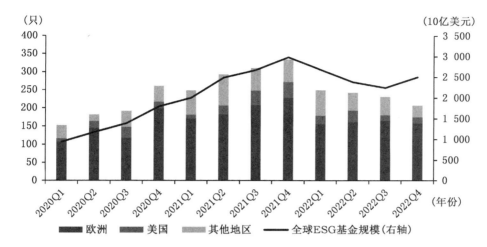

资料来源：Morningstar。

图 12—4　全球 ESG 基金发行情况统计

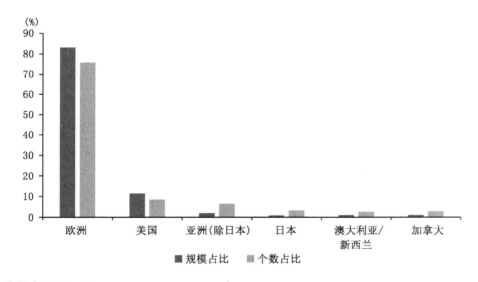

资料来源：Morningstar。

图 12—5　2022 年全球 ESG 基金规模及个数占比

三、中国 ESG 基金市场发展情况

中国 ESG 投资起步相对较晚，但近年来发展迅速。截至 2023 年 6 月，UNPRI 签署机构数量已达到 140 个，涵盖了 35 个资产所有者、101 个资产管理机构和 4 个服务机构（见图 12—6）。这一数字的快速增长表明了中国投资者对 ESG 投资的日益关注和重视。在 UN-PRI 的签署机构中，资产管理机构占据了主导地位，这意味着中国投资者在可持续发展浪潮

中积极寻求转型机遇，并在全球负责任投资进程中扮演着越来越重要的角色。

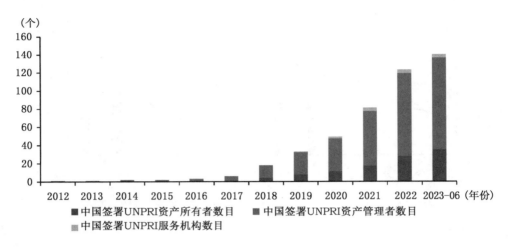

资料来源：UNPRI。

图 12－6　UNPRI 中国内地签署机构数量

在政策驱动下，我国 ESG 投资呈现高速发展的态势，并定位为服务国家战略。政策持续推动各类金融机构构建绿色金融体系，鼓励资本市场开展 ESG 投资，并提出更严格的要求。2022 年，证监会发布《关于加快推进公募基金行业高质量发展的意见》，明确提出要督促行业履行环境、社会和治理责任，实现经济效益和社会效益相统一。这一政策对于公募基金行业的高质量发展具有重要意义，也为 ESG 投资提供了有力的政策支持。同年，证监会发布的《上市公司投资者关系管理工作指引（2022）》中，首次将"公司的环境、社会和治理信息"纳入投资者关系管理的沟通内容中。这一举措促使更多上市公司开始积极了解 ESG 议题，研究 ESG 对公司业务及运营的影响。详细的政策梳理如表 12－2 所示。从 ESG 投资体系来看，国内机构呈现显著的本土化特征。服务实体经济、支持乡村振兴、"双碳"目标等国家战略是 ESG 投资中极为重要的环节。这些本土化特征使得我国 ESG 投资更加符合国情，也更加注重社会责任和可持续发展。

表 12－2　　　　　　　　　　　　　　　ESG 相关政策

时间	单位	政策
2018 年	证监会	《上市公司治理准则》修订版
	基金业协会	《绿色投资指引（试行）》 《中国上市公司 ESG 评价体系研究报告》
2019 年	上交所	《上海证券交易所科创板股票上市规则》（2019 年 4 月修订）
	基金业协会	《对基金管理人绿色投资自评估报告框架的建议》 《中国上市公司 ESG 评价体系研究报告》（二期成果）
	联交所	《环境、社会及管制报告指引》（2019 年修订版）

续表

时间	单位	政策
2020 年	国务院办公厅	《关于进一步提高上市公司质量的意见》
	深交所	《深圳证券交易所上市公司信息披露工作考核办法》(2020 年修订)
2021 年	十三届全国人大四次会议	《"十四五"规划和 2035 年远景目标纲要》
	国务院	《关于加快建立健全绿色低碳循环发展经济体系的指导意见》
2022 年	国务院国资委	《提高央企控股上市公司质量工作方案》
	证监会	《关于完善上市公司退市后监管工作的指导意见》
	证监会	《关于加快推进公募基金行业高质量发展的意见》
	银保监会	《银行业保险业绿色金融指引》
	上交所	《上海证券交易所股票上市规则》(2022 年 1 月修订)

资料来源:各相关部门官网。

由于对 ESG 基金(特别是泛 ESG 基金)的范围界定有所不同,因此各大机构对 ESG 基金规模的统计也有所差异。为了更全面、准确地了解 ESG 基金的规模和分类,本章对比了市面上主流的 ESG 基金分类方法,并基于综合测评结果和数据可获得性,在后续的统计标准中,将采用 Wind ESG 基金分类方法。Wind 基于全部公募基金和私募基金投资目标、投资范围、投资策略、投资重点、投资标准、投资理念、决策依据、组合限制、业绩基准以及风险揭示等全量底层数据,将 ESG 基金分为以下几类(见表 12—3):

表 12—3　　　　　　　　　　　　　ESG 投资基金分类

ESG 主题基金		泛 ESG 主题基金		
纯 ESG 主题基金	ESG 策略基金	环境保护主题基金	社会责任主题基金	公司治理主题基金
在投资目标、投资范围、投资策略、投资重点投资标准、投资理念、决策依据、组合限制、业绩基准、风险揭示中明确将 ESG 投资策略作为主要策略的基金为纯 ESG 主题基金,作为辅助策略的基金为 ESG 策略基金		在投资目标、投资范围、投资策略、投资重点、投资标准、投资理念、决策依据、组合限制、业绩基准、风险揭示中主要考虑环境保护、社会责任、公司治理主题之一的基金		

资料来源:Wind。

从概念走向实践,国内 ESG 基金近年来发展迅速,进入到快速成长期。随着投资者对 ESG 理念的认可和需求的增加,中国 ESG 基金在规模和数量上持续增长。如图 12—7 所示,截至 2023 年 6 月 30 日,ESG 相关公募基金产品共成立 769 只,基金规模达到 6 096 亿元。其中,规模超过 10 亿元的产品有 141 只,占比 18.34%;规模超过 5 亿元的产品有 231 只,占比 30.04%。其中,环境保护产品规模占比达 49.58%,是比重最高的,表明 ESG 基金在推动环境保护方面发挥了积极作用。这些数据意味着 ESG 基金在市场上已经形成了相当的规模和影响力。

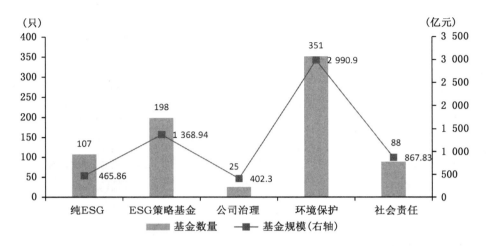

资料来源：Wind。

图 12-7 ESG 公募基金产品规模和数量

主动权益基金是国内 ESG 主题概念基金的主要投资方式,规模和成立数量均是固定收益型基金、指数基金的数倍。对 Wind ESG 公募基金进一步细分为主动权益(包含普通股票型、偏股混合型)、固定收益(包含偏债混合型、中长期纯债型)、指数基金(包含被动指数型、被动指数型债券、增强指数型)三大类。主动权益型基金共 413 只(含纯 ESG 基金 56 只),基金规模 3 388 亿元;固定收益型基金 49 只(含纯 ESG 基金 5 只),基金规模 361 亿元;指数型基金 187 只(含纯 ESG 基金 40 只),基金规模 1 447.22 亿元(见图 12-8)。

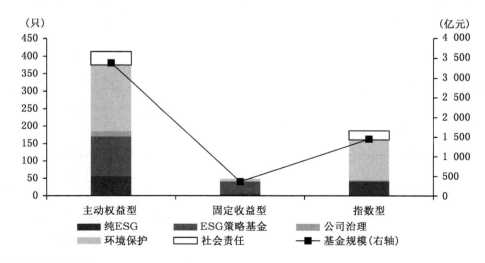

资料来源：Wind。

图 12-8 ESG 公募基金产品规模和数量

整体来看,国内私募股权基金的 ESG 投资仍处于早期阶段,但私募股权基金已经开始关注并践行 ESG 投资。随着 ESG 投资在全球范围内的兴起,越来越多的私募股权基金开始将 ESG 因素纳入投资决策。根据 Wind 数据库,近年来新发 ESG 私募基金产品存续数量不断增长,主题涵盖纯 ESG、环境保护、社会责任三个方面(见图 12-9)。根据中国基金业协会 2021 年的报告,管理规模在 100 亿元以上的私募股权基金尤为关注 ESG 理念。这些大型基金在投资决策中更加注重企业的社会责任和可持续发展表现,对于已在公司层面制定 ESG 战略并贯彻到具体投资决策的企业,在全样本 1 777 家基金中比例仅为 2%,但百亿元规模以上的基金比例为 11%(见图 12-10)。2021 年,红杉、高瓴等头部基金纷纷出具了社会责任报告。

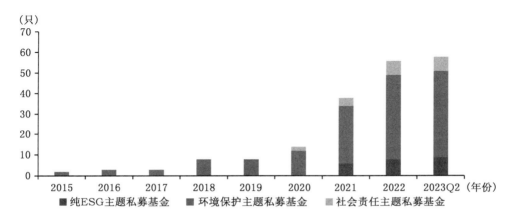

资料来源:Wind。

图 12-9　ESG 私募基金产品存续统计

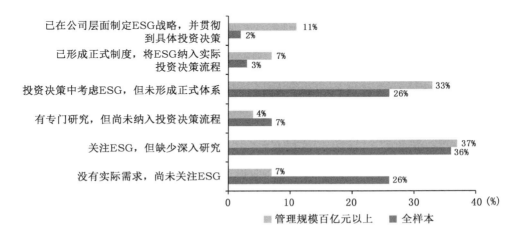

资料来源:中国基金业协会。

图 12-10　中国私募股权基金 ESG 工作开展情况

第二节　ESG 基金投资策略及 ESG 指数

一、ESG 投资的主要策略

(一)ESG 可持续投资策略简介

在全球可持续投资联盟(Global Sustainable Investment Alliance,GSIA)发布的《全球可持续投资回顾 2012》中,首次对 ESG 可持续投资策略进行了分类与定义,这一分类与定义已经成为全球范围内的通用标准。欧洲可持续发展论坛(Eurosif)也有类似的分类。为了反映全球可持续投资行业的最新理念和实践,GSIA 在 2020 年 10 月对 ESG 可持续投资策略的定义进行了修订。修订后的定义分为负面筛选、正面筛选、国际惯例筛选、可持续主题投资、ESG 整合、参与公司治理、影响力和社区投资 7 种投资策略(见表 12—4)。其中,ESG 整合、正面筛选、负面筛选被多数纯 ESG 基金所采纳,而可持续主题投资是泛 ESG 投资基金采用的主要投资方式。

表 12—4　　　　　　　　　　　　ESG 投资策略

大类	小类	具体内容
筛选类	负面筛选	基金或投资组合按照特定的 ESG 准则剔除若干特定行业、公司或业务,常见的排除标准包括特定的产品类别(如武器、烟草)、公司行为(如腐败、侵犯人权、动物试验)以及其他争议行为
	正面筛选	投资的 ESG 表现优于同类的行业、公司或项目,且其评级达到规定阈值以上,方法包括"同类最佳""整体最佳"和"尽力而为"
	国际惯例筛选	基于联合国(UN)、国际劳工组织(ILO)、经合组织和非政府组织(如国际透明组织)等国际机构定义的标准和规范,制定最低商业或发行人标准来筛选投资标的
整合类	可持续主题投资	投资有助于可持续解决方案的主题或资产,本质上致力于解决环境和社会类问题,如缓解气候变化、绿色能源、绿色建筑、可持续农业、性别平等、生物多样性等
	ESG 整合	ESG 整合策略是指投资经理将环境、社会和公司治理因素系统而明确地纳入财务分析中,融入传统投资框架
参与类	参与公司治理	利用股东权利影响企业行为,提交或共同提交股东提案,在 ESG 准则指导下提交股东提案、进行委托投票
	影响力和社区投资	对解决社会或环境问题的特定项目进行投资,目的是在获得财务回报的同时产生积极的社会和环境影响

资料来源:GSIA。

(二)全球 ESG 投资策略概览

ESG 整合策略已成为全球规模最大的可持续投资策略。据 GSIA 的《全球可持续投资回顾 2020》报告统计,2020 年全球最大的可持续投资策略是 ESG 整合,采用 ESG 整合方法管理的资产总额为 25.2 万亿美元,超过负面筛选跃居第一位。同时,2016—2020 年,以可持续为主题的投资、ESG 整合和参与公司治理都经历了持续增长(见图 12—11)。其中,可持续主题投资的 CAGR(复合年增长率)为 63%,ESG 整合的 CAGR 为 25%,参与公司治理的 CAGR 为 6%。此外,国际惯例筛选、正面筛选以及负面筛选在规模上都有不同程度的波动。这可能是由于市场环境的变化、投资者需求的变化以及政策法规的影响等因素所导致的。

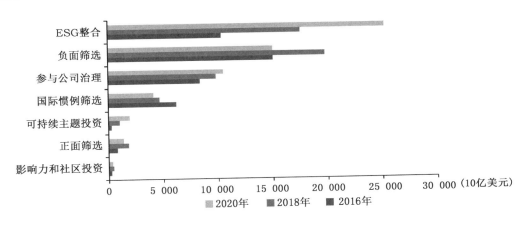

资料来源:GSIA。

图 12—11　2016—2020 年全球可持续投资策略增长情况

多种 ESG 投资策略相结合正成为全球可持续投资行业整合可持续性风险和机遇的一种手段。如图 12—12 所示,不同国家和地区的 ESG 投资策略有着不同的特点和偏好。美国在可持续主题投资、影响力和社区投资、正面筛选和 ESG 整合方面拥有更大的全球资产比例。相比之下,日本在使用参与公司治理策略的资产中所占的份额要大得多,达到了 17%。欧洲的大部分资产是使用国际惯例筛选和负面筛选策略。

(三)中国 ESG 投资策略概览

作为"根正苗红"的 ESG 概念,纯 ESG 主题基金的表现可以较好地反映出 ESG 基金的发展现状、特点和趋势。因此,本节以 107 只(截至 2023 年 6 月 30 日)Wind 纯 ESG 基金作为研究样本,深入分析它们的 ESG 投资策略和业绩表现[①],见表 12—5、表 12—6。总体来看,负面筛选是最普遍采用的策略。然而,在单一策略中,可持续主题投资的使用最多。此外,大多数基金采用"负面筛选+正面筛选"的复合策略,并同时结合了 ESG 整合策略。

[①]　除了在招募说明书中披露 ESG 相关投资策略的基金外,部分指数型基金和部分主动权益型基金未明确 ESG 投资策略。因指数型基金跟踪标的指数,追求跟踪偏离度和跟踪误差最小化,标的指数已经从样本空间中剔除行业内 ESG 分数最低的一定比例(一般为 20%)的上市公司证券,选取剩余证券作为指数样本,故将部分未直接说明 ESG 投资策略的指数基金划入负面筛选策略;部分未直接说明 ESG 投资策略的主动权益基金及其他基金根据名称(含有可持续、碳中和、低碳、责任投资、"一带一路"等)划入可持续主题投资策略。

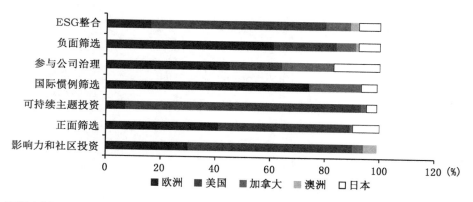

资料来源：GSIA。

图 12－12　2020 年全球可持续投资策略使用中按资产权重划分的地区份额

从业绩角度来看，固定收益型的纯 ESG 基金相对于主动权益基金和指数基金有更好的收益表现。这可能是因为固定收益型基金更注重风险管理，而 ESG 因素可以帮助降低投资组合的风险。此外，对于采取可持续主题投资策略的主动权益基金、采取"负面筛选＋正面筛选＋ESG 整合"的固定收益基金以及采取负面筛选和可持续主题策略的指数基金来说，相对于同类基金均有较好的投资表现。

表 12－5　　　　　　　　　　　　　国内纯 ESG 基金投资策略统计

投资策略	基金数量（只）	占比（%）
可持续主题投资	25	23.36
负面筛选	20	18.69
ESG 整合	12	11.21
负面筛选、正面筛选	12	11.21
负面筛选、正面筛选、ESG 整合	9	8.41
可持续主题投资、影响力和社区投资	9	8.41
负面筛选、ESG 整合	6	5.61
ESG 整合、参与公司治理	3	2.80
可持续主题投资、ESG 整合	3	2.80
影响力和社区投资	2	1.87
负面筛选、正面筛选、ESG 整合、参与公司治理	1	0.93
负面筛选、正面筛选、ESG 整合、可持续发展主题投资、影响力和社区投资	1	0.93
负面筛选、正面筛选、ESG 整合、可持续发展主题投资、影响力和社区投资、参与公司治理	1	0.93
负面筛选、正面筛选、参与公司治理	1	0.93

投资策略	基金数量(只)	占比(%)
负面筛选、正面筛选、可持续主题投资	1	0.93
可持续主题投资,负面筛选	1	0.93

资料来源:基金招募说明书。

表 12—6　　　　　　　　国内纯 ESG 基金分类投资策略及收益率统计

ESG 基金类别	基金规模(亿元)	投资策略	近一年平均收益率(%)	同类基金近一年收益率(%)
主动权益	467(56 只)	负面筛选＋正面筛选	−15.31	−13.90(偏股混合型)、−11.78(普通股票型)
		负面筛选＋正面筛选＋ESG 整合	−11.55	
		可持续主题投资	−0.72	
固定收益	92(5 只)	负面筛选＋正面筛选	2.85	2.92(中长期纯债型)
		负面筛选＋正面筛选＋ESG 整合	3.27	
指数基金	105(40 只)	负面筛选	−7.83	−9.80(被动指数型)、−10.43(增强指数型)
		可持续主题投资	0.47	

资料来源:Wind。

二、ESG 基金的选股原则

根据前文介绍,ESG 投资通常采取七种策略,这七种策略可以单独使用,也可以复合使用,以实现更全面的 ESG 投资。根据基金招募说明书,主动型基金大多采用复合的投资策略。其中,"负面筛选＋正面筛选"的方式最为普遍。这种复合投资策略操作较为简单有效,投资焦点在于规避 ESG 风险,选出 ESG 表现处于行业领先位置的标的。主题投资是一种自上而下的投资方法,在长期的 ESG 大背景下,寻找结构性、变革性的宏观经济趋势中的投资机会。部分基金在筛选策略的基础上结合了 ESG 整合策略。这种策略在原投资框架中加入 ESG 方面的评估,根据相关 ESG 信息来改变投资组合成分的权重,以识别 ESG 投资机会及风险。通过整合 ESG 因素,这些基金能够更全面地评估企业的可持续发展潜力和风险。此外,也有少数基金在筛选策略的基础上结合了股东参与策略。这种策略有助于确保公司能够积极有效地管理 ESG 事宜,推进 ESG 相关商业业务,实现企业可持续发展(见表 12—7)。

表 12—7　　　　　　　　部分 ESG 主题主动型基金投资策略

基金简称	投资策略	具体说明
易方达 ESG 责任投资	负面筛选＋正面筛选	• 剔除不符合投资要求的股票(包括但不限于法律法规或公司制度明确禁止投资的股票等),同时剔除有重大 ESG 负面记录的股票 • 选择评分前 80%的股票形成 ESG 股票备选库

续表

基金简称	投资策略	具体说明
华润元大 ESG 主题 A	筛选策略 +ESG 整合 +可持续 主题投资	• 负面筛选:剔除在 ESG 指标上呈现负面效应或者不可接受的公司,剔除不符合 ESG 理念的行业,以及 ESG 评分较低的资产 • 正面筛选:选择在 ESG 指标上高于同类平均水平的行业或公司,通常集中于医疗保健、可再生能源、环保服务等行业 • 标准筛选:不侧重于行业,运用与 ESG 相关行业指标确定符合投资条件的公司 • ESG 整合:将实质性 ESG 因素系统、明确地纳入投资分析和投资决策,涉及定性分析、量化分析、投资决策、积极所有权评估等多个环节 • 可持续性主题投资:重点关注绿色领域,包括对气候变化、能源转型等相关产业主题
华宝可持续 发展主题 A	负面筛选+ ESG 整合	• 对个股 ESG 风险动态监测,对出现重大 ESG 负面风险事件的股票,及时考虑减少配置或剔除股票库 • 系统性地将 ESG 风险及机遇纳入投资分析,基于个股的 ESG 动态评价结果,综合考虑个股选样及其配置权重
浦银安盛 ESG 责任 投资 A	剔除策略+ 负面筛选+ 动量策略	• 剔除 ESG 风险较高行业,如赌博、烟草、争议性军火、白磷武器、棕榈油相关等禁投企业 • 剔除涉及联合国全球契约原则的严重争议性企业 • 剔除对气候环境影响较大,主要生产、使用或运输煤炭、焦油砂的企业;剔除 ESG 评分排名 20% 的公司构建股票基础库 • 管理人针对评级下调事件对其公司基本面长期价值的影响进行判断决策
南方 ESG 主题 A	负面筛选+ 正面筛选+ 动量策略+ 参与公司治理+ ESG 整合+ 其他策略	• 负面筛选:剔除 ESG 综合得分小于 0 的股票(包括但不限于法律法规或公司制度明确禁止投资的股票,有重大 ESG 负面记录的股票等) • 正面筛选:选择在 ESG 指标上高于同类平均水平的行业或公司 • 动量策略:公司 ESG 评级较高且近年来 ESG 评级未被下调,或公司始终属于某一 ESG 指数成分,未出现被剔除的情况;公司 ESG 评级在当年获得提升,或公司在当年被纳入某一 ESG 指数 • 参与公司治理:股东积极主义是指外部股东积极干预、参与公司重大经营决策,适用于包括公司 ESG 决议在内的多种情形 • ESG 整合:ESG 因素融入绝对估值与相对估值体系 • 其他策略:ESG 混合因子打分、可持续发展主题投资、社会影响力投资、规范性准则筛选法

资料来源:基金招募说明书。

三、ESG 指数的选股策略、评价体系及市场表现

负面筛选、正面筛选、负面+正面筛选是目前 ESG 指数的主要策略。近年来,国证 ESG300 指数和华证 ESG 领先指数在走势上领先沪深 300 以及其他 ESG 相关指数。如表 12-8 所示,在六个 ESG 指数中,有两个是在母指数样本空间中进行 ESG 评分,按照尾部剔除策略而形成的。这种策略是在对样本股票进行 ESG 评分的基础上,将评分较低的股票剔除出指数,以形成更加注重 ESG 表现的指数。例如,沪深 300ESG 基准指数和中证 500ESG 基准指数就是采用这种策略编制的。另外三个 ESG 指数是在母指数样本空间中

进行"ESG评分尾部剔除＋ESG评分正向入围"方式而形成的。这种策略不仅剔除评分较低的股票，而且将评分较高的股票纳入指数，以形成更加全面和平衡的ESG指数。例如，中证ESG120策略指数、国证ESG300指数、华证ESG领先指数和中证可持续发展100指数就是采用这种策略编制的。最后一个ESG指数是在母指数样本空间中间以"负面剔除＋ESG整合"的方式形成的。这种策略在剔除具有负面影响的股票后，通过对ESG因素进行整合，以形成更加注重可持续发展和社会责任的指数。例如，MSCI中国A股国际通人民币ESG通用指数就是采用这种策略编制的。指数重点关注指标以及指数市场趋势如图12－13所示。

表12－8　　　　　　　　　　　　部分ESG指数选股策略和评价体系

指数	策略	ESG评价方法及股票池构建策略，重点关注领域
中证ESG120策略指数	负面筛选＋正面筛选	• 在沪深300样本空间内依据中证ESG评价的E、S、G分数，计算样本空间中的证券ESG分数，ESG分数＝0.2×E分数＋0.3×S分数＋0.5×G分数 • 剔除样本空间中ESG分数最低的20%的证券，剩余证券作为待选样本，在待选样本中选取行业内综合得分排名靠前的证券作为指数样本 • 中证ESG评价体系关注气候变化、污染与废物、自然资源、环境管理等15个二级主题
中证500ESG基准指数	负面筛选	• 从中证500指数样本中剔除中证一级行业内ESG分数最低的20%的上市公司证券，选取剩余证券作为指数样本，为ESG投资提供业绩基准和投资标的 • 中证ESG评价体系关注气候变化、污染与废物、自然资源、环境管理等15个二级主题
沪深300ESG基准指数	负面筛选	• 从沪深300样本中剔除中证一级行业内ESG分数最低的20%的上市公司证券，选取剩余证券作为指数样本，为ESG投资提供业绩基准和投资标的 • 中证ESG评价体系关注气候变化、污染与废物、自然资源、环境管理等15个二级主题
国证ESG300指数	负面筛选＋正面筛选	• 剔除样本空间内ESG风险评估前10%的股票，选取ESG评分在行业排名前50%的股票，选取300只样本股，国证ESG评分按评价体系自下而上依次计算 • 国证ESG评价体系关注资源利用、气候变化、污废管理、生态保护、环境机遇、员工等15个二级主题
华证ESG领先指数	负面筛选＋正面筛选	• 按照ESG、质量因子、低波动因子综合得分自上而下排序，在各行业中选择得分靠前的合计300只股票构成指数样本，基于行业差异化的权重体系对上市公司进行ESG评价，形成最终ESG得分 • 华证ESG评价体系关注环境管理、绿色经营目标、绿色产品、外部环境认证、环境违规事件等14个二级主题

续表

指数	策略	ESG 评价方法及股票池构建策略,重点关注领域
MSCI 中国 A 股国际通人民币 ESG 通用指数	负面筛选＋ESG 整合	· 剔除未有 MSCI ESG 评级、未进行 MSCI ESG 争议事件评分的公司,剔除面临严重的 ESG 争议事件评分(评分为 0)的公司;剔除参与争议性武器业务的公司 · 确定 ESG 评级得分和 ESG 评级趋势得分,合计 ESG 得分＝ESG 评级得分×ESG 评级趋势得分 · MSCI ESG 评价体系关注气候变化、自然资本、污染物与废弃物、环境机遇、人力资本等 10 个二级主题

资料来源:Wind。

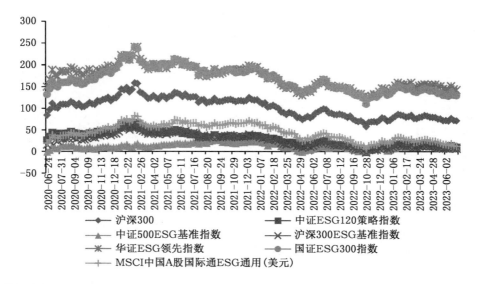

资料来源:Wind。

图 12－13　ESG 相关指数市场走势对比

第三节　ESG 基金的投资表现

一、纯 ESG 基金投资情况

从整体上看,纯 ESG 基金持仓前五名的行业为电力设备、电子、机械设备、食品饮料和环保,重仓电力设备行业数量最多,行业投资市值也最大,占比达到 61.48％;其次较多基金重仓食品饮料行业,但行业投资市值比较小,占比仅为 5.02％(见图 12－14)。

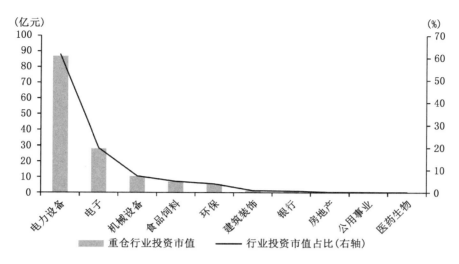

资料来源：Wind。

图 12－14 纯 ESG 基金重仓行业投资市值及占比

二、单只 ESG 相关基金的投资对比

(一)ESG 主题基金

从业绩角度来看，ESG 主题基金涨跌互现，但是 2022 年总收益率依然以亏损为主，基金整体表现弱于同期沪深 300 指数。从细分指标横向对比来看，银华 1～3 年农发债表现较好，近一年回报率为 2.75％；从基金的回撤控制能力来看，同样是银华 1～3 年农发债的表现较强，近一年的最大回撤为－0.73％；从成立以来的表现对比来看，兴全绿色投资的表现较好，达到 293.64％(见表 12－9)。

表 12－9　　　　　　　　　　　　　基金规模 Top 5 ESG 主题基金业绩表现

证券简称	成立日期	基金规模 (亿元)	主题	成立以来 回报率(%)	近一年回 报率(%)	近一年大盘 回报率(%)	同类排名	近一年 最大回撤 (%)	夏普比率
汇添富中盘 价值精选 A	2020－07－08	100.45	ESG 策略 基金	－13.33	－14.43	－14.12 (偏股混合型)	3 163/3 547	－12.89	－0.618 7
银华 1～3 年 农发债	2020－05－25	79.31	ESG 策略 基金	9.49	2.75	2.70(被动 指数债券 型基金)	152/329	－0.73	1.603 0
汇添富数 字经济引领 发展三年 持有 A	2021－07－20	69.18	ESG 策略 基金	－18.76	－2.13	－14.12 (偏股混合型)	1 278/3 547	－6.32	－0.248 2
汇添富消 费精选两 年持有 A	2021－05－11	59.45	ESG 策略 基金	－26.27	－11.84	－11.46 (普通股票型)	695/852	－15.53	－0.366 6

续表

证券简称	成立日期	基金规模（亿元）	主题	成立以来回报率(%)	近一年回报率(%)	近一年大盘回报率(%)	同类排名	近一年最大回撤(%)	夏普比率
兴全绿色投资	2011—05—06	52.93	纯 ESG	293.64	−14.16	−14.12（偏股混合型）	1 614/3 547	−10.38	−0.876 0

资料来源：Wind。

从行业维度来看，食品饮料、电子、纺织服饰、计算机和传媒在 2022 年的持仓比重较高。对 5 只 ESG 主题基金在 2022 年前五大重仓行业中所涉及的行业进行市值统计，如图 12—15 所示，投资规模前五大行业（按申万一级行业分类）为食品饮料（82.83 亿元）、电子（31.16 亿元）、纺织服饰（17.78 亿元）、计算机（17.68 亿元）和传媒（15.95 亿元）。其中，食品饮料行业持仓规模最高的基金是汇添富中盘价值精选 A，达到 50.8 亿元，持仓比例达 42.04%，相关个股包括青岛啤酒、华润啤酒、山西汾酒等；电子行业持仓规模最高的基金是汇添富数字经济引领发展三年持有 A，达到 9.8 亿元，持仓比例达 13.96%，相关个股包括广联达、恒生电子等；纺织服饰行业持仓规模最高的基金同样是汇添富中盘价值精选 A，达到 10.7 亿元，持仓比例达 8.87%，相关个股包括李宁等；计算机行业持仓规模最高的基金是汇添富数字生活 6 个月持有，达到 8.45 亿元，持仓比例达 18.23%，相关个股包括腾讯控股、广联达、金山办公；传媒行业持仓规模最高的基金是汇添富消费精选两年持有 A，达到 4.2 亿元，持仓比例达 6.59%，相关个股为腾讯控股等。

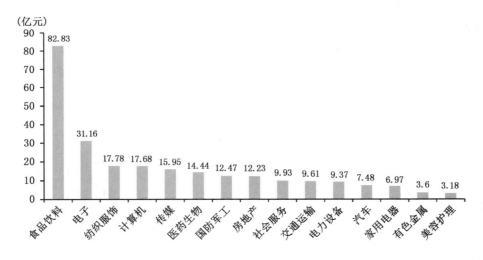

资料来源：Wind。

图 12—15　基金规模 Top5 ESG 主题基金重仓行业投资规模

在投资标的层面，以 5 只泛 ESG 基金在 2023 年第一季度披露的前十大重仓股票的情况进行统计，如图 12—16 所示，持仓规模较高的前五大个股包括青岛啤酒股份（12.89 亿元）、华润啤酒（12.74 亿元）、山西汾酒（12.39 亿元）、李宁（11.92 亿元）、腾讯控股（9.7 亿元）。ESG 主题基金重仓酒水行业表明,目前国内的许多 ESG 基金的主流策略还是将财务与 ESG 融合考虑,在酒类公司财务数据表现良好的情况下,若其 ESG 得分尚可,基金经理站在稳健的角度来构建投资组合时,会青睐这一类股票。

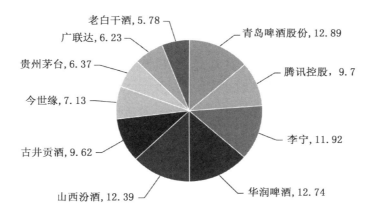

资料来源:Wind;单位:亿元。

图 12—16　基金规模 Top5 ESG 主题基金主要持仓企业

(二)泛 ESG 主题基金

从业绩角度来看,规模前五的泛 ESG 主题基金近一年业绩全线皆黑,跌幅平均在 25％左右,以亏损为主,表现弱于大盘,原因在于,国内股市波动较大、国际环境日趋复杂,市场大幅回调,大部分的泛 ESG 主题基金表现受到了较大影响。但从全球"碳中和"的大背景看,未来 ESG 行业具备长期的成长空间,这些产业成长的时间维度将会在 5 年甚至 10 年以上。此外,由于中国企业在过去十几年时间进行的研发和制造经验的积累,使得中国在全球产业链中占据了核心地位,未来全球 ESG 产业的发展都将离不开中国企业,因此国内这些上市公司具备较长期的投资价值,应以长期视角来看待投资收益,例如,以新能源为主要投资标的的产品获得正收益后,属于 ESG 投资范畴的也将会获得正收益(见表 12—10)。

表 12—10　　　　　　　　　基金规模 Top5 泛 ESG 主题基金业绩表现

证券简称	成立日期	基金规模(亿元)	主题	成立以来回报率(％)	近一年回报率(％)	近一年大盘回报率(％)	同类排名	近一年最大回撤(％)	夏普比率
东方新能源汽车主题	2011—12—28	169.81	环境保护	251.44	−34.20	−14.12(偏股混合型)	3 184/3 547	−12.05	−1.407 3
农银汇理新能源主题 A	2016—03—29	159.22	环境保护	188.81	−28.29	−9.75(灵活配置型)	2 064/2 266	−12.04	−1.437 0
华夏能源革新 A	2017—06—07	156.09	环境保护	179.20	−25.01	−11.46(普通股票型)	484/852	−10.86	−1.274 8
汇添富价值精选 A	2009—01—23	118.12	公司治理	495.40	−19.20	−14.12(偏股混合型)	3 034/3 547	−8.24	−1.515 3

续表

证券简称	成立日期	基金规模（亿元）	主题	成立以来回报率（%）	近一年回报率（%）	近一年大盘回报率（%）	同类排名	近一年最大回撤（%）	夏普比率
汇添富价值精选 O	2015—11—25	118.12	公司治理	−29.69	−14.23	−14.12（偏股混合型）	2 765/3 547	—	−2.856 7

资料来源：Wind。

从行业维度来看，电力设备、有色金属、汽车、机械设备、国防军工在 2022 年的持仓比重较高。对 5 只泛 ESG 主题基金在 2022 年前五大重仓行业中所涉及的行业进行市值统计，如图 12—17 所示，投资规模前五大行业（按申万一级行业分类）为电力设备（304.6 亿元）、有色金属（112.64 亿元）、汽车（66.6 亿元）、机械设备（27.19 亿元）和国防军工（21.29 亿元）。其中，电力设备行业持仓规模最高的基金是东方新能源汽车主题，达到 96.6 亿元，持仓比例达 60.07%，相关个股包括宁德时代、比亚迪、亿纬锂能等；有色金属行业持仓规模最高的基金是华夏能源革新 A，达到 37.1 亿元，持仓比例达 28.81%，相关个股包括洛阳钼业、华友钴业、当升科技等；汽车行业持仓规模最高的基金同样是华夏能源革新 A，达到 20.1 亿元，持仓比例达 13.35%，相关个股包括长安汽车、长城汽车等；机械设备行业持仓规模最高的基金是东方新能源汽车主题，达到 8.15 亿元，持仓比例达 5.07%，相关个股包括宁德时代、汇川技术、亿纬锂能等；国防军工行业持仓规模最高的基金是农银汇理新能源主题 A，达到 11.4 亿元，持仓比例达 6.83%，相关个股为科达利、振华科技、科达利等。

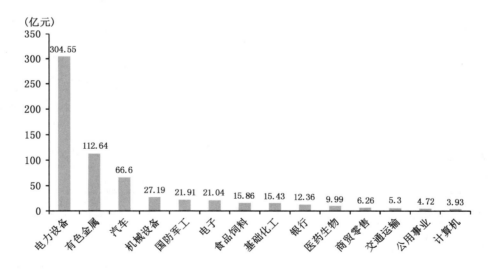

资料来源：Wind。

图 12—17 基金规模 Top5 泛 ESG 主题基金重仓行业投资规模

在投资标的层面，泛 ESG 主题基金在 2022 年配置的个股涵盖行业较多，涉及汽车、家用电器、新材料、机械设备、计算机、基础化工、电力设备等细分板块。以 5 只泛 ESG 主题基金在 2023 年第一季度披露的前十大重仓股票的情况进行统计,持仓规模较高的前五大个股包括宁德时代(54.96 亿元)、比亚迪(34 亿元)、璞泰来(24.93 亿元)、华友钴业(24.05 亿元)、天赐材料(23.77 亿元),如图 12—18 所示。

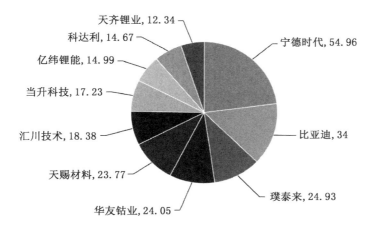

资料来源:Wind;单位:亿元。

图 12—18　基金规模 Top5 泛 ESG 主题基金主要持仓企业

三、ESG 基金投资中的"漂绿"现象

(一)什么是 ESG 投资中的"漂绿"现象

公募基金中的"漂绿"现象可以被定义为:如果一只基金的名称或者其投资标的中出现含有表示 ESG 或与 ESG 相关的术语的,而其 ESG 的评级低于可持续发展评级(如晨星可持续发展评级)的,并且在一年中并未支持其多数(如 70%)股东提出的有关 ESG 倡议或影响企业 ESG 政策的所谓按照 ESG 投资原则进行投资的公募基金。具体表现为基金所投资产品的持仓与 ESG 投资理念相悖,在基金名称或描述上存在误导性概念或使用新的、令投资者不熟悉且难以理解的术语,以及基金 ESG 相关信息披露不完整、不科学、不透明等。[1]

(二)ESG 投资"漂绿"产生的原因

第一,ESG 投资的规范与标准尚未统一,企业为了提高 ESG 评级往往选择最有利的报告标准。目前,ESG 的评级机构较多,投资者判断 ESG 基金可以依据欧盟的可持续金融披露条例、晨星的可持续投资评级等标准,以及中国香港证监会的环境、社会及管治基金列表等,但是这些机构的评级体系差异较大,且评级标准参考因素比重尚未统一,评价标准偏主观,侧重点和量化标准存在较大差异,因此企业和金融机构往往选择对自己最有利的报告标准,降低了 ESG 评估的客观性与有效性。

---

[1]　资料来源:《每日经济新闻》。

第二，谋求绿色融资或补贴。当前，我国已初步形成绿色信贷、绿色基金、绿色债券等多层次的绿色金融体系，绿色金融对企业 ESG 信披质量提出了更高要求。政府出台的一系列相关的环境补贴政策，如购置新能源汽车补贴、节能专项资金申请等，会在一定程度上刺激企业"漂绿"。

第三，ESG 信息披露要求差异大，未受到独立第三方制约。我国上市公司 ESG 信息披露存在自愿披露、鼓励披露、不披露就解释、强制性披露并存的局面，且尚未引入第三方的独立鉴证机制，企业和金融机构的"漂绿"不受独立第三方的制约。港交所 2013 年发布的《环境、社会和管治报告》经过两次修订后，信息披露强度从"鼓励披露"提升到"不遵守就解释"；沪深交易所未明确规定披露时间，可以在年报或半年报中同步披露，或者单独披露 ESG 报告。

ESG 成熟投资者尚在发展中。一方面，绝大多数投资者对"ESG"投资的理解停留在表面，尚未真正深入，对 ESG 认知停留在表面且具有 ESG 投资意识的投资者就会给 ESG 投资"漂绿"可乘之机。另一方面，投资者对 ESG 投资有效性的信息获取有限，对合格产品缺乏识别能力，对 ESG 缺乏深入理解的投资者会倾向评级机构对产品的 ESG 评级，但由于各机构的 ESG 衡量标准不尽相同，因此 ESG 投资者所获取的信息是否有效仍值得商榷。

（三）主动权益基金与指数基金的"漂绿"行为

对比主动权益型基金和指数型基金可发现，两类基金重仓行业最多的均为电力设备（主要投资标的为宁德时代），主动型基金第二大持仓行业为电子，指数型基金为环保，就食品饮料行业来说，主动型基金的持仓市值及占比均大于指数型基金，故主动型基金相较于指数型基金在一定程度上有更大范围的"漂绿"（见图 12—19）。

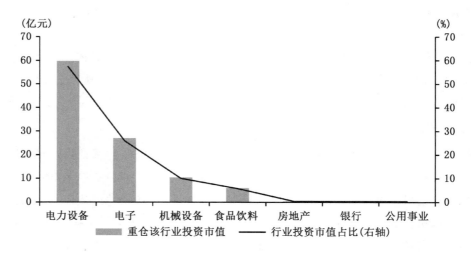

资料来源：基金 2022 年报。

图 12—19 主动权益基金重仓行业投资市值及占比

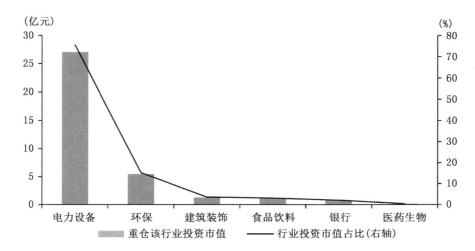

资料来源：基金 2022 年报。

图 12—20　指数基金重仓行业投资市值及占比

在重仓行业为食品饮料的 17 只基金中，合并基金名称中含有 A、C 的基金[①]，得到 11 只基金，全部持仓贵州茅台，持有五粮液的基金有 9 只，另有洋河股份、泸州老窖、古井贡酒等持仓标的。11 只基金均持仓 2 家以上的白酒企业股票，包含持有 3 家白酒企业股票的基金 1 只，持有 5 家白酒企业股票的基金 2 只。从持仓市值及占比来看，持仓最大规模的白酒企业为贵州茅台，持仓市值达到 1.17 亿元，占 11 只基金持有股票总市值的 5.3%（见图 12—21）。

(四)ESG 投资"漂绿"风险管理建议

结合国际上的一些在监管机构以及资管机构自身的解决措施，我国 ESG 基金投资可从以下三个方面解决"漂绿"问题：

第一，构建中国特色的 ESG 公募基金评级体系。目前，全球的 ESG 评级众多且评价体系存在差异性和主观性，企业以及投资机构可能倾向于选择对自己有利的报告标准。这可能导致 ESG 基金中一些并不可持续的因素被掩盖，引发"漂绿"的风险。因此，中国可以搭建立足于中国国情并借鉴国际市场分析指标的完善的 ESG 评级体系，增加 ESG 报告的客观性，在一定程度上减少"漂绿"基金的出现，以帮助投资者鉴别 ESG 信息的真实性和管理绩效，降低投资者的决策成本和风险。

第二，加强 ESG 公募基金信息披露程度以及强化外部合作与第三方市场建设。我国目前还没有关于 ESG 公募基金的强制性信息披露要求，以及对于 ESG 基金名称和营销的相关规定，自愿披露就导致一些企业和机构隐瞒数据较差的信息，仅展示数据良好的信息蒙

---

① A 类、C 类基金本质上是同一只基金，基金名称相同、代码不同，区别在于收费方式不同：A 类基金在申购时收费，C 类基金在申购和赎回时不收费，但在持有期计提销售服务费。

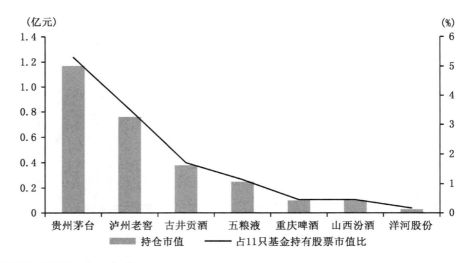

资料来源：基金 2022 年报。

图 12－21　基金重仓白酒企业市值及占比

蔽投资者。因此,强制披露制度能够对企业和金融机构的披露义务与责任进行要求,对于以 ESG 为重点的基金产品,应当把 ESG 因素如何在投资决策中进行运用的信息进行披露,并且完善绿色清单,防止"漂绿"的出现。除此之外,还要积极发展第三方市场,可以借鉴上市公司财务报告的独立审计机制,引入 ESG 投资产品独立绿色鉴证机构,对企业 ESG 报告和 ESG 投资产品进行独立鉴证,发展更多专业的第三方认证机构,从先前的自愿认证变为强制提供认证,提高自身披露的完整性和准确性。

第三,加强投资者对 ESG 投资的理解,投资者要注重对 ESG 关键信息的掌握。个人投资者应加强对于 ESG 投资的理解,在投资时需要重点关注和了解主打 ESG 概念的基金产品的公开说明书,关注该基金是否公开说明采用何种 ESG 投资策略、是否披露如何运用以及运用哪些 ESG 数据和指标作为参考等;机构投资者可加强其 ESG 评价方法体系,从多方面考察被投资企业的 ESG 指标以及相关表现,如企业的绿色属性、是否设定了可持续发展战略、之前是否受到过环保部门的处罚等;监管部门以及资管机构应协力为散户投资者提高透明度,为机构投资者评价提供相应信息需求,建立投资者对 ESG 基金产品的信任。三方共同推动可持续金融的长期有效发展。

第十三章　债券市场应用

本章提要:本章首先介绍了中国绿色债券市场特点。总体来看,我国绿色债券发行规模和数量均呈现显著增长的态势。债券的发行类型多样且发行区域较为集中。投融资端均存在"绿色激励"效应,绿色债券发行利率相对较低且绿色债券指数表现优于综合债券指数。其次,介绍了募资使用状况,我们发现部分债券的募资用途不符合绿色债券目录,并且超半数绿色债券未全部用到绿色项目。最后,本章将在绿色债券评级情况等方面介绍 ESG 在债券市场中的应用。

第一节　中国绿色债券市场特点

一、绿色债券发行规模和数量显著增加

在政策体系的顶层设计和逐步完善下,我国绿色债券市场自 2015 年以来得到了快速发展。如图 13—1 所示,2015 年,中国绿色债券发行规模为 1 996 亿元。截至 2022 年年底,我国境内外累计发行的绿色债券规模已超过 13 905 亿元。此外,绿色债券发行规模的增长也体现在发行数量等方面。从 2015 年到 2022 年,我国绿色债券发行数量从 45 只激增至 883 只,增幅高达 1 862%。这一趋势表明,我国绿色金融市场正在蓬勃发展,为推动可持续发展和环境保护提供了强有力的支持。

二、发行类型多样

(一)非金融机构绿色债券的发行金额和数量均超过金融机构

近年来,金融机构和非金融机构的绿色债券发行比例呈现上升趋势。按照发行主体划分,我国的绿色债券发行人可以分为政策性银行、商业银行等金融机构以及企业、公司等非金融机构。如图 13—2 所示,2016 年非金融机构发行人共发行了 3 072 亿元的绿色债券,占当年市场份额的 64.7%。而金融机构在 2016 年共发行了 1 676 亿元的绿色债券,占当年市场份额的 35.3%。到了 2022 年,非金融机构发行人共发行了 8 207 亿元的绿色债券,占据

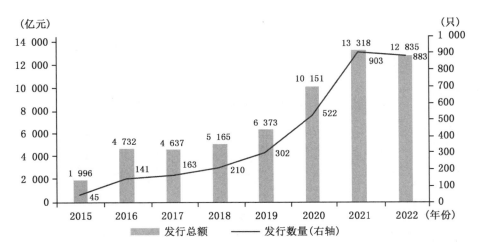

资料来源:Wind、中债—绿色债券环境效益信息数据库。

图 13-1　2015—2022 年中国绿色债券的发行总额与发行数量

了 68% 的市场份额;而金融机构发行人共发行了 3 884 亿元的绿色债券,占据了 32% 的市场份额。

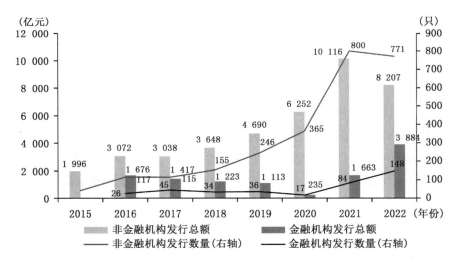

数据来源:Wind、中债—绿色债券环境效益信息数据库。

图 13-2　2015—2022 年中国金融机构与非金融机构的绿色债券的发行总额与发行数量

(二)国有企业主导绿色债券发行市场

根据发行主体的属性划分,我国绿色债券发行人的属性可以分为国有企业和非国有企业。国有企业包括地方国有企业和中央国有企业,这些企业在绿色债券的发行中占据主导地位。非国有企业则包括公众企业、集体企业、民营企业、其他企业、外商独资企业、外资企业和中外合资企业。如图 13－3 所示，2022 年国有企业共发行 10 762 亿元的绿色债券，占当年市场份额的 91%。相比之下，非国有企业 2022 年共发行 1 445 亿元绿色债券，仅占当年市场份额的 9%。这表明国有企业在绿色债券市场中的主导地位显著。

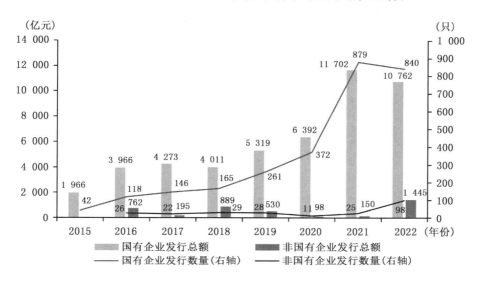

资料来源：Wind、中债—绿色债券环境效益信息数据库。

图 13－3　2015—2022 年中国国有企业、非国有企业的绿色债券的发行总额与发行数量

(三)不同债券类型发行额两极分化

根据图 13－4，目前中国已经发行的绿色债券涵盖了多种债券类型，包括短期融资券、金融债、中期票据、地方政府债、公司债、政府支持机构债、企业债、可交换债、资产支持证券以及国际机构债等。从总体上看，绿色债券类型中短期融资券、金融债、中期票据、地方政府债、资产支持债券以及公司债的发行总额较高，而政府支持机构债、企业债、可交换债以及国际机构债的发行总额相对较少。这表明绿色债券市场存在明显的两极分化现象。

三、绿色债券的发行区域丰富、集中

(一)多元化交易场所

绿色债券在我国境内的交易场所主要包括上海证券交易所、深圳证券交易所和银行间市场。而在境外，则有伦敦证券交易所、卢森堡证券交易所、爱尔兰证券交易所、中国台湾 OTC 市场、斯图加特证券交易所、新加坡证券交易所、澳门金融资产交易所、香港债务工具中央结算系统、香港联交所以及法兰克福证券交易所等交易场所。

近年来，境外绿色债券的发行规模逐渐增加。我国在积极发展本国绿色债券市场的同时，也鼓励在境外发行绿色债券。如图 13－5 所示，2022 年我国在境外市场共发行了 102 只绿色债券，募集资金约为 2 729 亿元人民币。与此同时，在境内市场，我国共发行了 1 085

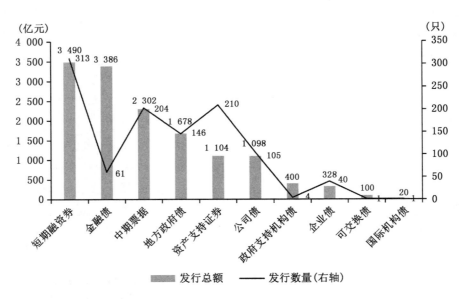

资料来源：Wind、中债—绿色债券环境效益信息数据库。

图 13－4　2022 年中国绿色债券类型的发行总额与发行数量

只绿色债券，募集资金约为 13 904 亿元人民币。这一数据表明，我国绿色债券市场发展迅速，境内外发行规模均呈现逐年增加的趋势。

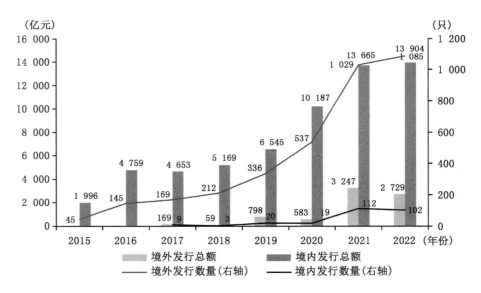

资料来源：Wind、中债—绿色债券环境效益信息数据库。

图 13－5　2015—2022 年中国境内外绿色债券的发行总额与发行数量

（二）绿色债券发行主要集中在经济发展水平相对较高的地区

从绿色债券发行地区来看,北京绿色债券发行总额占比最多,北上广三地绿色债券发行总额占全国六成以上。如图13-6所示,2015年至2023年5月,绿色债券发行额前三名省(市)分别为北京、广东、上海。北京以28 347亿元的发行金额高居榜首,占据了发行总额的43%,广东紧随其后,发行金额达到9 016亿元,占比14%,上海则以3 560亿元的发行金额位列第三,占发行总额的5%。这三个省(市)的合计发行额占绿色债券总发行额的比例超过六成,凸显了其在我国绿色债券市场中的主导地位。

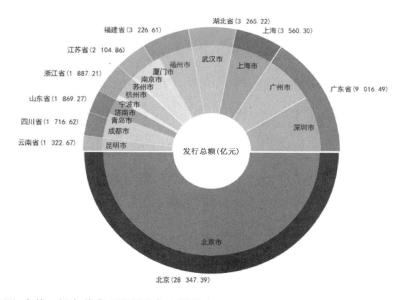

资料来源:中债—绿色债券环境效益信息数据库。

图 13-6　2015—2022 年中国绿色债券发行总额前十省(市)

四、绿色债券在投融资端存在"绿色激励"

（一）融资视角下的绿色债券激励效应

我们以2016年绿色债券市场正式起步时至2022年年底成功发行的全部绿色债券作为研究样本,通过与同期发行的普通地方政府债、金融债、企业债、公司债、短期融资券以及中期票据(排除绿色债券)进行对比,以探究绿色债券的"绿色"属性是否在降低发行利率方面发挥了积极的激励作用。

研究结果表明,随着绿色债券市场的快速发展,尤其是2020年之前,市场参与者数量呈现快速增长趋势,市场结构逐年呈现多样化的态势。然而,不同年度发行的债券种类和期限分布的不同对发行利率产生较大的影响。但从2021年开始,随着绿色债券市场的逐渐稳定,其债券种类和期限结构与普通债券趋于一致。在这个背景下,我们观察到绿色债券的加权平均发行利率明显低于普通债券,并且发行利率差距持续扩大。具体而言,2021年绿色债券的加权平均发行利率较普通债券低31个基点(bp),2022年进一步扩大至低32个基点(见图13-7)。这一现象表明,"绿色"属性在降低发行利率方面发挥了积极的激励作用。

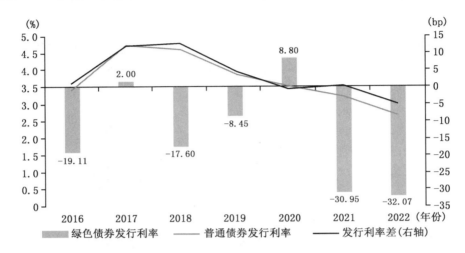

资料来源:Wind、中债—绿色债券环境效益信息数据库。

图13-7　2016—2023年绿色债券vs普通债券发行利率比较

进一步细化不同债券种类的数据,我们发现公司债、短期融资券和中期票据的"绿色激励"效应尤为显著。具体而言,与普通债券相比,这些债券的发行利率差分别为-107bp、-43bp和-50bp(见图13-8)。综合考虑,除了地方政府债、短期金融债和长期企业债之外,绿色债券的发行利率普遍展现出一定的优势。这意味着,总体而言,绿色债券相较于普通债券在融资成本上享有更多优势。值得注意的是,短期和中期绿色债券相较于长期和超长期绿色债券,其发行利率降低效应更为显著。这项研究的结果深刻揭示了"绿色激励"在债券市场中的重要作用,为推动可持续融资提供了有力的支持。

(二)投资视角下的绿色债券激励效应

绿色债券指数投资已呈现一定优势。以中债—中国绿色债券指数、中债—新综合财富(总值)指数为例,这两只宽基指数分别代表绿色债券市场以及债券市场整体的走势。从图13-10可见,以2016年1月1日为基点,绿色债券指数的表现整体优于综合债券指数,且2020年以后差距逐渐扩大。这表明绿色债券市场的状况表现优于债券总体市场,因而在投资领域呈现一定的价值。

通过对比2016年至2022年的中债—中国绿色债券指数财富(总值)指数、中债—新综合财富(总值)指数、中债—地方政府债财富(总值)指数、中债—金融债券总财富(总值)指数和中债—信用债总财富(总值)指数的区间年化收益率,我们得出以下结论:总体而言,绿色债券指数的年化收益率高于其他指数。同时,绿色债券指数的波动率呈现逐年下降的趋

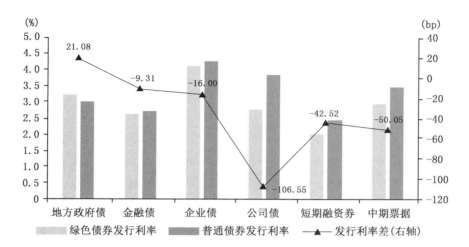

资料来源：Wind、中债—绿色债券环境效益信息数据库。

图 13－8　2022 年绿色债券 vs 普通债券发行利率比较

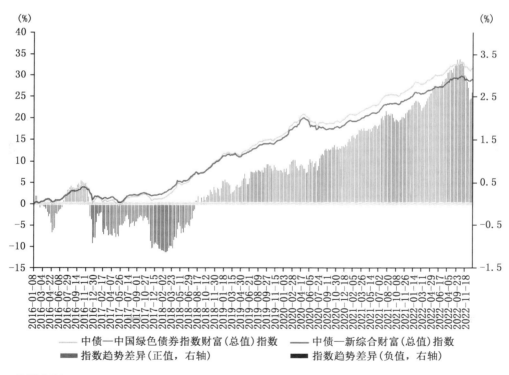

数据来源：Wind。

图 13－9　2016—2022 年 11 月中债—中国绿色债券指数、
中债—新综合财富（总值）指数走势对比图

势(见图 13—11)。此外,随着绿色债券市场的逐步稳定,绿色债券指数的夏普比率呈现逐年波动增长的趋势(见图 13—12)。夏普比率是一种衡量投资组合风险调整后收益的指标,它综合考虑了投资组合的收益和风险。绿色债券指数夏普比率的增长表明,在考虑风险的情况下,绿色债券的投资回报越来越具有吸引力。

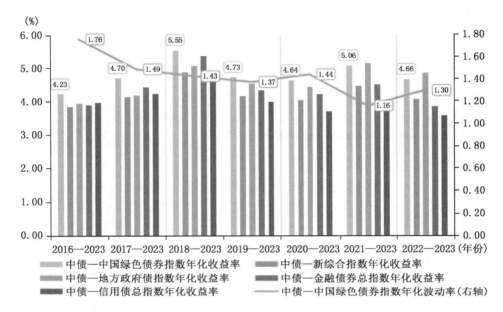

资料来源:Wind。

图 13—10　各指数当年至 2023 年区间年化收益率比较

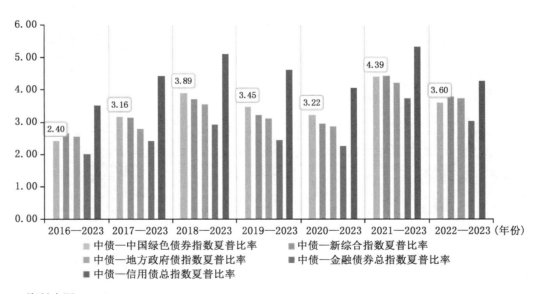

资料来源:Wind。

图 13—11　各指数当年至 2023 年夏普比率比较

第二节 中国绿色债券募资使用状况

一、2022 年中国绿色债券市场的投资分布

根据 Wind 与中债—绿色债券环境效益信息数据库的数据,我们可以看到,在 2022 年,我国贴标绿色债券的募集资金主要投向了清洁能源产业和基础设施绿色升级领域。其中,用于支持清洁能源产业的绿色债券占比达到了 49%,总规模为 3 814.67 亿元。而用于支持基础设施绿色升级产业的绿色债券占比为 32.3%,总规模为 2 514.27 亿元。相比较而言,用于支持清洁生产产业和绿色服务的绿色债券的募集资金规模较小,分别为 143.29 亿元和 1.5 亿元。这些数据揭示了我国绿色债券市场的资金流向和投资重点。详细数据参见表 13—1。

表 13—1   2022 年绿色债券支持领域

类别	规模(亿元)	占比(%)
清洁能源产业	3 814.67	49.0
基础设施绿色升级	2 514.27	32.3
节能环保产业	1 049.34	13.5
生态环境产业	261.5	3.4
清洁生产产业	143.29	1.8
绿色服务	1.5	0.02

注:不包括未披露募集资金投向细分类别的债券发行规模。

资料来源:Wind、中债—绿色债券环境效益信息数据库、《债券》杂志。

如图 13—12 所示,在清洁能源产业中,风力发电类项目得到了最大规模的资金支持,约为 1 071.07 亿元。这表明市场对可再生能源项目的重视,尤其是对于具有广泛应用前景的风力发电领域。此外,其他清洁能源项目也得到了不同程度的资金支持,如大型水力发电设施建设和运营、天然气输送储运调峰设施建设和运营等。这些项目的投资规模相对较大,说明市场对传统能源领域的升级和转型同样关注。

相比之下,一些新兴领域如燃料电池装备制造、分布式能源工程建设和运营以及智能电网产品和装备制造等得到的资金支持相对较少。这可能是因为这些领域仍处于发展初期,需要更多的技术研发和市场探索。然而,这些领域同样具有巨大的发展潜力,未来可能吸引更多的投资。

在 2022 年,我国绿色债券市场中约有 2 514.27 亿元的资金流向了基础设施绿色升级领域。这些资金主要用于推动绿色交通、污水处理、能效升级类项目的发展。在所有基础设施绿色升级项目中,"绿色交通"领域获得了最多的资金支持,约为 1 231.42 亿元。这一

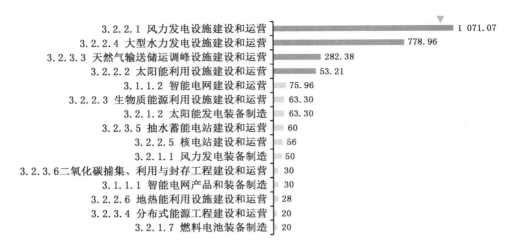

注：不包括未披露募集资金投向细分类别的债券发行规模。

资料来源：Wind、中债—绿色债券环境效益信息数据库、《债券》杂志；单位：亿元。

图 13—12　2022 年绿色债券支持清洁能源产业细分类别

数据反映了市场对可持续交通系统的重视，尤其是对新能源汽车和公共交通领域的投资。此外，"可持续建筑"和"污染防治"领域也得到了相当的资金支持。这些项目的投资规模紧随其后，表明了市场对环保建筑和环境污染防治的关注。

总体而言，2022 年绿色债券市场募集资金的投资方向反映了其在低碳领域的切实支持作用。通过投向这些具有环保和可持续发展价值的项目，绿色债券为推动我国低碳经济的发展做出了积极贡献。详细数据如图 13—13 所示。

注：不包括未披露募集资金投向细分类别的债券发行规模。

资料来源：Wind、中债—绿色债券环境效益信息数据库、《债券》杂志；单位：亿元。

图 13—13　2022 年绿色债券支持基础设施绿色升级产业细分类别

二、使用适当性评价

(一)与《绿色债券支持项目目录》的一致性

2015年12月,中国人民银行发布了第39号公告,明确鼓励金融机构发行绿色金融债券,募集资金必须投向《绿色债券支持项目目录(2015年版)》(以下简称"2015年版目录")所界定的绿色项目。这些绿色项目涵盖了节能、污染防治、资源节约与循环利用、清洁交通、清洁能源、生态保护和适应气候变化六大领域。由此,"2015年版目录"成为国内第一个绿色债券标准。2021年4月21日,中国人民银行、国家发展改革委和证监会联合发布了《关于印发〈绿色债券支持项目目录(2021年版)〉的通知》,并随文发布了《绿色债券支持项目目录(2021年版)》(以下简称"2021年版目录")。这是中国绿色债券支持项目目录的首次更新,标志着绿色债券分类标准统一的重要文件。"2021年版目录"于2021年7月1日正式生效。

根据中债—绿色债券环境效益数据库数据整理,截至2022年年底,共有3 029只"投向绿"债券符合我国《绿色债券支持项目目录》(2021年版或2015年版),占所有"投向绿"债券的91.2%。其中,贴标绿色债券为1 098只,占全部贴标绿色债券的90.4%;非贴标绿色债券为1 931只,占全部非贴标绿色债券的91.7%。整体来看,绝大部分"投向绿"债券的募资用途符合我国发布的《绿色债券支持项目目录》,其余291只不符合(或不适用)《绿色债券支持项目目录》的债券中有89只未公布任何符合政策的信息,而余下202只则至少符合《绿色债券发行指引》《绿色债券原则》及《气候债券分类方案》三项政策之一(见图13-14)。

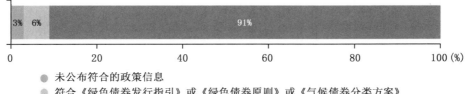

资料来源:中债—绿色债券环境效益信息数据库。

图13-14 绿色债券符合各类政策标准的占比情况

尽管超过90%的"投向绿"债券符合我国或其他国际机构发布的绿色债券发行及认证标准,但绿色债券发行认证的实际情况仍需持续改进。当前存在多种不同的绿债发行和认证标准和政策,例如,国内2022年5月发布的《中国绿债原则》、2021年更新的《绿色债券支持项目目录》、2015年发布的《绿色债券发行指南》以及国际机构气候债券倡议组织(CBI)发布的多版《气候债券分类方案》等。目前,全球尚未形成统一的认证标准,这可能导致在绿债发行认证时采用的标准存在一定的差异。为了减少绿色金融市场中"漂绿"等风险,在推动绿色和可持续发展方向一致的前提下,应逐渐实现中外绿色金融标准的融合发展,以建立统一的绿色金融标准体系。这将有助于确保建立更加安全、稳健的绿色金融体系,为未来的绿色金融市场提供更加稳定和可持续的发展基础。同时,持续改进和完善绿色债券发行认证标准也是必要的,以进一步提高绿色金融市场的透明度和公信力。

(二)绿色债券绿色资金占比情况

根据中债—绿色债券环境效益信息数据库的数据,2022 年共有 3 201 只"投向绿"债券公布了绿色资金的占比情况。其中,951 只债券的绿色资金占比为 50%～70%,453 只债券的绿色资金占比为 70%～95%,317 只债券的绿色资金占比为 95%～99.9%,1 480 只债券的绿色资金占比达到 100%。如图 13—15 所示,总体来看,绿色资金占比为 100% 的"投向绿"债券共 1 480 只,占全部"投向绿"债券的比重为 45%,有 1 797 只"投向绿"债券绿色资金占比超过 95%。但仍有约 44% 的绿色债券绿色资金占比低于 95%,这类绿色债券的资金使用是否适当,需要做进一步探究。

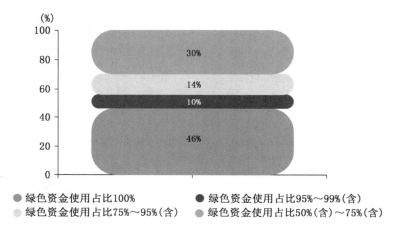

资料来源:中债—绿色债券环境效益信息数据库。

图 13—15　绿色债券绿色资金占比情况

针对绿色资金占比未达 100% 的债券,查阅其募资说明书发现,绝大部分非绿色资金被用于补充公司运营资金或偿还公司债务,支持公司正常运营。

表 13—2 整理了部分债券非绿色资金的使用用途。例如,政府债券"23 新疆债 06"将非绿色资金用于改善居民生活的卫生健康领域。尽管这并未全部投向绿色项目,但将资金用于改善居民卫生健康条件,也体现了该债券在社会治理领域的贡献。其余样本(除"23 温岭农商绿色债")的非绿色资金均被用于补充营运资金,更详细的信息未做披露,不排除"漂绿"风险。

表 13—2   部分债券非绿色资金用途

序号	债券名称	债券分类	贴标情况	发行规模（亿元）	绿色资金占比（%）	非绿资金（亿元）	非绿资金用途
1	23 南湖绿色债 01	企业债券	贴标绿	4	50	2	补充营运资金
2	23 长荡湖绿债 01	企业债券	贴标绿	2	50	1	补充营运资金
3	22 福安城投债 01	企业债券	非贴标绿	4.4	50	2.2	补充营运资金
4	23 新疆债 06	政府债券	非贴标绿	13.7	56.93	5.900 59	专项用于农业、水利和卫生健康等领域
5	23 温岭农商绿色债	金融债券	贴标绿	1	80	0.2	未公布
6	23 望城城投债 01	企业债券	非贴标绿	5.4	75	1.35	补充营运资金
7	22 大足国资绿色债	企业债券	贴标绿	14	85.71	2	补充营运资金
8	23 嵊州城投债 01	企业债券	非贴标绿	3.9	87.18	0.5	补充营运资金
9	23 大理交投绿色债 01	企业债券	贴标绿	3	66.67	1	补充营运资金

资料来源：各债券的募资说明书。

（三）贴标绿色债券的环境效益披露程度

从募集资金投向可以看出，绿色债券在支持具有显著温室气体减排效益的清洁能源和绿色交通领域效果显著，充分发挥了对促进实现"双碳"目标的推动作用。根据中债—绿色债券环境效益信息数据库的数据（见图 13—16），2022 年发行的贴标绿色债券中，披露了环境效益信息的债券为 331 只，占发行的贴标绿色债券只数比例约为 88.5%。从已披露环境效益数据的贴标绿色债券来看，其募集资金主要用于支持清洁能源和绿色交通领域的发展，这些项目具有显著的温室气体减排效益。据统计，这些债券的募集资金支持的二氧化碳减排量披露值约为 3 617 万吨。同时，我们也注意到，虽然大部分贴标绿色债券披露了环境效益信息，但仍有部分债券未进行相关披露。这可能给投资者在评估债券的环境效益时带来一定的困扰。因此，我们建议相关机构应加强对绿色债券信息披露的监管和规范，以确保市场的透明度和可持续性。

根据中债—绿色债券环境效益信息数据库已摘录的数据，2022 年已发行的"投向绿"债券在环境效益信息披露方面表现如下：平均披露完整度为 43%，其中必填指标的平均披露完整度为 45%、选填指标的平均披露完整度为 30%。贴标绿色债券环境效益信息的平均披露完整度达到 60%,其中,必填指标的平均披露完整度为 64%、选填指标的平均披露完整度为 35%。[①] 值得注意的是,贴标绿色债券的环境效益披露指标在各项平均水平之上,显示出相对较高的披露质量;然而,非贴标绿色债券在环境效益披露方面有待加强。

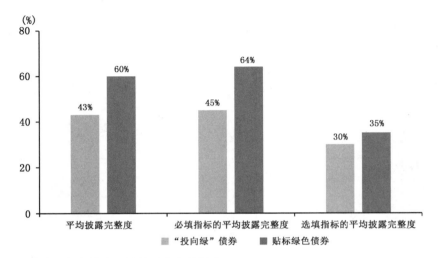

资料来源:中债—绿色债券环境效益信息数据库。

图 13—16　绿色债券环境效益的平均披露完整度

第三节　绿色债券评级情况

一、绿色债券信用评级情况

债券信用评级是指信用评级机构对影响债券的信用风险因素进行分析,就其偿债能力和偿债意愿做出综合评价,并通过预先定义的信用等级符号(如 AAA、AA、A、BBB 等)进行表示。

如图 13—17 和图 13—18 所示,自 2016 年以来,绿色债券发行人长期信用等级一直以 AAA 为主,且发行绿色债券数量占比逐年波动上升。2022 年绿色债券主体评级以 AAA 为主,AAA 级发行人发行绿色债券只数为 518 只,规模为 9 277.51 亿元,与 2021 年基本持平。2022 年 AAA 级发行人发行绿色债券只数占比达 47.74%,规模占比达 66.72%。近年来,无评级绿色债券发行主体占比有所增加。

如图 13—19 和图 13—20 所示,从债项评级来看,我国绿色债券信用资质整体较好,信用等级向高级别集中。2022 年 AAA 级"投向绿"绿色债券发行数量为 458 只,规模为

---

① 廖原、白红春、陈凯玥、商瑾:《从绿色债券到可持续类债券——2022 年度中国绿色债券市场回顾与展望》,《债券》,2023 年第 3 期,第 80—86 页。

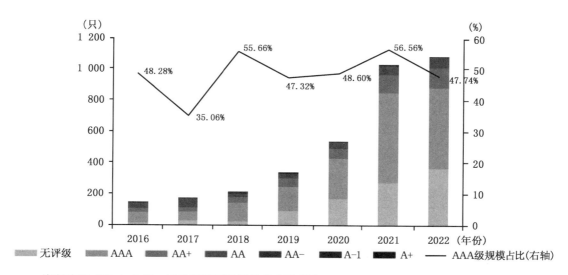

资料来源：Wind、中债—绿色债券环境效益信息数据库。

图 13-17　2016—2022 年绿色债券主体评级数量占比

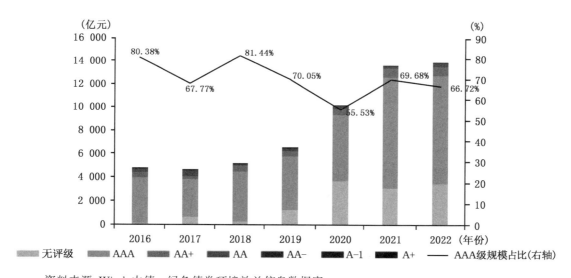

资料来源：Wind、中债—绿色债券环境效益信息数据库。

图 13-18　2016—2022 年绿色债券主体评级规模占比

7 524.84 亿元。相较 2021 年，发行数量略微下降，发行规模同比下降 3.31%，发行数量占比达 42.21%，规模占比达 54.12%。自 2016 年以来，绿色债券债项评级同样以 AAA 级为主，但受 2021 年以来监管部门取消发行环节强制评级影响，无评级债券占比大幅上升。

　　综合来看，债项评级总体高于主体评级，反映了市场对绿色债券的认可度总体较高。自 2016 年以来发行的有信用评级的 1 666 只绿色债券中，约有 10.80% 的绿色债券获得了高于主体评级的债项评级，剩余 89.20% 的绿色债券获得了持平于主体评级的债项评级。

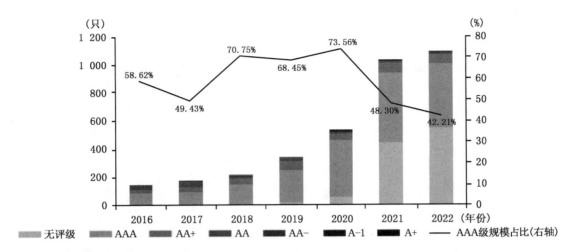

注：短期融资券最高信用评级为 A－1。

资料来源：Wind、中债—绿色债券环境效益信息数据库。

图 13－19 2016—2023 年绿色债券债项评级数量占比

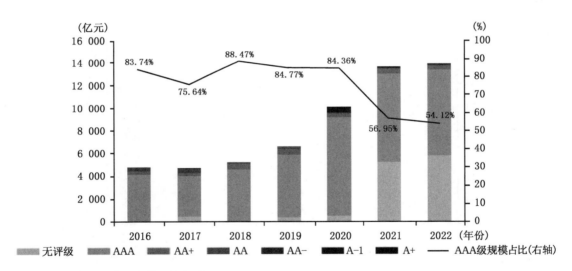

注：短期融资券最高信用评级为 A－1。

资料来源：Wind、中债—绿色债券环境效益信息数据库。

图 13－20 2016—2023 年绿色债券债项评级规模占比

二、绿色债券第三方认证

绿色债券的第三方认证是由具有环境领域专业知识的外部机构提供的服务，旨在为绿色债券进行项目筛选、认证，并对发行人的发行框架和绿色资质进行核查、评估和认证。通过为绿色债券的"绿色性"提供背书，提高了绿色债券信息的透明度和公信力，从而吸引了更多的投资者。

绿色债券的评估认证与信用评级是两个不同的概念,两者本质区别在于前者不涉及发行人及债项资金偿付能力、偿还意愿的评估。评估认证的结果与信用评级是相互独立的。然而,随着绿色债券发行市场规模的逐步增长,加强绿色债券的评估及认证能够在一定程度上约束诸如"洗绿""漂绿"等不良行为。

(一)国内市场绿色债券评估认证业务规范

2017 年 10 月 26 日,中国人民银行、中国证券监督管理委员会发布了《绿色债券评估认证行为指引(暂行)》(〔2017〕第 20 号,以下简称《指引》),对机构在国内债券市场开展的绿色债券评估认证业务进行了规范。根据《指引》的要求,绿色债券评估认证原则上应当遵循绿色债券标准委员会认可的国际或国内通行的鉴证、认证、评估等业务标准,并按照相应的业务流程实施。

《指引》规定,绿色债券评估认证分为发行前评估认证和存续期评估认证(见表 13-3)。从评估认证的主要内容来看,绿色债券评估应当包括形式认证和绿色效益认证。其中,形式认证是指判断发行人及募投项目是否符合发行绿色债券的监管要求,包括项目评估与筛选、募集资金使用与管理、信息披露与报告等方面;绿色效益认证是指综合判断预期实现的环境效益高低。

表 13-3　　　　　　**《绿色债券评估认证行为指引(暂行)》规定评估认证的主要内容**

绿色债券评估认证的主要内容(包括但不限于)	
发行前	存续期
1. 拟投资的绿色项目是否合规	1. 已投资的绿色项目是否合规
2. 绿色项目筛选和决策制度是否完备	2. 绿色项目筛选和决策制度是否得到有效执行
3. 绿色债券募集资金管理制度是否完备	3. 绿色债券募集资金管理制度是否得到有效执行
4. 绿色信息披露和报告制度是否完备	4. 绿色信息披露和报告制度是否得到有效执行
5. 绿色项目环境效益预期目标是否合理	5. 绿色项目环境效益预期目标是否达到

资料来源:中国人民银行,作者整理。

(二)国内绿色债券第三方评估认证机构

截至 2022 年年底,我国已经发行的绿色债券中有 926 只经过了第三方机构的绿色评估认证。如图 13-21 所示,从 2016 年至 2022 年,经过第三方评估认证机构认证的绿色债券数量稳步上升。

在将部分存在母子公司关系的第三方机视为同一家后,国内主要的绿色债券评估认证机构共有 17 家,其中包括四大会计师事务所、信用评级机构等专业的服务机构,以及商道融绿、中财绿融等咨询服务公司(见表 13-4)。在这 17 家机构中,有 13 家成功通过了绿色债券评估认证机构市场化评议注册。

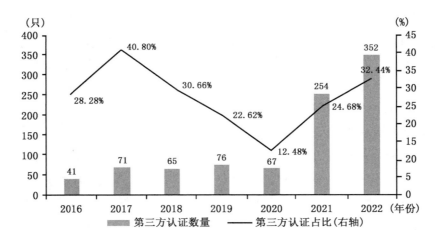

资料来源：Wind、中债—绿色债券环境效益信息数据库。

图 13－21　2016—2022 年绿色债券第三方评估认证情况

表 13－4　　　　　　　　　　国内市场绿色债券第三方评估认证情况

机构类型	所有机构	认证绿色债券数量（只）
会计师事务所	安永	109
	毕马威	10
	德勤	11
	普华永道	6
信用评级机构	联合赤道环境	328
	中诚信	194
	新世纪	32
	东方金诚	35
	中债咨信	43
	中证鹏元	14
	大公国际	7
其他第三方	中节能	48
	绿融（北京）投资服务有限公司	38
	中财绿融咨询	21
	商道融绿	9
	深圳诚信通金融服务	7
	中财科创绿色投资	2

注：部分绿债由多家机构进行认证，统计时重复计算。

资料来源：Wind、中债—绿色债券环境效益信息数据库。

第十四章 信贷市场应用

本章提要：本章将从四个方面阐释 ESG 在信贷市场中的应用。第一节是总览概述，介绍了绿色信贷市场的现有特点，主要是绿色信贷余额持续扩大、用途延伸，但在整体信贷市场占比较低、个体差异显著等，为后续的分析奠定基础。第二节介绍了按照公司信贷、个人信贷、票据信贷、综合融资等不同维度划分的市场现存绿色信贷产品及其内容，并结合市场情况分析现有产品特点及影响。第三节是量化指标分析，一方面从绿色信贷的角度，选择了绿色信贷余额（绝对指标）、绿贷比率（相对指标，自定义）和绿贷增速三个维度对银行的绿色信贷实践进行排名分析；另一方面从环境保护角度，选择了 7 个节能减排的环境类指标对银行做排名分析，并进一步做了标准化处理，构造单位节能量这一指标来衡量银行每单位的绿色信贷可以产生的减排效果。第四节是商业银行绿色信贷的环境影响力估值。基于哈佛大学 IWA 框架，我们测算了商业银行绿色信贷余额所产生的环境影响力，即环境外部性的货币化。

第一节 绿色信贷市场特点

一、顶层设计逐步推进

中国绿色信贷发展历程较长，顶层设计循序渐进，主要经历了初步启动、引导推进和全面构建三个阶段，如图 14—1 所示。早在 1995 年，中国人民银行就颁布了《关于贯彻信贷政策和加强环境保护工作有关问题的通知》，要求金融部门把自然资源和环境的保护作为信贷工作的重要考量。2007 年，原国家环境保护总局、中国人民银行、证监会联合发布的《关于落实环境保护政策法规防范信贷风险的意见》首次提出了"绿色信贷"的概念，是最早与绿色金融相关的信贷政策。同年 11 月，原银监会颁布的《节能减排授信工作指导意见》督促银行业建立节能减排环保的金融服务机制。这一时期，在政府的引领下，多个部门协同努力，初步构建了绿色金融政策体系框架，为后续绿色金融的蓬勃发展奠定了基础。

2012 年，原银监会发布了《绿色信贷指引》，督促银行业在组织、流程、内控等各个方面提

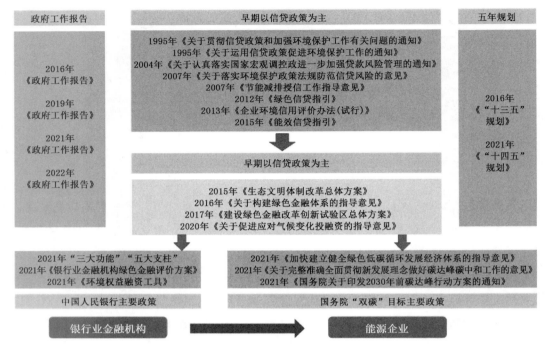

资料来源:各政府机构官网、《中国的绿色金融与碳金融体系》。

图 14—1 中国绿色金融体系政策沿革

升建设能力,作为绿色信贷的纲领性文件,标志着国家开始自上而下全面构建绿色信贷政策框架。之后,原银监会又相继发布了《绿色信贷统计制度》《绿色信贷实施情况关键评价指标》《能效信贷指引》(联合国家发改委)三份文件,进一步量化了绿色信贷的全过程管理。2016 年 8 月,七部委①联合印发了《关于构建绿色金融体系的指导意见》,明确了构建绿色金融体系的任务和具体措施。2017 年,国务院批复的《建设绿色金融改革创新试验区总体方案》确定了在浙江、江西、广东、贵州和新疆五省(自治区)八地开展为期五年的绿色金融改革创新试验。后续的各类政策也进一步从宏观的绿色金融角度出发,促进各细分方向的革新。

二、绿色信贷余额持续扩大,但在整体信贷市场中占比仍然较低

绿色信贷是指金融机构为支持环境改善、应对气候变化和资源节约高效利用等经济活动,发放给企(事)业法人、国家规定可以作为借款人的其他组织或个人,用于投向节能环保、清洁生产、清洁能源、生态环境、基础设施绿色升级和绿色服务等领域的贷款。近年来,中国政府提出了建设绿色金融体系的战略目标,并出台了一系列扶持政策,在这些政策的推动下,中国绿色信贷市场规模不断扩大。

---

① 七部委是指当时的中国人民银行、财政部、国家发改委、环境保护部、银监会、证监会和保监会。

根据央行数据(见图 14-2),2013 年以来,国内银行的绿色信贷余额稳步增长,复合年增长率达到 15.12%。2022 年年末,我国本外币绿色贷款余额 22.03 万亿元,同比增长 38.5%,比上年末提高 5.5 个百分点,规模和增速同创历史新高;高于各项贷款增速 28.1 个百分点,全年新增 6.01 万亿元,整体绿色贷款存量位列全球第一。[①] 总体而言,国内绿色信贷余额呈现高速增长趋势。这种增长趋势不仅能够满足国内绿色经济和低碳发展的融资需求,而且有助于实现双碳和高质量发展目标。绿色信贷的增长趋势还说明了企业对绿色金融的日益重视,为更好地服务实体经济和推动低碳转型提供了有力支持。

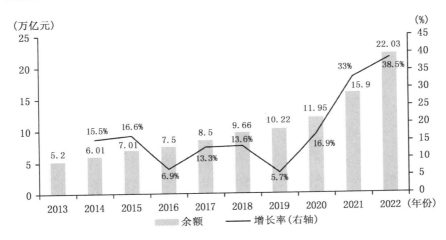

资料来源:中国人民银行。

图 14-2　2013—2022 年我国绿色贷款余额规模

尽管如此,目前绿色贷款占商业银行贷款总额的比例仍然偏低。根据央行披露的数据,如图 14-3 所示,绿色贷款占商业银行各项贷款比例从 2013 年年末的 7.23% 增长至 2022 年年末的 10.29%。虽然这一比例创 10 年以来新高,但是 24 家主要银行中只有工商银行、农业银行、建设银行和中国银行 4 家国有银行的绿色贷款在总贷款中的占比均超过了 10%,工商银行绿色贷款的占比在六大行中最高,为 17.14%;农业银行绿色贷款占比仅随其后,为 13.65%;建设银行绿色贷款占比位列第三名,达 12.97%。中国银行绿色贷款占比位列第四名,为 11.32%。其他绝大多数银行的这一数据仍处于相对较低的水平。总体来看,商业银行绿色信贷业务仍存在较大的提升空间。

三、个体差异明显、用途不断延伸

国有大型银行的体量占据绝对优势,中小银行的绿色信贷增幅更为显著。如图 14-4 所示,就近三年的数据显示,无论是国有大型银行、股份制商业银行,还是城市商业银行或

---

① http://www.gov.cn/xinwen/2023-02/03/content_5739947.htm.

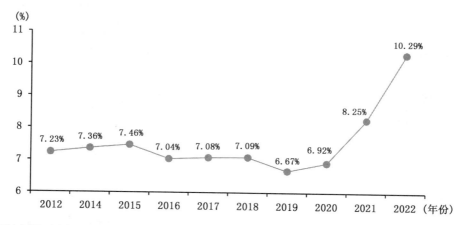

资料来源：中国人民银行。

图14-3　2013—2022年我国绿色贷款余额占总贷款余额的比重

者农村商业银行，整体的绿色信贷余额规模都呈现明显的上涨趋势。同业比较而言，国有大型银行的绿色信贷余额占据市场总体绿色信贷余额的70%以上，体量优势和资源优势使得它们成为主要的绿色信贷提供者。这些国有大型银行在政府的政策引导和推动下，积极投入绿色信贷领域，为企业和个人提供了广泛的绿色融资支持。

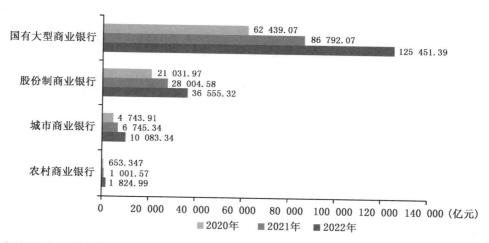

资料来源：59家上市银行年报和社会责任报告披露。①

图14-4　2020—2022年我国不同种类银行绿色信贷余额

---

① 59家上市银行分别为：工商银行、建设银行、农业银行、中国银行、交通银行、邮政储蓄银行、招商银行、兴业银行、浦发银行、中信银行、光大银行、民生银行、平安银行、华夏银行、浙商银行、渤海银行、北京银行、上海银行、江苏银行、宁波银行、南京银行、杭州银行、长沙银行、成都银行、天津银行、重庆银行、贵阳银行、郑州银行、青岛银行、苏州银行、齐鲁银行、兰州银行、西安银行、厦门银行、盛京银行、徽商银行、锦州银行、哈尔滨银行、中原银行、甘肃银行、江西银行、九江银行、贵州银行、晋商银行、威海银行、泸州银行、无锡银行、重庆农商行、广州农商行、九台农商行、东莞农商行、上海农商行、紫金农商行、苏州农商行、瑞丰银行、江阴农商行、常熟农商行、张家港农商行、青岛农商行。

从增速来看,体量较大的国有大型银行增速较缓,年平均在35%左右。而相对体量较小的城商行与农商行则在这一数据上表现亮眼,如图14-5所示。尤其是农商行,其绿色信贷余额增速在2020—2022年的年均增速达到了61.11%。虽然以城商行和农商行为代表的中小银行在整体规模上可能无法与国有大型银行相媲美,但它们通过灵活的经营策略和市场定位,有效满足了地方经济发展和绿色产业的融资需求。它们在绿色信贷市场中的增幅迅猛,也为更多的企业和个人提供了可持续发展的贷款机会。

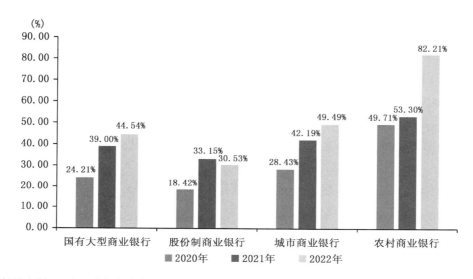

资料来源:59家上市银行年报和社会责任报告披露。

图14-5　2020—2022年我国不同种类银行绿色信贷余额增速

从绿色贷款用途来看,按照国家发改委《绿色产业指导目录(2019年版)》的六大分类,分别为节能环保产业、清洁生产产业、清洁能源产业、生态环境产业、基础设施绿色升级产业和绿色服务产业。根据中国人民银行的数据,绿色信贷的用途正在不断延伸。由图14-6可以看到,2022年投向具有直接和间接碳减排效益项目的贷款分别为8.62万亿元和6.08万亿元,分别比上一年增长18.08%和80.98%。这两类项目的总占比达到了绿色贷款的66.7%,表明绿色贷款在推动碳减排方面发挥的积极作用。从具体的绿色贷款用途来看,基础设施绿色升级产业、清洁能源产业和节能环保产业贷款余额分别为9.82万亿元、5.68万亿元和3.08万亿元,同比分别增长32.8%、34.9%和59.1%。这些数字反映了绿色贷款的应用范围不断扩大和贷款金额不断增长,同时也反映了社会对于可持续发展的重视程度在逐渐提高。

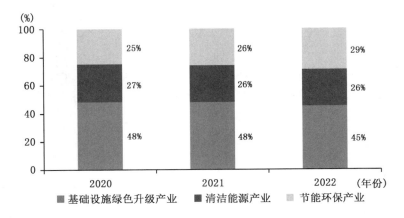

资料来源：中国人民银行。

图14—6　2020—2022年我国绿色贷款用途占比分布

第二节　绿色信贷产品内容及影响

一、主要绿色信贷产品种类

商业银行的核心业务之一就是绿色贷款。为了推动绿色金融发展，商业银行通过多种方式优化产品性能、增强竞争力。

首先，商业银行开发了各种绿色贷款产品，以满足不同类型客户的需求。例如，对于可再生能源项目，商业银行可以提供长期贷款，同时允许灵活的还款方式。而对于能源效率改进项目，商业银行可以提供短期的贷款产品。

其次，商业银行为绿色贷款业务提供了更加严格的审查标准和增信措施。例如，商业银行可能要求借款人提供更多的财务信息，以及具体的环境和社会责任报告。此外，商业银行也可以通过向借款人提供保证、担保等方式增加绿色贷款的信用保障。

最后，商业银行还可以通过扩大抵押品担保范围来降低绿色贷款的风险。例如，商业银行可以接受可再生能源项目中的设备或设施作为抵押品，以降低绿色贷款的风险。表14—1总结了各商业银行绿色信贷的常见业务分类。

表14—1　　　　　　　　　　各商业银行绿色信贷业务分类

信贷种类	绿色信贷产品说明
公司信贷业务	
专项贷款	具有特定用途的贷款，通过结合地区和行业特点，能够产生诸多创新类的产品，如大气污染防治贷款、土地复垦绿色贷款、水系统综合治理贷款等

续表

信贷种类	绿色信贷产品说明
抵质押品贷款	扩大抵质押品范围,如污水处理收益权质押贷款、生态公益林补偿收益权质押贷款、排污权质押贷款、碳排放权质押贷款、知识产权抵押融资、可再生能源补贴确权贷款等
可持续发展挂钩贷款	将贷款内容与企业的可持续发展效益联系起来,推动企业追求并达成更进取的可持续发展目标,主要体现在能源效益、温室气体和废气物排放等环境方面目标和经济适用房、员工健康及安全等社会方面目标
转型贷款	旨在鼓励和支持中小型企业采用可持续和低碳运营模式以增强业务弹性,包括增加可持续生产材料的使用率,提高建筑和电器的能源效率,以及安装现场可再生能源发电设备。作为绿色金融的衍生发展,近年来也不断创新
个人信贷业务	
绿色房屋按揭贷款	当个人或家庭购买更加节能环保的绿色住房或者想要对旧房进行低碳化、节能化改造时,银行可以提供更低利率的相关产品
新能源汽车消费贷款	向个人借款人发放的、用于购买以生活消费为目的(自用的)节能型与新能源汽车的消费贷款
绿色信用卡	面向个人绿色信用卡,鼓励持卡人进行低碳出行和绿色消费,并通过绿色积分或个人碳账户等方式,在满足持卡人多元化支付需求的同时,给予其立减权益等政策优惠
票据业务	
供应链金融	依托大数据和信息化等金融科技手段,可以妥善应对中小企业业务稳定性和财务规范性问题,并通过供应链的业务重组,提高资金在节能减排等环保领域的流通效率,夯实金融服务实体经济的基础,优化资金在绿色产业中的分配情况,使得供应链上各要素协同发展,共同促进在绿色环保方面的贡献度
绿色贸易融资	绿色贸易融资是指针对环境可持续的贸易活动提供融资支持的一种贷款产品,其遵循《绿色贷款原则》(GLP)。该贷款产品广泛适用于各类贸易融资需求,包括贸易贷款、应收账款融资、进出口单证融资、大宗商品和结构性贸易融资,以及银票/商票贴现等。其目的是支持和促进那些符合环境可持续性标准的贸易项目,以推动环境保护和可持续发展的目标
综合融资服务	
重大项目服务方案	通过银团贷款、租赁模式、投资模式向大型基础设施类项目提供融资服务,以新基建助力节能减排,以数字经济助推低碳发展,以产业赋能绿色转型
政银合作	与地方政府合作,为中小微企业提供诸如贷款利率优惠、信贷风险补偿、帮扶企业纾困、绿色审批通道等政策优惠;为有需要的企业提供多渠道、低成本、简便快捷的融资服务和金融财务规划服务,并对地方政府重点支持的战略性产业提供各种融资业务及相应帮扶
其他类型	国际开发性金融机构转贷、结构化融资、表外融资、发行 ABS、增信担保服务等

数据来源:59 家上市银行年报、官网和社会责任报告披露、德勤《中国上市银行绿色金融洞察与展望(2022)》。

二、绿色信贷产品特点

本节整理了中国59家上市银行的信贷产品。基于对绿色信贷产品的归纳和总结,可以发现其产品具有以下特点:

(一)创新抵押担保品贷款是主要的绿色信贷形式

一方面,创新抵押担保品贷款为借款人提供了灵活的融资渠道。借款人可以将绿色资产,如可再生能源项目、能源效率改进项目、绿色房地产项目等,作为抵押物获得资金支持。这种方式降低了借款人的融资成本,增加资金的可获得性,促进更多绿色项目的实施和发展。

另一方面,创新抵押担保品贷款鼓励绿色投资的增加。金融机构愿意将绿色资产作为担保,意味着它们认可和支持绿色项目的可持续性和环境效益。这为绿色项目的融资提供了重要的信号和支持,吸引了更多的投资者和资金流入绿色领域。同时,通过与绿色资产相连的贷款,金融机构也承担了更大的环境风险,进一步推动它们加强对绿色项目的审查和管理。

此外,创新抵押担保品贷款还有助于推动绿色资产的流动性和交易活跃度。借款人通过将绿色资产作为担保物,提高其流动性和转让性。这使得绿色资产能够更容易地进入二级市场,促进绿色资产的交易和投资活动,进一步增加了资金流向绿色领域的机会。

(二)碳相关质押贷款业务成为各大银行的热点,但市场仍然不成熟

我国碳市场试点于2011年启动,2013年6月开始陆续上线交易,2014年9月兴业银行武汉分行向湖北宜化集团发放了额度为4 000万元的全国首笔碳配额质押贷款。随着2021年7月全国统一的碳市场正式上线交易,20多个省市已经登记了170余笔交易,发放碳排放配额抵质押贷款总额20多亿元,国内有半数的城商行和农商行加入其中。国家核证自愿减排量(CCER)质押贷款、碳排放配额与CCER组合质押贷款、固定资产与碳排放权组合增信、"碳配额/项目未来收益质押+固定资产抵押"组合质押贷款、引入第三方进行碳资产代管等模式也不断丰富着其产品形态。[①] 然而,碳市场覆盖行业不完全、竞价交易尚未广泛采用、与全国碳配额相应的金融衍生品不足等暴露出碳市场不成熟的缺漏,以及法律法规不完备、定价估值机制欠缺、监管风控体系不完善等问题也成为碳相关质押贷款业务进一步发展的巨大阻碍。

(三)绿色信贷产品的类型仍不够丰富

目前,我国的绿色信贷创新产品仍然存在局限性。首先,绿色转型贷款和绿色消费信贷等绿色信贷产品相对较少,绿色贷款的创新方向相对有限。这意味着在推动环保产业发展和倡导绿色消费方面,我们仍面临着巨大挑战。鼓励企业进行绿色技术升级和创新、促进绿色消费的倡导将是未来绿色信贷发展的重要方向。

---

① 中央财经大学绿色金融国际研究院,https://iigf.cufe.edu.cn/info/1012/6983.htm。

其次,目前绿色信贷的创新产品大多集中在地方银行和小型农商行,主要目的是解决当地企业的绿色转型问题。虽然这些地方性产品对于推动地区绿色经济的发展起到了积极作用,但大型国有政策银行和大型商业银行尚未出台全国性的、大规模的绿色信贷产品。这导致绿色信贷创新在规模上发展的成果有限,限制了绿色信贷的大规模推广。

为了突破这些限制,我们需要鼓励更多的大型金融机构参与绿色信贷的创新。政府可以制定更加明确和有力的绿色金融政策,提供激励和支持,以吸引大型金融机构加入绿色信贷的创新和推广中。同时,需要加强绿色信贷相关的培训和宣传,提高金融从业人员和公众对绿色信贷的认识和理解,增加其受众群体,推动绿色信贷在全社会范围内的推广和应用。

三、绿色信贷产品影响

作为专门用于支持和促进可持续发展和环境友好项目的贷款产品,这些多种多样的绿色信贷产品在金融机构的借贷活动中起到了至关重要的作用,并对企业、个人和整体社会产生了积极影响。

就其对企业的影响而言,绿色信贷产品为企业提供了可持续发展项目所需的资金支持。这些项目包括能源效率改进、再生能源发展、废物处理和回收等环保项目。通过获得绿色信贷,企业可以获得低成本的资金、降低融资成本、增加资金流动性,并且能够在市场上展示其环保和社会责任形象。此外,绿色信贷还可以帮助企业提高能源效率、减少排放和节约资源,从而降低运营成本并增加竞争力。

就其对个人的影响而言,绿色信贷产品不仅面向企业,而且面向个人消费者,提供其支持环保行动的机会。例如,个人可以通过绿色信贷购买和安装太阳能发电系统、高效节能家电或环保交通工具等。这种信贷支持使个人能够更加便利地采取环保措施,降低能源消耗和碳排放,从而减少对环境的负面影响。此外,绿色信贷产品还可以激励个人采取可持续生活方式,提高对环境保护的认识。

就其社会整体的影响而言,绿色信贷产品的推广对整个社会产生了积极的影响。首先,它促进了可持续发展的实施,帮助社会实现环境保护、资源节约和碳减排等目标。通过鼓励和支持环保项目,绿色信贷在推动清洁能源转型、减少污染和改善环境质量方面发挥了重要作用。其次,绿色信贷产品对金融机构和市场也具有示范和引领作用。它推动金融机构将环境、社会和治理因素纳入风险评估和贷款决策中,促进了可持续金融的发展。最后,绿色信贷的普及还加强了公众对环境保护和可持续发展的关注度和参与度。

第三节　银行业量化指标分析

银行业在绿色信贷领域缺乏量化指标,这使得银行难以准确认知自身在该领域的地位、成果和竞争优劣势。然而,量化指标对于银行在绿色信贷领域的发展和评估至关重要。它们提供客观数据和分析,帮助银行了解自身市场份额和业务规模,评估绿色贷款的质量和绩效,识别竞争优势,推动整个绿色金融产业的发展。只有建立科学的量化指标体系,银行才能更好地在绿色信贷领域中发挥作用,为可持续金融的发展做出贡献。

一、绿色信贷角度

(一)绿色信贷余额角度

绿色信贷余额是指金融机构向绿色项目或环保产业提供的贷款和信贷资金的总额,其重要意义在于促进环保产业的发展、支持环保项目、推动可持续金融发展,并为金融机构的社会责任和形象树立提供可量化的指标。作为最直观的指标,本节选取了59家上市银行披露的2022年各自绿色信贷余额状况进行排序,如图14—7所示。

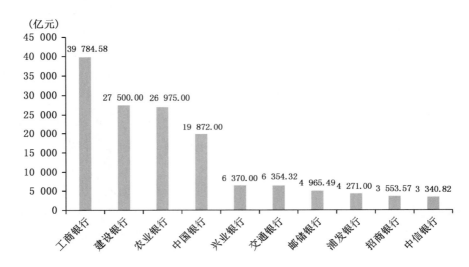

资料来源:59家上市银行年报。

图14—7 2022年绿色信贷余额排名前十的银行

国有大型银行的绿色信贷体量非常庞大,工商银行一家独大,已经接近4万亿元的规模,紧随其后的建设银行和农业银行超过2.5万亿元,中国银行拥有近2万亿元的体量。股份制银行的表现也可圈可点。作为中国最早践行ESG原则的银行之一的兴业银行,其绿色信贷余额已经超过国有六大行中的交通银行和邮储银行,位居第五。浦发银行、招商银行和中信银行也凭借其在绿色金融方面的优异表现,进入前十,进一步凸显了股份制银行在这一领域的贡献度不断提高。

(二)绿色信贷余额在贷款总额占比的角度

如果说绿色信贷余额是衡量银行绿色金融建设水平的重要绝对指标,那绿色信贷余额在银行贷款总额的占比就是一个十分必要的相对指标。众所周知,银行业的整体体量不同且差距较大,导致大银行的绝对指标都非常靠前。但很多中小银行虽然自身规模受限,但是也在致力于绿色转型和绿色金融的建设。因此,通过比例水平这一相对指标,能够更好地刻画全行业在各自能力水平下的投入情况。本节选择了 2022 年绿色信贷余额在银行贷款总额的占比这一指标(下文简称"绿贷比例")进行排名,并筛选出排名前十的银行,如图 14—8 所示。

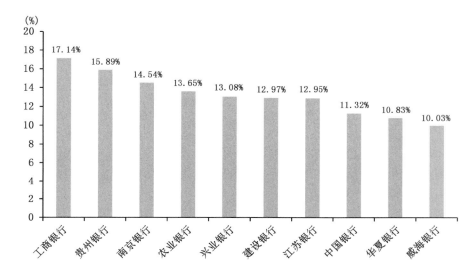

资料来源:59 家上市银行年报。

图 14—8 2022 年绿贷比例排名前十的银行

国有四大行仍然非常坚挺,相对比例和绝对比例两个维度都位居全国前十,其中,工商银行再次以 17.14% 的绿贷比例排名第一,农业银行、建设银行和中国银行分别位列第四、第六和第八。兴业银行的绿贷比例和绿贷余额均排名第五,非常稳定,彰显其深耕绿色金融几十年的成果。同时,华夏银行这家股份制银行也进入了榜单的前十。从这一数据维度来看,非常值得一提的是诸如贵州银行、南京银行、江苏银行、威海银行这样的城商行表现亮眼,特别是贵州银行和南京银行位列第二和第三,显示出城商行在地方政策的扶持下,积极推动银行的绿色业务大力发展。

(三)绿色信贷余额增速的角度

上面分别从绿色信贷余额这一绝对指标和绿贷比例这一相对指标的角度对银行业在绿色金融方面的表现进行了排名,本节还选取了 2020—2022 年的绿色信贷余额年化复合增长率这一指标,如图 14—9 所示。总体来看,这一指标更能筛选出暂时缺乏体量优势和规模效应,但近年来不断加码绿色金融投入的银行。在一定程度上,绿色信贷余额增速这一指标反映了各家银行在绿色转型领域的潜力和决心。

国有六大行由于自身体量庞大,并且在绿色金融领域发展的时间较久,因此增速并不如其他中小规模的银行迅速,其中,增速最高的中国银行也就达到年化30.37%。相比而言,前十中有一半是城商行,厦门银行更是以每年124.31%的惊人增速排名第一。值得一提的是,青岛农商行、上海农商行、张家港农商行这三家东部沿海地区的农村商业银行也跻身榜单,青岛农商行和上海农商行更是分别排名第二和第三,都有85%以上的年化增长率。除此之外,中信银行和平安银行这两家股份制银行也有不俗的表现。总体而言,在这一指标中,中小银行的表现要远远好于规模较大的银行。

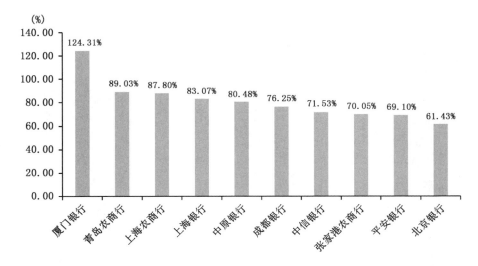

资料来源:59 家上市银行年报。

图 14-9 2020—2022 年绿色信贷余额增速前十银行排名

二、环境保护角度

自 2013 年开始,中国原银监会就建立了绿色信贷统计制度,并定期组织银行业金融机构进行绿色信贷统计工作。该统计工作主要包括两个方面:一方面,统计涉及环境保护、安全生产等重大风险企业的信贷情况。这意味着金融机构要对向环境保护、安全生产等方面存在重要风险的企业所提供的信贷资金进行统计和报表上报。另一方面,统计节能环保项目及服务贷款情况,以及绿色信贷资产质量情况。在这份报表中,金融机构需要对其向节能环保项目和服务提供的贷款情况进行统计,同时也需要评估绿色信贷的资产质量。此外,还需统计贷款支持的节能环保项目所带来的年节能减排能力等相关情况。

通过这些报表和统计制度,金融机构可以及时了解和监测自身在绿色信贷领域的业务情况,同时有助于推动金融机构更加重视环保和可持续发展的业务。这些统计工作也有助于促进绿色金融的发展,推动金融业在可持续发展方面发挥更积极的作用。

就环境保护角度的指标而言,商业银行应该根据自身绿色信贷支持项目的内容和进展情况披露环保类指标,主要有折合年减排标准煤、年减排二氧化碳当量、年减排化学需氧量、年节水量、年减排氮氧化物、年减排氨氮、年减排二氧化硫等指标。综合全国 59 家上市银行 2020—2022 年的信息披露情况来看,如图 14－10 所示,总体上仅有 42.37% 的银行披露了环保类指标。其中,国有大型银行披露的指标最多、最详细,且披露比率也很高,股份制银行虽然披露比率是第一,但是其数据质量并不如国有大型银行。相比之下,城市商业银行和农村商业银行无论是从披露银行的占比情况还是从数据的有效性和质量来看,都乏善可陈,有较大的改进空间。

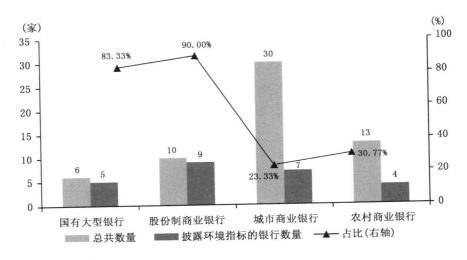

资料来源:上市银行年报。

图 14－10　2020—2022 年披露环境指标的银行情况

　　本节对上述数据做了进一步处理,精选了 2022 年对于所有指标或者大部分指标(披露比率超过 50%)有所披露的 20 家银行,增强了对比的数据有效性。并按照折合年减排标准煤、年减排二氧化碳当量、年减排化学需氧量、年节水量、年减排氮氧化物、年减排氨氮、年减排二氧化硫这 7 项指标分别排名,依次选出前十名的银行。可以从图 14－11 中直观地看出,鉴于无可比拟的体量优势,国有大型银行贡献了绝大多数的环境效益。当然,92% 的比例很大程度上是由于大量银行未披露这一数据所导致的,但也不妨碍证明国有大型银行在我国绿色金融推动低碳转型和环境保护方面做出的突出性和引领性贡献。

　　鉴于国有大型银行在环境类指标中减排规模比重过大,本书考虑对相应的银行做标准化处理。本书构造了单位节能量这一指标,即用减排总量除以对应银行的绿色信贷余额,用以表示银行每单位的绿色信贷可以产生多少减排效果,如图 14－12 所示。中国银行、建设银行、邮储银行的单位节能量分别位居第一、第三和第四,显示了国有大型银行每单位绿色信贷余额能产生非常显著的减排效果。特别值得一提的是,江苏银行位居第二,贵州银行也进入了前五。在排名前十的银行中,国有五大行全部入选,另外有 3 家城商行和 2 家股

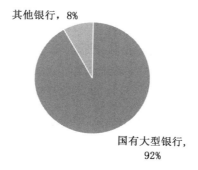

资料来源：上市银行年报。

图 14—11　不同类型银行减排总量情况

份制银行也进入榜单。这一排名在一定程度上显示出各家银行投入绿色信贷的边际环境效益，从侧面展现了其支持的项目所取得的成果。

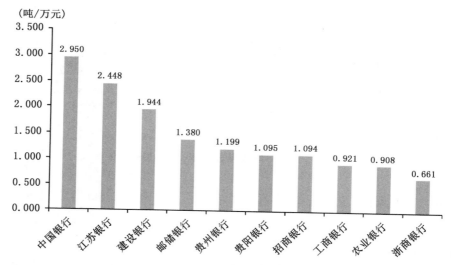

资料来源：上市银行年报。

图 14—12　2022 年单位绿色信贷余额的节能量前十排名

第四节　绿色信贷的环境影响力估值

一、背景介绍

哈佛大学推出的影响力加权报表（impact-weighted accounting，IWA）提供了一套详细的框架与算法，旨在从环境、社会、治理等多个维度考虑企业的影响力，将非财务信息转化为财务信息,并将可持续指标与财务指标相结合,从而刻画企业的整体价值和风险。通过这种方法,投资者可以更好地了解企业的财务和非财务信息,并做出更加准确、全面的投资决策。

银行业金融机构作为我国绿色金融体系的重要组成部分,正全力服务"碳达峰碳中和"的整体目标,通过向企业投放绿色信贷的方式,大力支持节能减排等环保项目,助力经济绿色低碳转型。在投放绿色信贷过程中,银行须将项目及其运作公司与环境相关的信息作为考察标准纳入审核机制中,谨慎识别企业的环境风险与运作风险,最后做出有利于可持续发展的投资决策,这与影响力测算的初衷是一致的。因此,为进一步探究银行绿色信贷的投放效果,本节将基于哈佛大学的影响力加权报表,使用银行公布的绿色信贷环境数据,测算 2022 年共 24 家银行的绿色信贷环境影响力估值。

本节希望通过环境影响力这一全新视角,将传统的环境效益数据货币化、可视化、可量化,探究绿色信贷在环境维度的外部性作用,旨在为银行业 ESG 实践和审慎投放绿色信贷提供一定的参考和探讨,推动 ESG 投资理念的不断发展和完善。

二、环境影响力估值模型

根据哈佛大学 IWA 影响力加权报表及相关文件,环境影响力测算模型简化如图 14—13 所示。测算某年某组织的环境影响力需具备该组织该年的温室气体排放量、氮氧化物排放量、硫氧化物排放量、挥发性有机物排放量共五类气体指标数据,以及取水量和排水量两个关于用水量的指标数据。基于上述原始环境数据,再将其分别乘上对应的货币化系数和美元兑人民币年平均汇率,最后将气体和用水两部分数据加总,即可得到该企业在该年度的环境影响力。

环境影响力是根据环境指标测算,同时使用货币形式来表示的数据,其目的在于将无形的环境负外部性有性化、直观化、可量化,同时增强企业之间的可比度,为投资者的投资决策提供合理有效的参考。

三、绿色信贷余额的环境影响力(2020—2022 年)

基于哈佛大学 IWA 环境影响力估值模型,本部分将展示 2022 年各商业银行绿色信贷投放所产生的环境影响力,希望通过绿色信贷发行主体的环境效益视角来评价绿色信贷资金的使用效果。

2022 年共有 22 家银行进入环境影响力计算样本[①],排名前十的银行见图 14—14。中国银行 2022 年发行的绿色信贷环境影响力为 4 761.2 亿元,位列环境影响力榜首。建设银行、工商银行和农业银行环境影响力均突破 2 000 亿元,表现亮眼;浦发银行、江苏银行及贵

---

① 本部分测算基于窄口径的统计,即纳入估值的环境污染物指标不包括氮氧化物与硫氧化物。

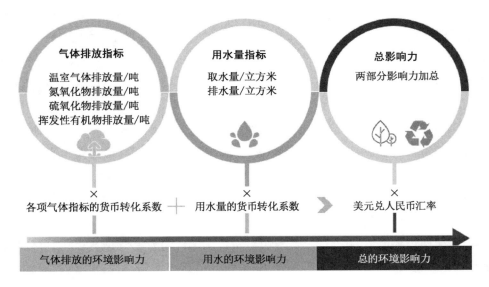

图 14—13　哈佛大学 IWA 环境影响力估值模型

州银行的环境影响力紧随其后,均超过 100 亿元。

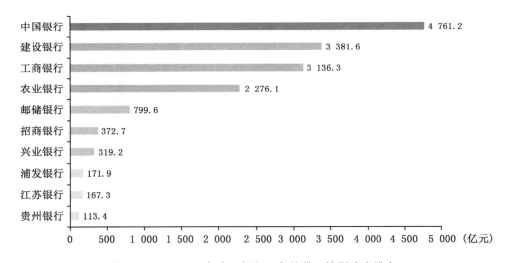

图 14—14　2022 年商业银行绿色信贷环境影响力排名

为进一步增强各家银行绿色信贷余额环境效益的可比性,将绿色信贷余额环境影响力进行单位化处理。统计结果显示,2022 年,贵州银行单位绿色信贷余额环境影响力为 0.243,位列榜首,即贵州银行每投放 1 元绿色信贷可对环境产生价值为 0.243 元的正外部性,充分显示其绿色信贷的积极环境影响力。国有大型商业银行的单位绿色信贷环境影响力表现也十分亮眼。具体数据见表 14—2。

表 14—2　　　　　　　　　　　单位绿色信贷余额环境影响力排行榜

银行名称	单位绿色信贷环境影响力
贵州银行	0.243
中国银行	0.240
邮储银行	0.161
建设银行	0.123
招商银行	0.105
上海农商行	0.094
农业银行	0.084
江苏银行	0.083
工商银行	0.079
成都银行	0.061

展　望

自 2023 年 10 月 1 日起，全球首个碳关税制度正式实施，即欧盟碳边境调节机制（CBAM）开始试运行。尽管接下来的两年是过渡期，但欧盟已明确表示将于 2026 年正式征收碳关税，并在 2034 年之前全面实施。这既为我们敲响了警钟，让我们认识到 ESG 不能只是一个口号，同时缩短了中国构建 ESG 体系的时间表。我们亟须建立国际化和本土化相结合的 ESG 体系。

一、ESG 是中国资本市场的"必答题"

（一）ESG 是中国企业融入全球价值链的"门票"

一方面，在当今这个时代，产业分工和产品贸易是时代主流。中国既需要国际市场的资本、技术和产品，中国的优势企业也需要走出去，利用国际市场发展壮大，成为全球 500 强和行业领军企业。作为供应商，中国企业会面临市场准入的 ESG 门槛。任何一个 ESG 表现不合格的企业在进入产品市场之前就已经被"一票否决"了。因此，中国企业要想进入国际市场，就必须在 ESG 方面提前布局。另一方面，当今的全球冲突频发，中国、美国和欧盟之间的关系是主导全球经济的核心三方。美国倡导的"去中国化"和欧盟的"去风险化"都对中国的产业链供应链安全造成了潜在冲击。一些行业的关键技术和关键设备还需要依赖于欧美的供应。中国的企业更需要与欧美的企业深度嵌套，既在利益上实现共享，更要在 ESG 方面实现共同价值。

（二）ESG 是讲好中国企业故事的关键机遇

中国拥有自身的历史文化和制度特征，这些特色会映射到企业层面，使得中国企业与其他国家的企业呈现不同的格局。在所有制层面，中国的国有企业相对较多，并在市场竞争中具有领先优势，是落实国家战略的重要载体。在企业的边界层面，许多中国企业承担了大量的社会功能，包括精准扶贫、乡村振兴、东西协作、基础设施建设等，这些原本是由公共部门负责的事项，中国企业也参与较多。中国企业的这些特色与西方国家有较大差异，在很多维度上很难与他们达成共识。ESG 是讲好中国企业故事的最好手段。中国企业的特色就是中国企业践行的 ESG，我们不仅需要借助 ESG 让西方市场重新认识中国企业，更需要借助 ESG 提高西方市场对中国企业的估值。

(三)ESG 是中国特色估值体系的重要载体

现有的估值体系主要依赖于短期、局部的价值投资和市场回报。然而,大量的中国公共企业承担了很多非市场功能,这些功能在市场估值体系中往往得不到充分的认可,也与既有的企业管理理念存在一定的冲突。ESG 则提供了一个基于全局、多维度和可持续的视角来重新评估一家企业,这与中国特色估值体系所承载的使命高度一致。ESG 要求企业主动披露其承担的社会功能,从而将公共企业的社会价值进行披露。尽管现阶段这种信息披露还是非标准化和非结构化的,ESG 能够提高公共企业的市场价值,但还不足以完全将其社会价值纳入企业估值中。因此,需要借助 ESG 体系,构建 ESG 的影响力估值体系,将 ESG 的非标准化影响转化为标准的影响力价值,进而重塑整个中国的公共企业估值体系。

二、构建中国特色的 ESG 体系框架

(一)政府要发挥关键作用

目前,全球 ESG 主要有两种模式:价值驱动和价值观驱动。如图 1 所示,前者注重 ESG 投资的高回报,认为资本市场的价值原则可以实现 ESG 的快速发展;而后者则是由意识形态驱动的,即使 ESG 投资没有超额回报(甚至回报更低),由投资者仍会推动 ESG 建设,这主要得益于价值观塑造的作用。然而,这两种模式在中国尚不成熟。中国的市场投资往往是短线投资,同时还没有形成可持续发展的价值观。因此,中国的 ESG 需要借助中国的最大特色,即政府主导的优势,采取顶层决策、多部门协同的工作模式,从以下几个方面构建具有中国特色的 ESG 框架:首先,我们需要构建 ESG 信息披露的基础设施,包括一般性原则和分类原则,并按照行业差异进行分类管理、分步实施。其次,我们需要构建第三方鉴证系统,以缓解 ESG 信息披露的"漂绿"现象。这样,我们就可以在政府的主导下,构建起适合中国国情的 ESG 框架,推动 ESG 投资的健康发展。

(二)抓住"关键少数"

中国的 ESG 体系并不是仅仅针对上市公司,而是要覆盖市场中的大型和中型企业。因此,中国的 ESG 是一个更广泛的生态。要将所有这些企业都囊括在 ESG 的体系之中,既不现实、也不可行,因此需要一些核心的抓手。一个可行的办法就是抓住"关键少数",采用供应链管理的路径,对上下游产业链上的企业形成供应链压力,推动这些企业的 ESG 转型。中国现阶段的"关键少数"主要包括以下三种类型:一是全部上市公司,这些企业无疑是行业内的头部大型企业,它们的市场地位和市场势力使其可以进行供应链管理。对上市公司 ESG 的第一阶段要求主要是它们自身的 ESG 构建,而第二阶段则要求上市公司披露供应链的 ESG 情况。二是全部的国有企业。国有企业属于公共企业,理应承担更多的社会责任。国有企业自身需要实施最高标准的 ESG 建设,此外,它们也需要进行供应链的 ESG 管

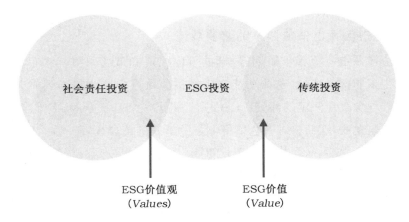

资料来源：Starks，L. T. (2023)，"Presidential Address：Sustainable Finance and ESG Issues—Value versus Values"，*Journal of Finance*，78：1837—1872。

图 1　价值驱动与价值观驱动的投资方式

理。三是公共的机构投资者，包括养老基金、大学基金、保险基金等在二级市场进行投资的公共机构投资者。这些机构需要投资 ESG 领域，同时每年都需要定期披露其 ESG 投资理念和实践，从而撬动更多的资本市场投资者。通过抓住这些"关键少数"并采取供应链管理的手段，我们可以有效地推动整个市场中的企业的 ESG 转型，从而构建一个更为健康、可持续的经济发展环境。

(三)与中国的传统文化相结合

中国传统文化强调"和""合"，这既包括人与人之间的和谐共处，也包括人与自然之间的天人合一。和合文化与 ESG 有相通之处，都是强调可持续发展和包容性增长。这些相同的特征要在 ESG 构建中建立共识。此外，中国的传统文化还有大量的自身特色。这些特色会映射到产品的消费者认知差异和企业的投资者认知差异中。有一些产品在西方的价值观中可能被视为负面筛选的范畴，因为它们可能带来社会危害，但在中国的传统文化中有着完全不同的使用场景。例如，白酒在中国的传统文化中源远流长，是中国社会与人互动的载体。因此，只有将中国的 ESG 体系与传统文化相结合，才能对这些产品的价值进行合理判别。同时，中国的和文化还强调"和而不同"。这种辩证的社会价值观与西方的多样性并不完全相同。它是在尊重个体差异的前提下，寻求共同的价值观。因此，中国企业的文化也是中国特色 ESG 体系的重要组成部分。只有充分理解和尊重这些文化特点和社会价值观，才能更好地构建适合中国国情的 ESG 体系。

参考文献

爱德华·弗里曼（Edward Freeman）、杰弗里·哈里森（Jeffrey S. Harrison）等著，盛亚、李靖华译：《利益相关者理论现状与展望》，知识产权出版社 2013 年版。

鲍健强、苗阳、陈锋：《低碳经济：人类经济发展方式的新变革》，《中国工业经济》，2008 年第 4 期。

陈海嵩：《环保督察制度法治化：定位、困境及其出路》，《法学评论》，2017 年第 3 期。

方先明、胡丁：《企业 ESG 表现与创新——来自 A 股上市公司的证据》，《经济研究》，2023 年第 2 期。

冯军：《改革开放 40 年我国质量发展历程与变革》，《中国发展观察》，2019 年第 1 期。

高杰英、褚冬晓、廉永辉等：《ESG 表现能改善企业投资效率吗？》，《证券市场导报》，2021 年第 11 期。

胡豪：《上市公司 ESG 评级提高会给投资者带来超额收益吗？——来自沪深两市 A 股上市公司的经验证据》，《金融经济》，2021 年第 8 期。

华惠毅：《企业的社会责任——访南化公司催化剂厂》，《瞭望周刊》，1985 年第 38 期。

胡珺、黄楠、沈洪涛：《市场激励型环境规制可以推动企业技术创新吗？——基于中国碳排放权交易机制的自然实验》，《金融研究》，2020 年第 1 期。

胡学龙、杨倩：《我国环境保护税制度改进及征收管理研究》，《税务研究》，2018 年第 8 期。

黄珺、刘慧、李云：《社保基金持股、产权性质与企业社会责任绩效》，《中国注册会计师》，2021 年第 8 期。

黄胜：《促进残疾人就业的税收优惠政策及其实践困境》，湖南师范大学 2019 年硕士学位论文。

黄溶冰：《企业漂绿行为影响审计师决策吗？》，《审计研究》，2020 年第 3 期。

黄溶冰、赵谦：《演化视角下的企业漂绿问题研究：基于中国漂绿榜的案例分析》，《会计研究》，2018 年第 4 期。

黄世忠：《ESG 视角下价值创造的三大变革》，《财务研究》，2021 年第 6 期。

江必新：《论行政规制基本理论问题》，《法学》，2012 年第 12 期。

解维敏：《社保基金持股对公司绩效的影响研究——基于中国上市公司的经验证据》，

《价格理论与实践》,2013 年第 2 期。

李海舰、原磊:《论无边界企业》,《中国工业经济》,2005 年第 4 期。

李瑾:《我国 A 股市场 ESG 风险溢价与额外收益研究》,《证券市场导报》,2021 年第 6 期。

李伟阳:《基于企业本质的企业社会责任边界研究》,《中国工业经济》,2010 年第 9 期。

李伟阳、肖红军:《企业社会责任的逻辑》,《中国工业经济》,2011 年第 10 期。

李小荣、徐腾冲:《环境—社会责任—公司治理研究进展》,《经济学动态》,2022 年第 8 期。

李志斌、邵雨萌、李宗泽等:《ESG 信息披露、媒体监督与企业融资约束》,《科学决策》,2022 年第 7 期。

刘柏、王馨竹:《企业绿色创新对股票收益的"风险补偿"效应》,《经济管理》,2021 年第 7 期。

刘超:《环境风险行政规制的断裂与统合》,《法学评论》,2013 年第 3 期。

刘运国、郑巧、蔡贵龙:《非国有股东提高了国有企业的内部控制质量吗?——来自国有上市公司的经验证据!》,《会计研究》,2016 年第 11 期。

柳光强:《税收优惠、财政补贴政策的激励效应分析——基于信息不对称理论视角的实证研究》,《管理世界》,2016 年第 10 期。

凌爱凡、黄昕睿、谢林利等:《突发性事件冲击下 ESG 投资对基金绩效的影响:理论与实证》,《系统工程理论与实践》,2023 年第 5 期。

楼建波:《中国公司法第五条第一款的文义解释及实施路径 兼论道德层面的企业社会责任的意义》,《中外法学》,2008 年第 1 期。

逯东、王运陈、付鹏:《CEO 激励提高了内部控制有效性吗?——来自国有上市公司的经验证据》,《会计研究》,2014 年第 6 期。

卢代富:《公司社会责任与公司治理结构的创新》,《公司法律评论》,2002 年第 1 期。

罗宇、张卫民:《ESG 基金持股与企业 ESG 表现:基于尽责管理视角》,《商业会计》,2023 年第 5 期。

马文杰、余伯健:《企业所有权属性与中外 ESG 评级分歧》,《财经研究》,2023 年第 6 期。

聂辉华、林佳妮、崔梦莹:《ESG:企业促进共同富裕的可行之道》,《学习与探索》,2022 年第 11 期。

齐绍洲、林屾、崔静波:《环境权益交易市场能否诱发绿色创新?——基于我国上市公司绿色专利数据的证据》,《经济研究》,2018 年第 12 期。

乔洪武:《论凡勃伦的经济伦理思想及其现实意义》,《社会科学辑刊》,1999 年第 5 期。

邱牧远、殷红:《生态文明建设背景下企业 ESG 表现与融资成本》,《数量经济技术经济研究》,2019 年第 3 期。

史际春、肖竹、冯辉:《论公司社会责任:法律义务、道德责任及其他》,《首都师范大学学报(社会科学版)》,2008 年第 2 期。

涂正革、谌仁俊:《排污权交易机制在中国能否实现波特效应?》,《经济研究》,2015 年第 7 期。

任胜钢、郑晶晶、刘东华等:《排污权交易机制是否提高了企业全要素生产率——来自中国上市公司的证据》,《中国工业经济》,2019 年第 5 期。

沈洪涛、黄珍、郭肪汝:《告白还是辩白——企业环境表现与环境信息披露关系研究》,《南开管理评论》,2014 年第 2 期。

沈满洪、何灵巧:《外部性的分类及外部性理论的演化》,《浙江大学学报(人文社会科学版)》,2002 年第 1 期。

史永东、王淏淼:《企业社会责任与公司价值——基于 ESG 风险溢价的视角》,《经济研究》,2023 年第 6 期。

宋华琳:《论政府规制中的合作治理》,《政治与法律》,2016 年第 8 期。

孙丽、郭天枭等:《"国企混改"与内部控制质量:来自上市国企的经验证据》,《会计研究》,2020 年第 8 期。

王琳璘、廉永辉、董捷:《ESG 表现对企业价值的影响机制研究》,《证券市场导报》,2022 年第 5 期。

王建明:《环境信息披露、行业差异和外部制度压力相关性研究——来自我国沪市上市公司环境信息披露的经验证据》,《会计研究》,2008 年第 6 期。

王岭、刘相锋、熊艳:《中央环保督察与空气污染治理——基于地级城市微观面板数据的实证分析》,《中国工业经济》,2019 年第 10 期。

王馨、王营:《绿色信贷政策增进绿色创新研究》,《管理世界》,2021 年第 6 期。

温素彬、方苑:《企业社会责任与财务绩效关系的实证研究——利益相关者视角的面板数据分析》,《中国工业经济》,2008 年第 10 期。

吴克烈:《企业社会责任初探》,《企业经济》,1989 年第 8 期。

武丽芳:《基于利益相关者理论的公司治理研究》,内蒙古工业大学 2005 年。

武鹏、杨科、蒋峻松等:《企业 ESG 表现会影响盈余价值相关性吗?》,《财经研究》,2023 年第 6 期。

向昀、任健:《西方经济学界外部性理论研究介评》,《经济评论》,2002 年第 3 期。

席龙胜:《内部控制信息披露管制研究》,中国海洋大学 2013 年博士学位论文。

星焱:《责任投资的理论构架、国际动向与中国对策》,《经济学家》,2017 年第 9 期。

肖芬蓉、黄晓云:《企业"漂绿"行为差异与环境规制的改进》,《软科学》,2016 年第 8 期

胥玲、王冬婷:《我国公益慈善捐赠税收优惠政策完善研究——基于华为无形资产捐赠

案例的分析》,《财政科学》,2021 年第 12 期。

徐桂华、杨定华:《外部性理论的演变与发展》,《社会科学》,2004 年第 3 期。

徐尚昆、杨汝岱:《企业社会责任概念范畴的归纳性分析》,《中国工业经济》,2007 年第 5 期。

许文:《环境保护税与排污费制度比较研究》,《国际税收》,2015 年第 11 期。

许正良、刘娜:《基于持续发展的企业社会责任与企业战略目标管理融合研究》,《中国工业经济》,2008 年第 9 期。

仵志忠:《信息不对称理论及其经济学意义》,《经济学动态》,1997 年第 1 期。

杨继瑞、李晓涛、黄善明:《企业的社会责任与我国企业的自觉需要》,《经济管理》,2004 年第 13 期。

易开刚:《和谐社会背景下当代企业的社会责任观》,《管理世界》,2008 年第 12 期。

尹明生:《劳动者休息权制度的基础法理探析》,《西南石油大学学报(社会科学版)》,2015 年第 4 期。

于连超、张卫国、毕茜:《环境保护费改税促进了重污染企业绿色转型吗?——来自〈环境保护税法〉实施的准自然实验证据》,《中国人口·资源与环境》,2021 年第 5 期。

于向阳:《企业社会责任之探讨》,《山东法学》,1991 年第 4 期。

袁家方:《企业社会责任》,海洋出版社 1990 年版。

曾刚、万志宏:《碳排放权交易:理论及应用研究综述》,《金融评论》,2010 年第 4 期。

张戎、朱书尚、吴莹等:《基于基金持股的社会责任投资行为及绩效研究》,《管理学报》,2021 年第 12 期。

张琳、潘佳英:《融入 ESG 因素的企业债券信用风险预警研究》,《金融理论探索》,2021 年第 4 期。

张上塘:《中外合营企业的社会责任》,《财贸经济》,1986 年第 6 期。

张永奇:《企业公民理论的生成与流变》,《商业时代》,2014 年第 1 期。

张兆国、刘晓霞、张庆:《企业社会责任与财务管理变革——基于利益相关者理论的研究》,《会计研究》,2009 年第 3 期。

周林彬、何朝丹:《试论"超越法律"的企业社会责任》,《现代法学》,2008 年第 2 期。

朱慈蕴、吕成龙:《ESG 的兴起与现代公司法的能动回应》,《中外法学》,2022 年第 5 期。

朱贵平:《关于企业社会责任运动的科学发展观透视》,《经济问题》,2005 年第 7 期。

Abate, G. , Basile, I. and Ferrari, P. , "The level of sustainability and mutual fund performance in Europe: An empirical analysis using ESG ratings", *Corporate Social Responsibility and Environmental Management*, 2021(28), pp. 1446—1455.

Abhayawansa S, Tyagi S. , "Sustainable investing: The black box of environmental, Social, and Governance (ESG) ratings", *The Journal of Wealth Management*, 2021,

24(1),pp. 49—54.

Ackerman,R. W. ,"How companies respond to social demands",*Harvard Business Review*,1973(51),pp. 88—98.

Ahn,Y. ,"A Socio-cognitive Model of Sustainability Performance: Linking CEO Career Experience, Social Ties, and Attention Breadth",*Journal of Business Ethics*,2022 (175),pp. 303—321.

Alessi,L. ,Ossola,E. and Panzica,R. ,"What greenium matters in the stock market? The role of greenhouse gas emissions and environmental disclosures",*Journal of Financial Stability*,2021(54),p. 100869.

Al-Shaer, H. and Zaman,M. ,"CEO Compensation and Sustainability Reporting Assurance: Evidence from the UK",*Journal of Business Ethics*,2019(158),pp. 233—252.

Amihud,Y. and Mendelson,H. ,"Asset Pricing and the Bid-ask Spread ",*Journal of Financial Economics*,1986(17),pp. 223—249.

Avramov,D. ,Cheng,S. ,Lioui,A. and Tarelli,A. ,"Sustainable investing with ESG rating uncertainty",*Journal of Financial Economics*,2022(145),pp. 642—664.

Baldini,M. ,Maso,L. D. ,Liberatore,G. ,Mazzi,F. and Terzani,S. ,"Role of Country- and Firm-Level Determinants in Environmental,Social,and Governance Disclosure",*Journal of Business Ethics*,2018(150),pp. 79—98.

Barko,T. ,Cremers,M. and Renneboog,L. ,"Shareholder Engagement on Environmental,Social, and Governance Performance",*Journal of Business Ethics*,2022(180), pp. 777—812.

Barth F. et al. ,"ESG and Corporate Credits Spreads", *Journal of Risk Finance*, 2022,23(2),pp. 169—190.

Berg,F. ,J. F. Kölbel,and R. Rigobon,"Aggregate Confusion: The Divergence of ESG Ratings",*Review of Finance*,2022,26(6),pp. 1315—1344.

Berle,A. A. ,"Corporate Powers as Powers in Trust",*Harvard Law Review*,1931 (44),pp. 1049—1074.

Berle A. A. ,*The 20th Century Capitalist Revolution*,Harcourt,Brace,1954.

Berman,S. L. ,Wicks,A. C. ,Kotha,S. and Jones,T. M. ,"Does Stakeholder Orientation Matter? The Relationship between Stakeholder Management Models and Firm Financial Performance",*The Academy of Management Journal*,1999(42),pp. 488—506.

Billio M. ,Costola M. ,Hristova I. ,et al. ,"Inside the ESG ratings: (Dis)agreement and performance",*Corporate Social Responsibility and Environmental Management*, 2021,28(5),pp. 1426—1445.

Bowen，H. R. ，*Social Responsibilities of the Businessman*，New York：Harper & Row，1953.

Bowen，H. R. ，*Social Responsibilities of the Businessman*，University of Iowa Press，2013.

Bowen，F. ，*After Greenwashing：Symbolic Corporate Environmentalism and Society*，Cambridge University Press，2014.

Cai，L. ，and C. He，"Corporate Environmental Responsibility and Equity Price"，*Journal of Business Ethics*，2014，125（4），pp. 617—635.

Carnegie，A. ，"The Gospel of Wealth"，*The North American Review*，1906（183），pp. 526—537.

Carroll，A. B. ，"A Three-Dimensional Conceptual Model of Corporate Performance"，*The Academy of Management Review*，1979（4），pp. 497—505.

Carroll，A. B. ，"The pyramid of corporate social responsibility：Toward the moral management of organizational stakeholders"，*Business Horizons*，1991（34），pp. 39—48.

Carroll，A. B. and Shabana，K. M. ，"The Business Case for Corporate Social Responsibility：A Review of Concepts，Research and Practice"，*International Journal of Management Reviews*，2010（12），pp. 85—105.

Cerqueti，R. ，Ciciretti，R. ，Dalò，A. and Nicolosi，M. ，"ESG investing：A chance to reduce systemic risk"，*Journal of Financial Stability*，2021（54），p. 100887.

Charkham ，J. ，"Corporate Governance：Lessons from Abroad"，*European Business Journal*，1992，4（2），pp. 8—16.

Chatterji A. K. ，Durand R. ，Levine D. I. ，et al. ，"Do ratings of firms converge? Implications for managers，investors and strategy researchers"，*Strategic Management Journal*，2016，37（8），pp. 1597—1614.

Christensen，H. B. ，Hail，L. and Leuz，C. ，"Mandatory CSR and sustainability reporting：economic analysis and literature review"，*Review of Accounting Studies*，2021（26），pp. 1176—1248.

Clark，J. M. ，"The Changing Basis of Economic Responsibility"，*Journal of Political Economy*，1916（24），pp. 209—229.

Clarkson，M. B. E. ，"A Stakeholder Framework for Analyzing and Evaluating Corporate Social Performance"，*The Academy of Management Review*，1995（20），pp. 92—117.

Dahiya，M. and Singh，S. ，"The linkage between CSR and cost of equity：an Indian perspective"，*Sustainability Accounting，Management and Policy Journal*，2020（12），pp. 499—521.

Davis，K，"Can Business Afford to Ignore Social Responsibilities?"*California Management Review*，1960(2)，pp. 70—76.

Delmas，M. A. ，and B. V. Cuerel，"The Drivers of Greenwashing"，*California Management Review*，2011，54(1)，pp. 64—87.

De Masi，S. ，Słomka-Gołębiowska，A. and Paci，A. ，"Women on boards and corporate environmental performance in Italian companies：The importance of nomination background"，*Business Ethics，the Environment ＆ Responsibility*，2022(31)，pp. 981—998.

Dimson E. ，Marsh P. ，Staunton M. ，"Divergent ESG ratings"，*The Journal of Portfolio Management*，2020，47(1)，pp. 75—87.

Dimson，E. ，Karakas，O. ，and Li，X. ，"Active ownership "，*Review of Financial Studies*，2015(12)，pp. 3225—3268.

Dodd，E. M. ，"For Whom Are Corporate Managers Trustees?"*Harvard Law Review*，1932(45)，pp. 1145—1163.

Drucker，P. F. ，"A New Look at Corporate Social Responsibility"，*McKinsey Quarterly*，1984(4)，pp. 17—28.

Dumitrescu，A. and Zakriya，M. ，"Stakeholders and the stock price crash risk：What matters in corporate social performance?" *Journal of Corporate Finance*，2021(67)，p. 101871.

Eccles R. G，Stroehle J. C. ，"Exploring social origins in the construction of ESG measures"，*SSRN Electronic Journal*，2018.

Eells，R. and Walton，C. ，*Conceptual Foundations of Business*，Homewood，1961.

Ellili，N. O. D. ，"Impact of environmental，social and governance disclosure on dividend policy：What is the role of corporate governance? Evidence from an emerging market"，*Corporate Social Responsibility and Environmental Management*，2022(29)，pp. 1396—1413.

Ernst ＆ Ernst，*Social Responsibility Disclosur*，1971.

Fan，H. ，Peng，Y. ，Wang，H. ，and Xu，Z. ，"Greening through finance?" *Journal of Development Economics*，2021(152)，p. 102683.

Filatotchev，I. and Nakajima，C. ，"Corporate Governance，Responsible Managerial Behavior，and Corporate Social Responsibility：Organizational Efficiency Versus Organizational Legitimacy?"*Academy of Management Perspectives*，2014(28)，pp. 289—306.

Frederick，W. C. ，"The Growing Concern over Business Responsibility"，*California Management Review*，1960(2)，pp. 54—61.

Frederick，W. C. ，Corporation Be Good! The Story of Corporate Social Responsibility,Dog ear Publishing,LLC,2006.

Freeman,R. E. and Phillips,R. A.,"Stakeholder Theory: A Libertarian Defense", *Business Ethics Quarterly*,2022(12),pp. 331—349.

Friede,G.,Busch,T.,and Bassen,A.,"ESG and financial performance: aggregated evidence from more than 2000 empirical studies",*Journal of Sustainable Finance & Investment*,2015,5(4): 210—233.

Friedman,M,"The Social Responsibility of Business is to Increase Its Profits",*New York Times Magazine*,1970(13),pp. 122—126.

Friedman,M. and Friedman,R. D.,*Capitalism and Freedom*,University of Chicago Press,1962.

Gjergji,R.,Vena,L.,Sciascia,S. and Cortesi,A.,"The effects of environmental,social and governance disclosure on the cost of capital in small and medium enterprises: The role of family business status",*Business Strategy and the Environment*,2021(30),pp. 683—693.

Gillan,S. L.,Hartzell,J. C.,Koch,A.,and Starks,L. T.,Firms Environmental,Social and Governance (ESG) Choices,Performance and Managerial Motivation,2010.

Grewal,J.,Riedl,E. J.,and Serafeim,G.,"Market reaction to mandatory nonfinancial disclosure",*Management Science*,2019,65(7),pp. 3061—3084.

Gregor D.,Gerhard H.,and Mai N. "Measuring the level and risk of corporate responsibility-An empirical comparison of different ESG rating approaches",*Journal of Asset Management*,2015(16),pp. 450—466.

Grossman,G. M. and Krueger,A. B.,"Environmental Impacts of a North American Free Trade Agreement",1991.

Hamilton,S.,Jo,H. and Statman,M.,"Doing Well while Doing Good? The Investment Performance of Socially Responsible Mutual Funds",*Financial Analysts Journal*,1993(49),pp. 62—66.

Henke,H. -M.,"The effect of social screening on bond mutual fund performance",*Journal of Banking & Finance*,2016(67),pp. 69—84.

Höck,A.,Baucklon,T.,Dumrose,M.,and Klein,C.,"ESG criteria and the credit risk of corporate bond portfolios",*Journal of Asset Management*,2023,24(7),pp. 572—580.

Jo,H. and Harjoto,M.,"Analyst coverage,corporate social responsibility,and firm risk",*Business Ethics: A European Review*,2014(23),pp. 272—292.

Johnson,H. L.,*Business in Contemporary Society: Framework and Issues*,Wadsworth,1971.

Joliet,R. and Titova,Y.，"Equity SRI funds vacillate between ethics and money：An analysis of the funds' stock holding decisions",*Journal of Banking & Finance*,2018 (97),pp. 70—86.

Jones,T. M.，"Instrumental Stakeholder Theory：A Synthesis of Ethics and Economics",*The Academy of Management Review*,1995(20),pp. 404—437.

Khan,M.，"Corporate Governance,ESG,and Stock Returns around the World",*Financial Analysts Journal*,2019(75),pp. 103—123.

Kreander,N.，Gray,R. H.，Power,D. M. and Sinclair,C. D.，"Evaluating the Performance of Ethical and Non-ethical Funds：A Matched Pair Analysis",*Journal of Business Finance & Accounting*,2005(32),pp. 1465—1493.

Kumar,P. and Firoz,M.，"Does Accounting-based Financial Performance Value Environmental,Social and Governance（ESG）Disclosures? A Detailed Note on A Corporate Sustainability Perspective",*Australasian Accounting*,*Business and Finance Journal*,2022 (16),pp. 41—72.

Lee,M. -D. P.，"A review of the theories of corporate social responsibility：Its evolutionary path and the road ahead",*International Journal of Management Reviews*,2008 (10),pp. 53—73.

Li,S.，Gao,D. and Hui,X.，"Corporate Governance,Agency Costs,and Corporate Sustainable Development：A Mediating Effect Analysis",*Discrete Dynamics in Nature & Society*,2021,pp. 1—15.

Liang H.，Renneboog L.，"On the foundations of corporate social responsibility",*The Journal of Finance*,2017,72(2),pp. 853—910.

Liel Von,B.，*Creating Shared Value as Future Factor of Competition*,Springer Fachmedien,2016.

Lopez C,Contreras O,Bendix J.，"Disagreement among ESG rating agencies：Shall we be worried?" MPRA Paper 103027,2020.

Lyon,T. P.，and J. W. Maxwell,"Greenwash：Corporate Environmental Disclosure under Threat of Audit",*Journal of Economics and Management Strategy*,2011,20(1), pp. 3—41.

Marshall,A.，*Principles of Economics*,Palgrave Macmillan UK.，2013.

McGuire,J. W.，*Business and Society*,McGraw-Hill,1963.

Murphy, A. E.，"Money in an Economy Without Banks：The Case of Ireland",*The Manchester School*,1978(46),pp. 41—50.

Nguyen, P. and Nguyen, A. , "The effect of corporate social responsibility on firm risk", *Social Responsibility Journal*, 2015(11), pp. 324—339.

Nofsinger, J. and Varma, A. , "Socially responsible funds and market crises", *Journal of Banking & Finance*, 2014(48), pp. 180—193.

Pástor, Lubos. , Stambaugh, R. F. and Taylor, L. A. , "Sustainable investing in equilibrium", *Journal of Financial Economics*, 2021(142), pp. 550—571.

Pigou, A. , *The Economics of Welfare*, Palgrave Macmillan London, 1920.

Porter, M. E. and Kramer, M. R. , "Strategy and Society: The Link between Competitive Advantage and Corporate Social Responsibility", *Harvard Business Review*, 2006.

Porter, M. E. and Kramer, M. R. , "Creating Shared Value", *Harvard Business Review*, 2011.

Rabaya, A. J. and Saleh, N. M. , "The moderating effect of IR framework adoption on the relationship between environmental, social, and governance (ESG) disclosure and a firm's competitive advantage", *Environment, Development and Sustainability*, 2022(24), pp. 2037—2055.

Raghunandan, A. , and S. Rajgopal, "Do ESG Funds Make Stakeholder-friendly Investments", *Review of Accounting Studies*, 2022(27), pp. 822—863.

Raimo, N. , Caragnano, A. , Zito, M. , Vitolla, F. and Mariani, M. , "Extending the benefits of ESG disclosure: The effect on the cost of debt financing", *Corporate Social Responsibility and Environmental Management*, 2021(28), pp. 1412—1421.

Rajna Gibson Brandon, Philipp Krueger & Peter Steffen Schmidt, "ESG Rating Disagreement and Stock Returns", *Financial Analysts Journal*, 2021, 77(4), pp. 104—127.

Renneboog, L. , Ter Horst, J. and Zhang, C. , "The price of ethics and stakeholder governance: The performance of socially responsible mutual funds", *Journal of Corporate Finance*, 2008(14), pp. 302—322.

Serafeim, G. and Yoon, A. , "Stock price reactions to ESG news: the role of ESG ratings and disagreement", *Review of Accounting Studies*, 2022.

Sethi, S. P. , "Dimensions of Corporate Social Performance: An Analytical Framework", *California Management Review*, 1975(17), pp. 58—64.

Sheldon, O. , *The Philosophy of Management*, Sir I. Pitman, 1924.

Sherwood, M. W. , and Pollard, J. L. , "The risk-adjusted return potential of integrating esg strategies into emerging market equities", *Journal of Sustainable Finance & Investment*, 2018, 8(1), pp. 26—44.

Shleifer, A. and Vishny, R. , "A Survey of Corporate Governance", *Journal of Fi-

nance,1997(52),pp. 737—783.

Sirgy, M. J., "Measuring Corporate Performance by Building on the Stakeholders Model of Business Ethics", *Journal of Business Ethics*,2002(35),pp. 143—162.

Smith, V. L., and X. Font, "Volunteer Tourism, Greenwashing and Understanding Responsible Marketing Using Market Signalling Theory", *Journal of Sustainable Tourism*,2014,22(6):942—963.

Starick M. *Is the Environment Organizational Stakeholders? Naturally*! International Association for Business and Society (IABS) Proceeding,1993.

de Souza Barbosa, A., da Silva, M. C. B. C., da Silva, L. B., Morioka, S. N. and de Souza, V. F., "Integration of Environmental, Social, and Governance (ESG) criteria: their impacts on corporate sustainability performance", *Humanities and Social Sciences Communications*,2023(10),pp. 1—18.

Tamimi, N. and Sebastianelli, R., "Transparency among S&P 500 companies: an analysis of ESG disclosure scores", *Management Decision*,2017(55),pp. 1660—1680.

Thomas, J., Yao, W., Zhang, F. and Zhu, W., "Meet, beat, and pollute", *Review of Accounting Studies*,2022(27),pp. 1038—1078.

Vyvyan, V., Ng, C. and Brimble, M., "Socially Responsible Investing: the green attitudes and grey choices of Australian investors", *Corporate Governance: An International Review*,2007(15),pp. 370—381.

Wallich, H. C. and McGowan, J. J., "Stockholder interest and the corporation's role in social policy", *A New Rationale for Corporate Social Policy*,1970,pp. 39—59.

Wartick, S. L. and Cochran, P. L., "The Evolution of the Corporate Social Performance Model", *The Academy of Management Review*,1985(10),pp. 758—769.

Weber, O., "Environmental, Social and Governance Reporting in China", *Business Strategy and the Environment*,2014(23),pp. 303—317.

Weick, K., *Enactment Processes in Organizations*,Clair Press,1977.

Wong, J. B. and Zhang, Q., "Stock market reactions to adverse ESG disclosure via media channels", *The British Accounting Review*,2022(54),p. 101045.

Wood, D. J., "Corporate Social Performance Revisited", *The Academy of Management Review*,1991(6),pp. 691—718.

Xie, J., Nozawa, W., Yagi, M., Fujii, H. and Managi, S., "Do environmental, social, and governance activities improve corporate financial performance?" *Business Strategy and the Environment*,2019(28),pp. 286—300.

Yu, E. P. and Luu, B. V., "International variations in ESG disclosure-Do cross-listed companies care more?"*International Review of Financial Analysis*,2021(75),p. 101731.

Yuan,W. ,Bao,Y. and Verbeke,A. ,"Integrating CSR Initiatives in Business：An Or-ganizing Framework",*Journal of Business Ethics*,2011(101),pp. 75—92.

Zerbib,O. D. ,"The effect of pro-environmental preferences on bond prices：Evidence from green bonds",*Journal of Banking & Finance*,2019(98),pp. 39—60.